中国山水工程理论与实践

王　波　王夏晖　车璐璐 等　著

气象出版社
China Meteorological Press

内容简介

本书系统介绍了中国山水工程的基础理论与创新实践，分为上、下两篇。上篇阐述了中国山水工程的基本概念、理论基础、规划方法、概念模型，提出了中国山水工程的实践路径，并分析了中国山水工程的工作进展和未来展望。下篇以青海省海北藏族自治州山水工程为例，介绍了山水工程的基本概况和实施过程中存在的问题，开展了推进思路、配套制度、绩效评价、项目验收、经验总结等山水工程全生命周期的过程咨询研究，形成了青藏高原区山水林田湖草沙冰一体化保护与修复的“海北模式，青海经验”，为全国其他地区生态保护修复工作提供借鉴。

本书可供从事生态保护修复、环境科学与工程、生态环境规划与设计等领域的广大科技工作者、工程技术人员以及相关院校师生参考。

图书在版编目（CIP）数据

中国山水工程理论与实践 / 王波等著. -- 北京 : 气象出版社, 2024. 9. -- ISBN 978-7-5029-8285-0

Ⅰ. X171.4

中国国家版本馆 CIP 数据核字第 2024EP6654 号

中国山水工程理论与实践

ZHONGGUO SHANSHUI GONGCHENG LILUN YU SHIJIAN

出版发行：气象出版社

地　　址：北京市海淀区中关村南大街 46 号　　邮政编码：100081

电　　话：010-68407112（总编室）　010-68408042（发行部）

网　　址：http://www.qxcbs.com　　E-mail：qxcbs@cma.gov.cn

责任编辑：蔺学东　　终　　审：张　斌

责任校对：张硕杰　　责任技编：赵相宁

封面设计：楠竹文化

印　　刷：北京建宏印刷有限公司

开　　本：787 mm×1092 mm　1/16　　印　　张：15.5

字　　数：320 千字

版　　次：2024 年 9 月第 1 版　　印　　次：2024 年 9 月第 1 次印刷

定　　价：88.00 元

本书撰写者名单

主　笔　王　波　王夏晖　车璐璐

副主笔　何　军　戴　超　许开鹏

成　员　郑利杰　张丽荣　张晓丽　张笑千　孟　锐
刘桂环　牟雪洁　金世超　迟妍妍　潘　哲
文一惠　谢　婧　李　桢

前言

FOREWORD

当前，地球正面临气候变化、生物多样性破坏以及环境污染三大危机，人类必须尽快改变与自然的关系。自然生态系统是一个有机生命躯体，有其自然发展演化的客观规律，具有自我调节、自我净化、自我恢复的能力。要坚持人与自然和谐共生，以自然之道，养万物之生，从保护自然中寻找发展机遇，实现生态环境保护和经济高质量发展双赢。自2013年，习近平总书记首次提出“山水林田湖是一个生命共同体”理念以来，中国已部署实施了50多个山水林田湖草沙一体化保护和修复工程（以下简称“山水工程”），统筹考虑生态系统的完整性和自然地理单元的连续性，实施系统治理、综合治理、源头治理，累计完成治理面积8000万亩。2022年，中国山水工程成功入选首批十大“世界生态恢复旗舰项目”，向世界展示了中国生态文明建设的新形象，贡献了人与自然和谐共生的中国智慧、中国方案。

近年来，中国生态保护与修复理论与方法得到发展，通过生态保护红线划定、保护地体系建设、生态格局优化、生态网络构建等技术方法，强化了生态系统的多要素关联、多过程耦合、多目标协同的研究，同时，也侧重于制度创新，加强工程全生命周期的适应性管理。随着中国山水工程的实施，学界有关生态修复工程的研究对象、尺度、目标、构成等均逐步发生了变化，研究对象从单一的自然要素转向自然-社会多重要素，研究尺度从中微观生态系统服务提升转向多尺度生态安全格局重塑，研究目标从生态系统自身结构与功能优化转向人类生态福祉提升，应用领域涵盖森林、草原、河湖等自然生态系统和矿山、农田、城市等人工生态系统。山水工程有关理念内涵、基本特征、理论认知、技术方法、成效评估等方面研究成为热点，正转向揭示生态系统要素之间、生态系统之间以及自然生态系统与人类社会之间的耦合机制，探索生命共同体多要素、多过程、多尺度耦合的定量分析方法等研究内容。

青海省祁连山区是我国重要水源涵养区和西北重要生态安全屏障，生态地位十分重要。青海省海北藏族自治州（以下简称“海北洲”）地处青海省祁连山区的核心区，是全国首批山水林田湖生态保护修复工程试点地区之一。本研究选取海北州山水工程为研究案例，依托多年来有关山水工程理论与方法、规划设计、技术方法等研究基础，围绕山水林田湖草沙生命共同体理念“落地生根”，全面研判试点工程实施过程中存在的突出问题，综合运用自然恢复和人工修复两种手段，因地因时制宜、分区分类施策，提出生态优化措施或最佳解决方案。同时，注重山水工程软性管理措施建设，研究制定工程配套制度，及时开展工程整体验收和绩效评价，总结山水工程亮点与特色，探索青藏高原区山水林田湖草沙冰一体化保护与修复的“海北模式，青海经验”，为全国其他地区生态保护修复工作提供借鉴。

本书分为上篇和下篇两部分。上篇为基础理论，分为 5 章，包括山水工程概论、理论基础、规划设计与技术方法、概念模型、进展与展望等内容。下篇为实践创新，分为 10 章，包括研究区域概况、海北州山水工程概述、推进总体思路、实施存在问题、配套制度建设、绩效评价、整体验收、示范区打造、经验总结、试点建议等内容。

全书由王波、车璐璐负责统稿，王夏晖负责审定。具体章节执笔分工如下。上篇：第 1 章，王波、王夏晖；第 2 章，车璐璐；第 3 章，王波、车璐璐、何军；第 4 章，王波、王夏晖；第 5 章，戴超、郑利杰、李桢；下篇：第 6 章，戴超、张晓丽、潘哲；第 7 章，郑利杰、张笑千、张丽荣、孟锐；第 8 章，王夏晖、王波、刘桂环、迟妍妍、文一惠；第 9 章，车璐璐、牟雪洁、金世超；第 10 章，谢婧、车璐璐；第 11 章，车璐璐、王波、戴超；第 12 章，戴超、郑利杰；第 13 章，郑利杰、戴超；第 14 章，何军、王波、郑利杰；第 15 章，许开鹏、王波、戴超。

本书编写过程中，得到青海省生态环境厅、海北藏族自治州财政局等单位，以及海北藏族自治州门源县、祁连县、刚察县、海晏县山水林田湖草生态保护修复试点项目领导小组办公室的大力支持，在此一并表示感谢。另外，本书参阅大量文献和前人的研究成果，在此一并感谢。

由于山水工程是一项复杂的系统工程，涉及学科多、领域广，覆盖决策、科研、管理等范畴，研究难度较大，有诸多科学和实践问题需要进一步研究和探索；加之时间仓促，编写水平所限，书中难免有不足之处，恳请广大读者和学者不吝赐教。

作　者

2024 年 4 月

目 /
CONTENTS
/ 录

下篇　实践创新篇

上篇
基础理论篇

第1章　山水工程概论

本章介绍了山水工程的研究背景，阐释了山水工程定义，从三方面剖析了山水工程的基本特征，明确了山水工程的具体建设内容。同时，综述了“山水林田湖草沙生命共同体”理念的深化发展过程，开展了相关研究进展述评，基于当前学界研究进展和不足，提出了科学问题和发展趋势。

1.1　研究背景

当前，全球面临生物多样性丧失、气候变化和污染加剧等一系列生态威胁，陆地和海洋生态系统的退化使32亿人的福祉受损，其损失约占全球年生产总值的10%，对人类生存和发展构成重大风险（Wang et al.，2022）。面对全球性的生态问题，修复受损退化的生态系统已经成为当前应对全球气候变化和社会挑战的重要任务（付战勇 等，2019）。为此，联合国先后启动了“可持续发展十年”“生态系统恢复十年”和“海洋科学促进可持续发展十年”等行动计划，制定“昆明—蒙特利尔全球生物多样性框架”，以协同推动2030年联合国可持续发展目标实现。

我国生态保护修复工作历经数十载，20世纪50年代起就开始探索自然保护地形式的生态保护措施，70年代以后陆续实施了“三北”（华北、东北、西北）防护林体系建设、北方草原沙化防治、退耕还林、重点流域水土流失治理、西南喀斯特地区石漠化治理、京津风沙源治理、长江流域防护林体系建设工程、珠江流域防护林体系工程、退牧还草工程、三江源生态保护和建设等一系列生态工程，生态保护修复工作成效显著，举世瞩目（陈妍 等，2023）。

然而，传统护山、治水、养田各自为战的单要素治理模式忽视了生态系统的完整性，成效并不明显，常常是旧问题尚未彻底解决却又产生了新问题，部分地区甚至出现生态系统再退化问题（彭建 等，2019）。为了更好地推进生态文明建设，保障生态系统功能完整性，财政部、原国土资源部与环境保护部于2016年9月联合发文，明确以“山水林田湖草是一个生命共同体”理念（以下简称“山水理念”）为重要理念指导开展山水林田湖草生态保护修复工作，在生态环境受损区、重要生态功能区、生态脆弱区及生态敏感区对国土空间实施整体保护、系统修复、综合治理

(张笑千 等,2018)。“十四五”期间,国家在山水林田湖草生态保护修复工程试点基础上,深入实施了一批山水工程。

随着中国山水工程的深入实施,学界对“山水林田湖草生命共同体”理念有关科学内涵、特征、实践路径(王波 等,2018),以及要素关联性(于恩逸 等,2019)、健康评价(苏维词 等,2020)、制度保障(张杨 等,2022)、成效评估(陈妍 等,2023)等方面开展了大量研究。然而,梳理现有试点工程可以发现,当前系统治理理念尚未厘清,并未严格从“生命共同体”的整体视角出发,导致具体实践容易陷入“多要素简单加和”的困境,难以有效贯彻治理的系统性、整体性(王夏晖 等,2018)。尽管部分学者(成金华 等,2019;彭建 等,2019)对山水工程有关理论进行了探讨,但总体上对山水工程的理论研究仍显偏少,尤其是对山水理念引领下的中国生态保护修复工程实践创新的系统凝练并上升为理论的研究不足。

1.2 山水工程定义

长期以来,受高强度的国土开发建设、矿产资源开发利用等因素影响,中国一些生态系统破损退化严重,部分关系生态安全格局的核心地区在不同程度上遭到生产生活活动的影响和破坏,提供生态产品的能力不断下降。此前开展的一些生态保护修复工作由于缺乏系统性、整体性考虑,客观上存在“各自为战”的状况,生态整治修复效果不尽理想,财政资金使用绩效亟待进一步提高。

2013 年,习近平总书记首次提出“山水林田湖是一个生命共同体”,人的命脉在田,田的命脉在水,水的命脉在山,山的命脉在土,土的命脉在树。2016 年,为加快山水林田湖生态保护修复,实现格局优化、系统稳定、功能提升,国家启动了山水林田湖生态保护修复工程试点。试点坚持尊重自然、顺应自然、保护自然,以“山水林田湖是一个生命共同体”的重要理念指导开展工作,充分集成整合资金政策,对山上山下、地上地下、陆地海洋以及流域上下游进行整体保护、系统修复、综合治理,真正改变治山、治水、护田各自为战的工作格局。2020 年,自然资源部、财政部、生态环境部联合印发《山水林田湖草生态保护修复工程指南(试行)》(以下简称《指南》),并正式界定了山水工程的定义。

山水工程是指按照山水林田湖草是生命共同体理念,依据国土空间总体规划以及国土空间生态保护修复等相关专项规划,在一定区域范围内,为提升生态系统自我恢复能力,增强生态系统稳定性,促进自然生态系统质量的整体改善和生态产品供应能力的全面增强,遵循自然生态系统演替规律和内在机理,对受损、退化、服务功能下降的生态系统进行整体保护、系统修复、综合治理的过程和活动。

1.3 山水工程特征

山水工程改变了以往生态保护修复活动大多针对单一目标或单一生态要素，缺乏整体性、系统性的局面，在“山水林田湖草是一个生命共同体”的理念下，实施生态系统整体保护、系统修复、综合治理。特别是以区域和流域为单元，在大尺度上开展各类生态系统一体化保护和修复，促进自然生态系统质量的整体改善、生态产品供应能力的全面增强，实现可持续发展。与以往生态保护修复相比，山水工程呈现整体性、系统性和综合性的鲜明特点，主要特征如下。

第一，强调人与自然的共生关系和协同增益。生态系统服务是链接自然过程和社会过程的纽带，不同服务间具有此消彼长的权衡或相互增益的协同关系（Xu et al.，2017）。通过工程实施，促进受益者由原来的自然受益或人类受益单一关系变为人与自然同时受益的双向关系。工程目标由纯粹的修复生态环境，拓展为人与自然协同提升，实现人与自然和谐共生、经济社会与生态环境协调发展。工程涉及要素从自然要素转向自然-社会多要素及其耦合体，由生物组分和功能优化转向人类生态福祉提升，强调自然恢复与社会、人文、管理决策的耦合，推动生态产品价值实现。

第二，强调基于自然规律实现生态系统过程耦合和自我演替。山水工程遵循自然演替规律，按照“整体、协调、再生、循环”生态工程基本原理（戈峰 等，2015），发挥生态系统的强大缓冲、净化、调节、保育等生态服务功能，提高生态系统质量和稳定性，源于自然，回馈自然。考虑到自然生态系统的时空动态特征和恢复过程的不确定性，更加强调生态过程系统耦合和精准调控，注重生态系统恢复的适应性管理（Liu et al.，2015）。通过对工程实施区域范围内社会-自然要素的优化调控，提升区域整体生态服务功能。所选用的技术多为纯自然或拟自然技术，最大程度降低人类对生态系统正向演进过程的干扰，培育提升生态系统自我演替机能。

第三，强调系统调控、空间关联与协同效应。山水工程坚持整体系统观，统筹要素与要素、结构与功能、人与自然的多元关系，开展生态系统的全要素、全过程、全链条优化调控。考虑不同尺度的生态问题和胁迫因子的不同，需要分类型提出有针对性的生态保护与修复路径，如在种群尺度关注物种恢复和群落演替；在生态系统尺度关注结构和功能变化；在景观尺度关注生态安全格局、源-汇关系、生态廊道等；在宏观尺度关注区域大尺度生态系统状态变化，为生态监测、评估、预测、预警及可持续管理奠定基础。通过构建“格局—过程—服务—福祉”的级联关系，在时空尺度上有效耦合保护、修复、重建等生态和人类利用过程，产生生态系统服务与人类福祉全面提升的协同效应。

1.4　山水工程基本内容

根据《指南》，山水工程的基本内容主要包括重要生态系统保护修复工程，以及统筹考虑自然地理单元的完整性、生态系统的关联性、自然生态要素的综合性，在一定区域内对与之相关联的山水林田湖草等各类自然生态要素进行的整体保护、系统修复、综合治理等各相关工程。为加强生态保护修复过程监测、效果评估和适应性管理，提升生态保护修复能力，山水工程建设内容还可包括野外保护站点、监测监控点和监管平台建设等。

例如，青藏高原生态屏障区东部湟水流域山水工程，立足流域自然地理格局、资源禀赋和生态功能，围绕提升水源涵养国家主导功能、保障流域自然生态安全、筑牢我国重要生态安全屏障，部署实施了林草生态涵养功能提升工程、沟谷复合生态系统健康保障工程、河流水系生态功能修复提升工程等三大类重点工程，系统推进湟水河流域山水林田湖草沙一体化保护与修复，实现流域生态安全格局巩固深化、水土保持能力稳固提升、生物多样性维护局面不断向好，河流生态系统安全稳定，林草生态系统涵水保土提质，农田生态系统稳定提效，湿地生态系统水清岸绿，城镇生态系统宜居安全韧性。

湖南省湘江流域和洞庭湖山水工程通过源头控制、过程拦截与末端修复，采用工程措施与生态补偿相结合、工程建设与技术集成相结合、重点治理与综合防治相结合的方式，坚持江湖同治、源头防治、标本兼治，实施水环境治理与生态修复、农业与农村生态环境治理、矿区生态环境保护修复、生物多样性保护修复四大类工程 20 个子工程，实现清水入湖、净流出湘，为打造长江经济带的“清水长廊”，筑牢长江经济带和祖国中部生态屏障做出贡献。

福建闽江流域山水工程按照“全流域、整体规划、系统保护、综合治理”的思路，谋划实施了生物多样性保护、水土流失治理、废弃矿山生态修复等五大类 368 个子项目，实现重点流域生态功能逐步提升，矿山生态逐步恢复，生物多样性日益丰富，生态产业日益壮大，实现了经济、社会、生态的和谐发展。

1.5 山水理念深化发展

1.5.1 理念深化

2013 年，习近平总书记在党的十八届三中全会上首次提出，山水林田湖是一个生命共同体，人的命脉在田，田的命脉在水，水的命脉在山，山的命脉在土，土的命脉在树。生态是统一的自然系统，是相互依存、紧密联系的有机链条。如果种树的只管种树、治水的只管治水、护田的单纯护田，很容易顾此失彼，最终造成生态的系统性破坏。一个良好的自然生态系统，是大自然亿万年间形成的，是一个复杂的系统。要从系统工程和全局角度寻求新的治理之道，不能再是“头痛医头、脚痛医脚”，各管一摊、相互掣肘。

2017 年，习近平总书记主持召开中央全面深化改革领导小组第三十七次会议，强调坚持山水林田湖草是一个生命共同体，将“草”纳入这个体系。2021 年，全国两会期间习近平总书记参加内蒙古代表团审议时强调一字之增：“要统筹山水林田湖草沙系统治理，这里要加一个‘沙’字。”山水林田湖生命共同体的生态要素增加“草”和“沙”，反映的是对自然生命共同体构成的理论新认知，生态文明建设的系统观念得到进一步深化和拓展。至此，山水理念演变为山水林田湖草沙是生命共同体。

1.5.2 理念践行

山水情，生态行，习近平总书记心系“国之大者”。从万里长江到九曲黄河，从青藏高原到祖国北疆，习近平总书记的一系列生态考察调研足迹，彰显出对筑牢国家生态安全屏障的高度重视和战略考量，推动山水林田湖草沙生命共同体理念不断落地生根，生命共同体正值风华正茂，祖国山河锦绣，生机盎然。

大江大河大保护。习近平总书记站在历史和全局高度，先后四次主持长江经济带座谈会，两次主持黄河生态保护和高质量发展座谈会，系统谋划区域治理，持之以恒推动国家实施“江河战略”。而随着“江河战略”的深入实施，山水工程的理念思维和方式方法得到丰富和发展。

长江经济带生态保护注重流域整体保护、区域协同治理、省市生态共治。2016 年，习近平总书记在重庆市调研时强调，要把修复长江生态环境摆在压倒性位置，共抓大保护，不搞大开发；2018 年，在武汉市借用中医整体观治理“长江病”，从生态系统整体性和长江流域系统性着眼，统筹山水林田湖草等生态要素治理；

2020 年，在南京市指出，强化山水林田湖草等各种生态要素的协同治理，推动上中下游地区的互动协作，增强各项举措的关联性和耦合性；2023 年，在南昌市强调沿江省市要坚持生态共治，稳步推进生态共同体建设。

黄河流域生态保护强调流域上中下游差异性、分区分类系统施治。2019 年，习近平总书记在郑州市强调，黄河生态系统是一个有机整体，要充分考虑上中下游的差异，坚持山水林田湖草综合治理、系统治理、源头治理；2021 年，在济南市指出，从流域生态系统完整性出发，加强上游水源涵养能力建设、中游水土保持、下游湿地保护和生态治理。

筑牢国家生态安全屏障。习近平总书记亲临尼洋河，强调"坚持山水林田湖草沙冰一体化保护和系统治理，守护好这里的生灵草木、万水千山"；远眺青海湖，叮嘱"保护好青海生态环境，是'国之大者'"；眺望祁连山，肯定"这些年来祁连山生态保护由乱到治，大见成效"；登上秦岭，指示"当好秦岭生态卫士"；赴内蒙古考察，要求"统筹山水林田湖草沙综合治理，筑牢我国北方重要生态安全屏障"。

共建地球生命共同体。2020 年，习近平总书记在第七十五届联合国大会一般性辩论上强调，人类不能再忽视大自然一次又一次的警告，沿着只讲索取不讲投入、只讲发展不讲保护、只讲利用不讲修复的老路走下去。同年，在联合国生物多样性峰会上，倡议尊重自然、顺应自然、保护自然，探索人与自然和谐共生之路，共建繁荣、清洁、美丽的世界。2021 年，在《生物多样性公约》第十五次缔约方大会上指出，当人类友好保护自然时，自然的回报是慷慨的；当人类粗暴掠夺自然时，自然的惩罚也是无情的。因此，人类需要一场自我革命，以自然之道，养万物之生，从保护自然中寻找发展机遇，实现生态环境保护和经济高质量发展双赢，建设生态文明和美丽地球。

1.6 山水工程研究简史

1.6.1 演变历程

回顾我国生态保护修复发展历程（表 1-1）可以发现，1978 年之前我国鲜有大型生态工程，而"三北"防护林工程是我国最早实施、规模较大的生态工程（周立华 等，2021）。自 1978 年至今，依据生态保护理念和阶段特征的不同，可将我国生态保护修复工程历程分为启动实施（1978—1999 年）、重点治理（2000—2012 年）、系统修复（2013 年至今）三个阶段（王夏晖 等，2021）。

表 1-1　我国重大生态保护修复工程发展阶段及特征

发展阶段	工程名称	开始时间	实施背景	阶段特征
启动实施期（1978—1999 年）	“三北”防护林工程	1978 年	西北、华北和东北风沙危害和水土流失	改革开放后，生态保护理念未得到足够重视，让步于经济发展，生态退化和自然灾害频发，启动实施了一些重大生态工程，但防沙治沙、水土流失、天然林保护等技术尚处于探索阶段，有待完善
	沿海防护林体系建设工程	1988 年	沿海地区台风、海啸等自然灾害频发，严重威胁人民群众生命财产安全	
	长江流域防护林体系建设工程	1989 年	过度采伐森林，导致流域水土保持能力持续削弱，生态环境不断恶化	
	天然林资源保护工程	1998 年	天然林资源过度采伐，导致林区森林资源危机。1998 年长江发生特大洪灾	
	退耕还林还草工程	1999 年	盲目毁林开垦等造成了严重的水土流失和风沙危害，自然灾害频频发生	
重点治理期（2000—2012 年）	京津风沙源治理工程	2000 年	京津乃至华北地区多次遭受风沙危害，特别是 2000 年春季，北方扬沙和沙尘暴天气多次影响首都	进入 21 世纪，受可持续发展理念影响，坚持经济发展与生态保护并重，启动了一批新的重大生态工程，防沙治沙、草地修复、湿地保护、石漠化治理等单要素技术体系相对完备，但要素间系统修复技术研究不足
	退牧还草工程	2003 年	西部地区受超载过牧等影响，天然草原加速退化	
	湿地保护工程	2003 年	受围垦和过度开发等影响，重要自然湿地及其生物多样性普遍遭受破坏	
	岩溶地区石漠化综合治理工程	2008 年	石漠化严重制约着西南岩溶地区经济社会发展	
系统修复期（2013 年至今）	山水林田湖草生态保护修复工程试点	2016 年	受高强度的国土和矿产开发利用等影响，我国一些生态系统破损退化严重，生态供给能力不断下降	党的十八大以来，受生态文明理念影响，坚持生态优先、绿色发展，实施了以山水林田湖草沙系统治理为代表的生态工程，在进一步完善单要素修复技术体系的同时，探索了以国土空间生态修复为主的多要素耦合、空间关联技术体系
	重要生态系统保护和修复重大工程	2020 年	我国自然生态系统总体仍较为脆弱，经济发展带来的生态保护压力依然较大	

（1）启动实施期。生态保护理念未得到足够重视，让步于经济发展，生态退化和自然灾害频发，启动实施了“三北”防护林、沿海防护林、天然林保护等生态工程，探索了防沙治沙、水土流失、天然林保护等技术，但由于生态保护修复工程尚处于试点示范阶段，有关技术方法有待完善。

（2）重点治理阶段。受可持续发展理念影响，坚持经济发展与生态保护并重，启动了京津风沙源、退牧还草、湿地保护等生态工程，初步建立了防沙治沙、草地修复、湿地保护、石漠化治理等技术体系，但多为单要素生态修复技术，要素间系统修复技术研究不足，空间尺度关联、格局优化等大尺度技术逐渐受到重视。

（3）系统修复阶段。受生态文明理念影响，坚持生态优先、绿色发展，实施了以山水工程为代表的生态工程，在进一步完善单要素修复技术体系的同时，探索了以国土空间生态修复为主的多要素耦合、空间关联技术体系。

从图 1-1 可见，我国实施的一系列重大生态工程具有鲜明的时代特征，由其特定的经济社会发展阶段所决定，体现了人们对重大自然灾害的深刻反思，如 1978 年西北、华北、东北风沙危害和水土流失问题，1998 年长江特大洪灾和 2000 年北方大面积沙尘暴等（王思凯 等，2018）。

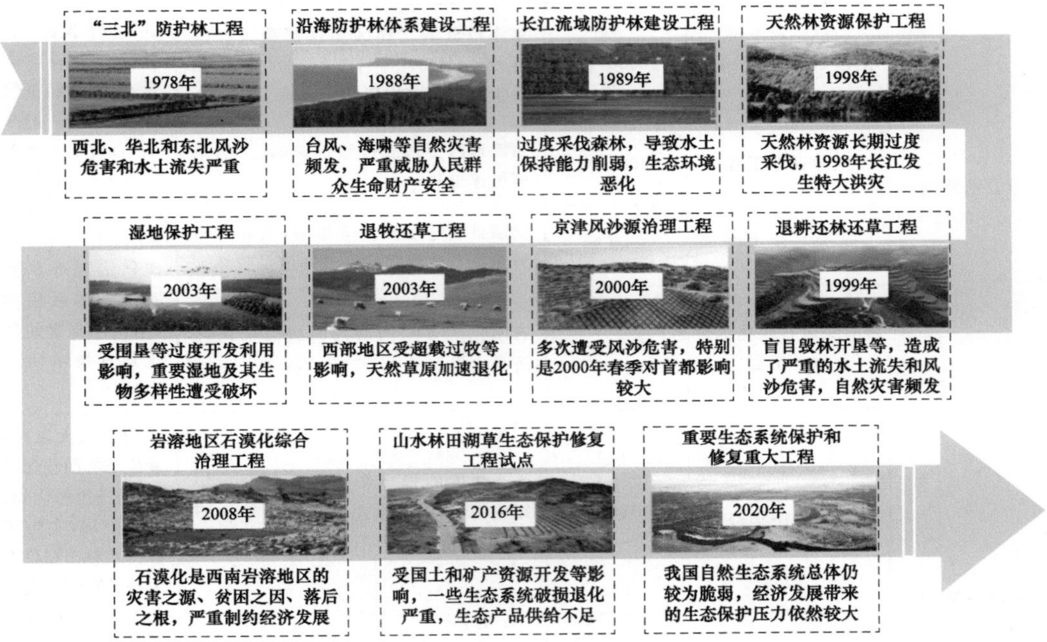

图 1-1　1978—2020 年我国重大生态工程时间轴

1.6.2　研究进展

近年来，中国在习近平生态文明思想指导下，尤其是“山水林田湖草沙是一个生命共同体”理念引领下，通过保护地体系建设、生态格局优化、生态网络构建等技术方法，强化了生态系统的多要素关联、多过程耦合、多目标协同的研究，同时，也侧重生态保护修复制度创新，加强生态工程全过程管理（王夏晖 等，2022）。学界有关生态工程的研究对象、尺度、目标、构成等均逐步发生了变化，研究对象从单一的自然要素转向自然-社会多重要素，研究尺度从中微观生态系统服务提升转向多尺度生态安全格局重塑，研究目标从生态系统自身结构与功能优化转向人类生态福祉提升(傅伯杰，2021；彭建 等，2020)，应用领域涵盖森林、草原、河湖等自然生态系统和矿山、农田、城市等人工生态系统。

“山水林田湖草沙生命共同体”可以看作是在一定地理空间上各个生态系统之间相互联系、相互作用、相互影响而形成的复合生态系统，具有要素多元性、尺度嵌套性和非线性变化等特征(萨娜 等，2023)。从目前学界有关山水工程研究进展看，对山水林田湖草沙作为一个生命共同体的内在相互作用机制还没有深入认识，也尚未形成系统的研究方法，导致对山水工程的科学支撑有限，制约着相关实践的深入推进。因此，认识生命共同体生态要素之间、生态系统之间以及自然生态系统与人类社会之间的耦合机制，探索生命共同体多要素、多过程、多尺度耦合的定量分析方法是亟待解决的关键问题。

1.7 科学问题与发展趋势

1.7.1 科学问题

针对当前山水工程的研究局限和重大科技需求，需深入研究区域生态系统的“要素—结构—过程—功能—服务—福祉”级联关系，揭示人类活动高强度干扰下生态系统过程-格局-服务的响应机制，完善基于人与自然双向互惠关系重构的生态工程调控原理，建立区域山水林田湖草沙协同保护与修复工程技术方法，阐释区域生态安全格局变化与人类福祉的协同演变进程，以下四方面科学问题亟待研究。

(1)人类活动高强度干扰下的生态系统过程-格局-服务的响应机制。生态系统对人类干扰产生响应和反馈时，生态系统服务和产品也产生相应的变化。因此，随着人类改造自然能力的不断提高，需要研究人类活动高强度干扰下生态系统服务的响应与反馈特征，探究导致生态系统服务变化的系统结构与生态过程根源，分析人类需求对生态系统“过程-格局-服务”产生影响的不同驱动作用，研究人类活动干扰下生态系统格局、过程、功能、质量的变化(于贵瑞 等，2014)。

(2)基于人与自然双向互惠关系重构的山水工程调控原理。山水工程的终极目标是生态系统服务和人类福祉协同提升。因此，需要通过山水工程调控，持续优化甚至重构人与自然双向互惠关系，深入研究生态系统与人类福祉及资源环境的关系，人类发展需求与生态系统服务供给的冲突及其权衡的生态学原理，需要开发生态系统监测、评估、预测和监管的理论方法，研究设计生态系统的保护、利用、管理和重建等应用理论及方案。

(3)区域山水林田湖草沙协同保护与修复工程技术方法。山水林田湖草沙生态要素间具有复杂的关联性，在生态系统上具有完整性。因此，要在完善单要素生态修复技术的基础上，深入揭示生态系统的要素与要素、要素与系统、系统与环境的生态学关系及其关系的形成机理、维持机制及其调控原理，集成和优化跨尺度、多要素生态修复技术，以满足国土空间生态保护修复技术需求。

(4)区域生态安全格局变化与人类福祉的协同演变进程。区域生态安全格局的变化会影响到区域生态系统服务的强化或削弱，进而影响到以生态系统服务为基础的人类福祉。因此，需要开展区域生态安全格局背景下的生态系统服务定量评估，研究生态系统服务的空间转移规律，定量评估生态系统服务变化对人类福祉的影响，进而建立区域生态安全格局与人类福祉提升的协同耦合模型。

1.7.2 发展趋势

面对全球性多重生态危机，生态学以其非线性思维、整体系统观、多学科整合等特点和优势，为探索解决全球生态危机提供了科学基础(于贵瑞 等，2021)，山水工程是重要实现路径。当前，山水工程研究正进入新发展阶段，从理论研究、实践探索到决策管理，更加注重工程实际问题的解决，需要充分利用成熟技术和管理手段，实现工程综合效益最大化。在技术方法上，大尺度、多要素生态保护修复强调整体保护、系统修复、综合治理，侧重于自然保护地、生态网络构建、景观连通性提升、生态修复区划等技术研究，注重单要素生态修复技术的整合、优化和互补；小尺度、单要素生态修复技术则侧重于“基于自然的”理念、“拟自然”技术、“再野化”技术的工程实践和技术完善。随着各类山水工程持续深入推进，山水工程技术、材料、装备向多目标、环境友好型、生态化发展，纳米材料、人工复合材料、生物材料等新兴环保型材料和生态设计将更多被采用，在生态修复中实现节能减排，减少温室气体排放。另外，山水工程实施尺度逐步由中小尺度向流域、区域等大尺度山水工程转变，更加注重社会、人文、政策因素耦合，强调适应性恢复和管理，以山水工程为桥梁，构建人与自然和谐相处的生命共同体。

第 2 章　山水工程理论基础

山水工程是一项综合类的生态保护修复工程，注重整体推进、系统治理、综合治理，因此生态学、系统工程学理论是其最为基本的理论。本章介绍了系统工程学、景观生态学、恢复生态学、人地关系协调论、生态系统科学等理论的核心要义、基本方法等内容。同时，也介绍了国际生态恢复领域较为流行的生态恢复实践国际原则和基于自然的解决方案等国际标准，并对山水工程借鉴相关理论进行阐释。

2.1　系统工程理论

系统工程理论是由美籍奥地利生物学家贝塔朗菲（L. V. Bertalanffy）提出。系统内的要素之间相互联系、相互作用，各构成要素之间以一定结构和功能构成。系统观认为，系统是物质的存在方式，任何系统都具有以下四个重要特征（王思义，2013）。

（1）系统性。整体大于部分总和。整体的效果并不是各部分的独立效果简单相加而成，系统性主要突出了各部分之间的相互联系、相互影响，整体、系统地分析问题才能更全面。研究系统整体性可以使人们能更全面地看到事物之间的影响、联系。生态保护修复尤其要考虑系统性原则。

（2）关联性。系统内部各要素之间、要素与外部环境之间相互联系、相互作用的关系。系统功能最优必须首先清除系统内部各要素之间、要素与外部环境之间的相互关系，使它们相互协调。

（3）结构性。结构是揭示系统中要素之间内部联系的重要依据，是系统整体性的基本保障。结构具有以下 4 个特性：①稳定性，结构越复杂，系统越稳定；②层次性，各要素在系统中作用、功能上的等级差异性是划分各要素层次的重要标准，研究系统层次性是认识客观系统的重要手段和方法；③相对性，结构和要素是相对于等级和层次而言的；④开放性，系统总是存在于一定环境中，并与外界环境有物质、能量、信息交换。

（4）可控性。通过控制由环境向系统输入能量、物质、信息，使系统输出符合目标要求的能量、物质、信息，具有系统的反馈功能和可调节特征。由于规划的预测性、规划实施过程中的不可预见性等原因，系统的可控性是保证规划目标顺利完成的重要保证。

人类赖以生存的“山水林田湖草”生命共同体是由具有高度开放性的各类自然生态系统间能量流动、物质循环和信息传递构成的有机整体，针对复合生态系统的管理，若仅对某一特定类型生态系统进行管控，或仅对全域系统各组成部分进行单独治理，都将难以实现全局的既定预期，甚至可能适得其反（王夏晖 等，2018）。山水工程是一个庞大的系统工程，生态系统的恢复不是各类技术手段或工程措施的简单累加，还需受到人类社会、经济、自然环境的多重影响和参与。因此，山水工程需要系统整合不同学科理论与方法，综合交叉地理学、生态学、环境科学、资源科学、土壤学、水文学、保护生物学等自然科学以及相关的人文社会科学知识，通过对区域范围内生态要素的系统“优化”与全面“调理”，从而提升整体生态系统服务及可持续性（曹宇 等，2019）。

2.2 景观生态学理论

景观生态学是研究景观单元的类型组成、空间格局及其与生态学过程相互作用的综合性学科，强调空间格局，生态学过程与尺度之间的相互作用是其研究的核心所在（邬建国，2000）。景观生态学的等级理论、尺度效应、缀块-廊道-基底模式、生态系统服务等理论可为山水工程提供重要的理论支撑（曹宇 等，2019）。

（1）等级理论。20 世纪 60 年代以来逐渐发展形成的，关于复杂系统的结构、功能和动态的系统理论。它的发展是基于一般系统论、信息论、非平衡态热力学、数学以及现代哲学的有关理论。一般而言，处于等级系统中高层次的行为或动态常表现出大尺度、低频率、慢速度特征；而低层次行为或过程的行为或动态则表现出小尺度、高频率、快速度的特征。不同等级层次之间还具有相互作用的关系，即高层次对低层次有制约作用，而低层次则为高层次提供机制和功能，由于其低频率、慢速度的特点，这些制约在分析研究中往往可表达为常数；此外，由于其快速度、高频率的特点，低层次的信息则常常只需要以平均值的形式来表达。等级理论最根本的作用在于简化复杂系统，以便达到对其结构、功能和行为的理解和预测。

（2）尺度效应。尺度一般是指对某一研究对象或现象在空间上或时间上的量度，分别称为空间尺度和时间尺度。在景观生态学研究中，人们往往需要利用某一尺度上所获得的信息或知识来推测其他尺度上的特征，这一过程即所谓尺度推绎。尺度推绎包括尺度上推和尺度下推。由于生态学系统的复杂性，尺度推绎往往采用数学模型和计算机模拟作为其重要工具。

(3)缀块-廊道-基底模式。组成景观的结构单元有三种——缀块、廊道和基底(邬建国，2000)。缀块泛指与周围环境在外貌或性质上不同，但又具有一定内部均质性的空间部分。这种所谓的内部均质性是相对于其周围环境而言的。具体地讲，缀块包括植物群落、湖泊、草原、农田、居民区等。因而其大小、类型、形状、边界以及内部均质程度都会显现出很大的不同。廊道是指景观中与相邻两边环境不同的线性或带状结构。常见的廊道包括农田间的防风林带、河流、道路、峡谷和输电线路等。廊道类型的多样性导致了其结构和功能方法的多样化。其重要结构特征包括宽度、组成内容、内部环境、形状、连续性以及与周围缀块或基底的作用关系。廊道常常相互交叉形成网络，使廊道与缀块和基底的相互作用复杂化。基底是指景观中分布最广、连续性也最大的背景结构，常见的有森林基底、草原基底、农田基底、城市用地基底等。“缀块-廊道-基底模式”提供了一种描述生态学系统的“空间语言”，使得对景观结构、功能和动态的表述更为具体、形象，有利于考虑景观结构与功能之间的相互关系，比较它们在时间上的变化。

(4)生态系统服务理论。生态系统服务是指生态系统所形成并维持的人类赖以生存的自然环境条件与效用，为人类直接或间接从生态系统得到的所有惠益，可分为供给服务、调节服务、文化服务和支持服务四大类(谢高地 等，2006)。作为将自然过程与人类活动联系起来的桥梁和纽带，生态系统服务对于自然资源的合理配置与利用，实现区域可持续发展具有重要的理论和现实意义(傅伯杰 等，2014；彭建 等，2017a)。生态系统服务的供给与需求往往受到人类决策的干预和支配，受人类认知水平及行为方式的影响，不同生态系统服务之间往往存在明显的冲突，如供给服务的上升可能带来调节服务下降的风险。认知生态系统服务之间不同程度此消彼长的权衡作用和相互促进的协同作用，识别生态系统服务权衡作用对人类福祉的显著影响，并实现多种生态系统服务人类惠益的最大化成为研究和决策的重点和难点。科学认知不同类型生态系统服务之间权衡关系是实现生态系统可持续管理的前提(郑华 等，2013)。

综上所述，山水林田湖草沙生命共同体是一个包含所有自然资源的内在有机整体，同时又是不同等级、具有不同尺度特征生态系统的载体，离不开生态系统格局-过程-功能的相互影响、相互作用。因此，山水工程实施需要统筹考虑恢复生态系统等级结构问题、时空尺度问题以及格局与过程关系问题。景观生态学“格局与过程耦合—时空尺度—生态系统服务—景观可持续性”的研究路径，能够为山水工程实施提供重要学科支撑；依据格局-过程互馈机理识别退化、受损的山水林田湖草沙生命共同体，基于景观多功能性权衡协调社会-生态需求并确定修复目标，应用生态安全格局优化多层级修复网络体系，建立面向景观可持续性的多尺度级联福祉保障（彭建 等，2020）。

2.3 恢复生态学理论

恢复生态学是研究生态系统退化的原因、退化生态系统恢复与重建的技术与方法、生态学过程与机理的科学（章家恩 等，1999）。恢复生态学起源于100年前的山地、草原、森林和野生生物等自然资源的管理研究，形成于20世纪80年代。它是研究生态整合性的恢复和管理过程的科学。恢复生态学的研究对象是在自然或人为干扰下形成的偏离自然状态的退化生态系统。生态恢复的目标包括恢复退化生态系统的结构、功能、动态和服务功能，其长期目标是通过恢复与保护相结合，实现生态系统的可持续发展（任海 等，2004）。

恢复生态学的理论主要是演替理论，但又远不止演替理论，其核心原理是整体性原理、协调与平衡原理、自生原理和循环再生原理等。目前，自我设计与人为设计理论是唯一从恢复生态学中产生的理论。自我设计理论认为，只要有足够的时间，随着时间的进程，退化生态系统将根据环境条件合理地组织自己并会最终改变其组分。而人为设计理论认为，通过工程方法和植物重建可直接恢复退化生态系统，但恢复的类型可能是多样的（任海 等，2014）。

恢复生态学应用了许多学科的理论，但最主要的还是生态学理论。这些理论主要有限制性因子原理、热力学定律、种群密度制约及分布格局原理、生态适应性理论、生态位原理、演替理论、植物入侵理论、生物多样性原理等。恢复生态学的理论基础可分为5个方面，即土壤层次、种群生物学、群落生态学、生态系统生态学和景观生态学基础。

山水工程遵循自然生态系统演替规律和内在机理，对受损、退化、服务功能下降的生态系统进行整体保护、系统修复、综合治理的过程和活动，是恢复生态学实践应用的重点领域之一。因此，山水工程应遵循恢复生态学相关的基本理论和原理，充分发挥生态系统的自我能动性以及人为活动的积极干预作用，不断提升生态系统自我恢复能力，增强生态系统稳定性，促进自然生态系统质量的整体改善和生态产品供应能力的全面增强。

2.4 人地关系协调论

人地关系是地理学基础理论研究的本质所在，其研究方法的发展和完善不仅能促进人地关系研究的不断深化，而且可以更有效地解决经济社会发展中出现的复杂资源环境问题(李扬 等，2018)。人地关系即地球表层人与自然的相互影响和反馈作用(吴传钧，1991；方创琳，2004)。从历史演变来看，人地关系经历了从萌芽到以土地为核心的一元化关系，再到以土地、水、能源矿产等资源为核心的无序多元化关系，以及现如今重新探索有序多元化人地关系的总体历程(李小云 等，2018)。人地系统是人类活动与地理环境相互联系、相互作用而形成的复杂适应系统，具有综合性、区域性、复杂性、开放性、动态性特征(刘彦随 等，2024)。

人地关系地域系统研究的核心目标是协调人地关系(吴传钧，1991；方创琳，2004)，从空间结构、时间过程、组织序变、整体效应、协同互补等方面去认识和寻求全球的、全国的或区域的人地关系系统的整体优化、综合平衡及有效调控的机理，为有效地进行区域开发和区域管理提供理论依据(樊杰，2018)。“人地协调论”是人地关系论中的一个重要理论，其认为人地关系应以谋求自然环境与人类生活之间的和谐统一为目标(曹宇 等，2019)。人地关系论强调“人”既是人地关系的核心组成要素，又是人地关系的创造和推动者，人类活动在人地关系演变中承担着重要且主动的角色。人地关系及人地关系地域系统研究不仅揭示地理环境本身的自然特征，而且考虑社会、经济、历史等综合人文因素，研究人类活动与自然环境的相互作用和影响，以及人地关系地域系统的格局、结构、演变过程和驱动机制等内容(李扬 等，2018)。

生态系统蕴藏于自然地理环境之中，因而可以认为生态系统是人地关系中“地”这个要素的进一步理解和体现。现代社会中的生态系统退化过程绝大部分源于人类的负面干扰活动影响，而健康的生态系统本可以为人类提供各类生态系统服务，提升人类福祉。人文系统和自然生态系统之间相互依存、相互制约，人类的有益活动可以积极影响和改善生态系统状况，扭转生态系统退化轨迹。因此，人地关系协同理论将是通过山水工程进而实现区域可持续发展的另一重要理论支撑。山水工程实施要符合自然植被的空间分布规律，充分尊重自然规律、尊重地理地带性，坚持宜林则林、宜灌则灌、宜草则草的近自然恢复原则，提高生态系统功能，实现生态效益和经济效益相统一。

2.5 生态系统科学原理

当代生态学是解决全球可持续发展面临的重大资源、环境和生态问题的分析手段和哲学理念。生态学在其长期发展过程中，不断汲取、融合相关学科营养，形成了与气候系统、生物系统和社会经济系统紧密联系的当代生态学及生态系统科学体系，提出的诸多生态系统原理可直接服务于区域生态恢复和环境治理等社会实践。

于贵瑞等(2023a)总结概括了生态系统“组分—结构—过程—功能—服务”级联原理、生态系统的整体性和生态过程及调控管理原理、生物种群的环境适应与群落属性塑造原理、生态系统和群落演替理论与动态调控原理、基于生态系统结构和功能的经营管理原理、环境条件和资源禀赋与生物繁衍的互馈及资源要素优化利用原理、生态系统空间分布及生物地理学原理、自然资源环境约束和生态系统利用与保护的生态平衡原理 8 个重要生态系统科学原理，对区域生态环境治理的社会实践具有重要的指导意义。从决定生态系统质量及其稳定性演变规律的核心理论基础来看，主要有生物集聚与结构嵌套的自组织原理、生态要素关联及生态过程耦合原理、生态系统整体性及功能涌现原理、生态服务外溢及功效权衡原理、资源供给能力和环境适宜性的协同互作原理、自然变化和人类活动交互影响原理 6 个重要的生态系统生态学原理(于贵瑞 等，2023b)。

结合山水工程实践过程中的理论需求，以下生态系统科学原理较为关键。

(1)生态系统“组分—结构—过程—功能—服务”级联原理。生态系统科学研究强调生态系统对人类提供的生态服务，而生态服务是“组分—结构—过程—功能—服务”级联关系的最终结果及外溢输出。基于级联关系的生态系统状态变化是由环境条件和资源供给驱动的外部影响动力学机制，以及生态系统的生物生命活动驱动的内生动力学机制共同驱动的。同时生态系统状态变化遵循以下 3 个基本原理，其一是生态系统对环境变化的响应与适应原理；其二是生态系统的构建、运行及稳定性维持原理；其三是生态系统的利用和保护及调控管理原理。生态系统级联关系原理的现实意义是指导如何通过调控系统外部影响、内生动力与系统功能外溢及其合理利用与有效保护的关系，实现对生态系统组分、结构和过程状态的优化调控及管理。

(2)生态系统的整体性、生态过程及调控管理原理。生态系统的整体性、生态过程和调控管理三者是有机联系的。生态恢复需要基于确定的科学基础，理解生态系统的系统性、整体性、地带性、稳定性、脆弱性和可塑性等系统学特性，甄别生态系统的自然性与应用性、完整性与开放性的关系，找到调整生态关系和调控生态过程的技术途径，再结合管理目标(如格局配置、结构设计和功能优化)，科学制定管理措施(如保护和维持、利用和调节、修复和重建等)。因此，要加强对生态系统要素的因果互馈、网络层叠、结构嵌套、功能涌现和服务外溢的综合认知，利用自组织系统和适应演化理论调节生态系统组分、结构和功能。

(3)环境条件、资源禀赋与生物繁衍的互馈及资源要素优化利用原理。特定地理空间的生态系统功能都是在特定的自然环境条件下生物繁衍对有限资源要素的优化利用过程，资源禀赋和资源利用效率共同决定着生态系统功能及服务能力的强弱，生物繁衍的内在生物机制决定着生物与环境/资源的互馈关系。所以，环境条件、资源禀赋与生物群落发展的互馈关系以及生物繁衍的资源要素优化利用的生态学机制是指导生态保护和恢复的重要科学原理。在生态恢复与环境治理的实践中，须充分考虑环境条件、资源禀赋和生物群落发展内在机制之间的相互作用，认知人为措施在调节环境、改善资源供给及增强资源利用效率方面的技术可行性及实际功效；更需要清楚意识到任何自然保护和资源环境管理实践只能是在条件制约、资源限制和生态约束条件下，基于环境条件、资源禀赋与生物繁衍之间的互馈机制，促进生物繁衍对资源要素的优化利用才是具有生态意义的。

(4)生态要素关联及生态过程耦合原理。生态系统要素（或元素或构件）的相互联系和互相作用是形成生态系统整体性的“纽带”，也是决定生态系统结构嵌套、过程耦合、机制级联的复杂关系网络的生态学基础 。生态要素的组织形式和秩序决定了生态系统结构，某一生态单元的变化均会影响其他单元甚至整个生态系统的功能。生态系统中“水土气生”等关键要素的时空变化及耦合作用形成了水文学、生物生产力、生物地球化学循环、有机物质分解、生物多样性维持等不同类型的生态学过程。生态系统的众多生态过程关联耦合，进而形成了网络化的能量流动、物质运输、生态化学反应等复杂系统。生态要素关联及生态过程耦合原理是指导生态系统调控管理的重要生态学基础，生态系统的质量变化及其稳定性演变的本质就是复杂生态关系网络的变化、失衡、破坏或优化，只有维持和优化生态要素关联及生态过程耦合关系网络，才会提升生态系统质量及其稳定性。

(5)自然资源环境约束、生态系统利用与保护的生态平衡原理。利用生态系统原理指导区域性的自然保护和资源环境管理实践，需要基于自然规律、自然条件和自然过程的近自然管理方案，只有在自然环境条件制约、资源禀赋限制和生态规则约束条件下，设计社会经济目标最大化及管理最优化模式才符合生态学原理。在人类开发利用和全球环境变化背景下的资源约束，赋予了生态平衡理论更多的现实意义，也可以称为生态约束理论。在约束条件下达到各种生态要素的平衡状态，应该是具有最优的系统结构、最佳生态功能、最大化的生态服务，以及和谐持久的生态关系、生态过程和生态格局状态。区域生态恢复和环境治理是涉及大尺度宏观结构、微观尺度生态系统结构和过程的复杂技术体系，需要在不同生态学等级上系统地认知复合生态系统内在的微观和宏观结构、功能和变化规律，以及其与环境间的耦联关系，进而采取生态系统途径、基于自然的解决方案等科学管理思想与技术途径。

2.6 生态恢复实践的国际原则

为了有效和可持续地实施生态恢复活动，改善人类健康与福祉，增强生态系统的弹性以及适应性，国际生态修复学会（SER）发布的《生态恢复实践的国际原则与标准（第二版）》中明确了生态恢复的八项原则，即利益相关方参与生态恢复；生态恢复需利用多种知识；生态恢复实践基于本地参考生态系统，并考虑环境变化；生态恢复活动支持和优化生态系统恢复的过程；生态系统恢复要有明确的目标和可测的评估指标；生态恢复寻求可实现的最高恢复水平；大规模的生态恢复会产生累计价值；生态恢复是一系列恢复性活动的一部分。此外，该标准还强调了生态恢复对于实现可持续发展目标的重要作用，并从不同角度对政府、从业人员以及社区居民提出了明确的行动方向。

2.7 基于自然的解决方案

基于自然的解决方案（Nature-based Solutions，NbS）是以保护、可持续管理、恢复自然或人工生态系统为目的的一系列行动，可以有效应对社会挑战，同时提供人类福祉和生物多样性的收益。已有研究将 NbS 分为 3 种类型：一是更好地利用自然的或受保护的生态系统；二是实现人工管理生态系统的可持续性和多功能性；三是设计和管理新的生态系统（周妍 等，2021）。在山水林田湖草生态保护修复项目中，针对不同退化程度的生态系统，选取适宜的修复方案，同时尽量采取自然的手段而非工程手段，实现生态系统功能的恢复和提高。

第3章　山水工程规划设计与技术方法

本章主要介绍山水工程规划设计方法、修复技术与调控方法。阐明山水工程规划设计的核心原则，分别从调查评估、问题诊断、目标制定（细化）、工程布局、建设内容（工艺比选）、组织实施等方面提出了山水工程规划编制和项目设计的研究链条。基于多要素、多尺度、多目标的山水工程特征，分别从水体、土壤、矿山和生态系统等方面综述山水工程相关单要素技术及综合调控方法。

3.1　规划设计方法

3.1.1　核心原则

（1）实施整体系统规划。山水林田湖草沙生命共同体是由不同生态要素有机联系组成的复杂系统，功能上具有整体性、动态性和连续性，彼此提供养分、能量或其他物质，引发生态系统结构、过程和功能的演变。山水工程需要基于各要素之间、要素与外部环境之间强关联性及相互作用认知，整体、系统地规划设计，才能更全面有效地解决问题。

（2）增强生态产品供给。山水工程规划设计要将生态保护红线、自然保护地、自然公园等重要生态空间以及森林、草地、湿地等重要生态系统作为优先保护对象，采取自然恢复为主、人工干预为辅的方式，根据生态系统退化、受损程度和恢复力，合理选择保育保护、自然恢复、辅助再生和生态重建等措施，修复生态系统结构和功能，提供优质生态产品。

（3）多重要素融合设计。山水工程涵盖自然、社会、经济、文化等众多因素，具有涵盖要素多、覆盖范围广、系统性强、时间跨度大等特点。山水工程规划设计需要在生态环境、社会经济、系统工程等多个领域或学科交叉融合基础上，综合考虑选择不同模式，通过对生态要素的系统优化与全面修复，实现提升整体生态系统服务及可持续性的目标。

（4）实行多目标综合管理。针对区域、流域、景观、生态系统、场地、种群群落等不同空间尺度，系统诊断识别生态环境风险，围绕解决不同尺度生态环境、经济、社会的多层次目标，统筹考虑生态系统的物质产品供给、调节服务、景观文化等多重服务价值，按照国土空间开发保护和管控要求，落实分级、分类、分区要求，精细化、精准化制定山水工程方案。

3.1.2 工程规划

山水工程规划研究范围主要为区域或流域、景观尺度，内容主要涵盖基础调查与评估、生态问题诊断与成因分析、规划目标、工程布局与单元划分、工程建设内容、组织实施机制等。

一是基础调查与评估。在收集整理相关资料文献和现场调研的基础上，分析规划区自然生态、经济社会、文化制度等生态工程实施基础。现有相关资料中未能准确全面反映该区域山水林田湖草沙等各项生态资源的分布、规模和自然保护地的类型、空间布局的，应开展耕地资源、森林资源、湿地资源、水资源、矿产资源等专项调查工作，查清自然资源家底及变化情况，为山水工程规划做好本底调查。

二是生态问题与成因诊断。分析各类生态系统面积减小、结构受损、功能退化、脆弱化等问题的分布、程度，从自然和人为两方面研判生态空间主要生态胁迫因素、成因机制及关联性，识别生态保护红线内、河流湖泊周边的矿山生态破坏等问题的分布、程度、趋势及区域关联影响，识别生态问题分布聚集或生态问题关联性大的关键区域，明确核心生态问题的根源。

三是制定生态保护修复总体战略。阐述生态工程的政策要求、定位、范围、期限等，明确思路和原则，制定工程总体目标及阶段目标，建立工程规划指标体系。(1)关于规划目标，要立足落实区域重大战略部署和相关规划任务安排，结合本地资源禀赋特征、经济社会发展水平和生态保护修复需求，以山水林田湖草沙一体化保护修复为主线促进安全、优质、美丽国土构建，分别提出本行政区域保护修复的总体愿景和分阶段目标。(2)关于规划指标，要坚持上下衔接、简明适用、定性与定量相结合等原则，参考《省级国土空间生态修复规划编制技术规程(试行)》提出的指标体系，重点从国土空间格局优化、生态保护红线、重要生态系统受损修复、生态系统质量改善、生态系统服务功能提升、规划任务完成考核等方面，科学提出山水工程规划指标体系。也可结合实际情况，增删部分预期性指标。

四是划定工程总体布局。通过开展空间综合评价，识别拟开展保护和修复的重要空间、敏感脆弱空间、受损破坏空间等范围、面积与分布，并根据国土空间类型和生态系统整体性，制定生态工程分区实施导引。(1)关于总体布局。在与相关生态保护与修复规划衔接的基础上，以上位规划确定的重点生态功能区、生态保护红线、自然保护地等为重点，统筹考虑生态系统的完整性、地理单元的连续性和经济社会发展的可持续性，谋划山水工程的总体布局以及重要生态系统保护、重大修复工程的规划布局。(2)关于工程分区。在山水工程总体布局基础上，按照国土空间用途管制要求，以重点流域和区域为基础单元，突出自然地理和生态系统的完整性和连通性，划分山水工程的生态修复分区，明确各分区生态修复的功能定位、存在问题和主攻方向。

五是确定工程建设内容。围绕突出问题和目标，提出生态工程的任务、具体措施与实施时序要求。工程部署应遵循山水林田湖草沙系统治理思路，原则上不按单一生态要素分布部署。重点工程应设置重点项目，并明确工程实施的主要目标、任务措施、组织模式、投资需求、资金来源等。按照项目轻重缓急和成熟程度进行工期时序合理安排。

六是制定组织实施机制。围绕规划目标和方案，从组织领导、政策制度、技术支撑、评估监管、公众参与、资金保障等方面制定规划实施保障措施，确保规划有效实施。

3.1.3 项目设计

山水工程的项目设计范围主要为小尺度生态系统或场地尺度，基于规划确定的空间布局，以工程分区为单位开展具体设计，主要包含每一个单元的问题诊断、目标指标细化、子任务设计、保护修复技术和模式筛选、效果评价与优化、投资测算等。

相对于工程规划，问题诊断需进一步精准聚焦生态系统的结构、生态过程、食物链的完整性等方面，并分析深层次的驱动因素，制定细化可量化可监测的目标指标，建立保护保育区和修复区的子项目清单，因地制宜选择技术和管理措施，验证措施的可行性和有效性，测算工程投资、明确资金渠道，制定山水工程实施的施工设计图。

(1)关于山水工程修复模式选取。基于生态系统受损程度、恢复目标以及生态功能评价分析结果，各项目可根据实际情况采取保护保育、自然恢复、辅助(协助)再生或生态重建为主的保护修复措施，并制定备选方案。

对于未受损的、具有代表性的重要自然生态系统和珍稀濒危野生动植物栖息地，应以保护为主，消除或减低人为干扰，达到提升生境质量，保护其完整性的目的。对于轻度受损的生态系统，主要采取切断污染源、禁止不当放牧与过度捕捞等消除胁迫因子的管理措施，促进生态系统自然恢复。对于中度受损的生态系统，在消除胁迫因子的基础上，还需采取污染治理措施来改善物理环境，并通过引入适宜物种和移除不良物种等人工辅助再生措施，促进生态系统逐步恢复。对于严重受损的生态系统，要在消除胁迫因子的基础上，进行生境重建，引入适宜物种提升生物多样性，达到恢复生态系统结构与功能的目的。此外，针对景观破碎化问题，应采取生态廊道建设措施，恢复被隔离栖息地的连通性。

(2)关于备选方案评价及比选。由于生态系统变化的过程与机理较为复杂，保护修复项目的结果往往存在一定程度的不确定性。因此，保护修复从业者应当对各方案进行仔细评估，特别是对可能带来的风险进行重点研究。备选方案评估从技术可行性、成本效益、生态环境影响与风险以及社会可接受度4个角度开展。需要特别强调的是，为避免或降低生态保护修复项目本身对生态环境造成的负面影响，需对各个备选方案分别进行生态环境影响分析，并针对可能存在的风险提出应对或改善措施。此外，社会可接受度的评估既包括专家经验与地方知识对保护修复工作的认可程度，也包括各个利益相关者的权益与利益。

基于技术可行性、成本效益、生态环境影响分析与风险评估、社会可接受度分析的结果，对备选方案进行比选，确定各项目最终的保护或修复方式。

3.2 修复技术与调控方法

3.2.1 工程修复技术

基于多要素、多尺度、多目标的山水工程技术方案往往是多种技术的有机组合，而修复效果取决于修复技术方案的科学性。不同对象、不同类型的山水工程，所采用的技术方法明显不同，表3-1汇总了主要修复技术方法，并分析了不同技术方法的优缺点。

表 3-1 主要修复技术与优缺点分析

工程对象	技术类型	主要技术	优缺点
水体	物理	截污分流与引水冲污、底泥疏浚、人工曝气等技术	物理化学方法见效快，工程造价较高，化学方法易导致“二次污染”；生物—生态方法具有处理效果好、工程造价相对较低、运行成本低廉等优点（董哲仁 等，2002；任芝军 等，2022）
	化学	化学除藻、底泥封闭、复合混凝沉淀、电催化氧化等技术	
	生物—生态	微生物强化、植物净化、人工湿地、生物膜净化及生物—生态组合等技术	
土壤	物理	物理分离法、溶液淋洗法、固化稳定法、冻融法和电动力法等	同物理化学方法相比，生物修复具有可基本保持土壤的理化特性、污染物降解完全、处理成本低和应用广泛的特点。生物修复的局限性包括污染物种类的局限性、受环境因素的影响大、修复时间长等（李培军 等，2006）
	化学	溶剂萃取法、氧化法、还原法和土壤改良剂投加技术等	
	生物	微生物修复、植物修复和动物修复3种，其中以微生物与植物修复应用最为广泛	

续表

工程对象	技术类型	主要技术	优缺点
矿山	土壤重构	排土、换土、去表土、客土与深耕翻土方法等物理改良技术；化学改良技术等	土壤的物理改良和化学改良投资巨大，不能改变原有景观的丑陋面貌。生物修复投资小，能够同时改变大气、水体和土壤的环境质量，减轻污染对人体健康的危害，并且可能同时展开农林开发，具有一定的经济优势（魏远 等，2012）
	生物恢复	植物修复、土壤动物修复、土壤微生物修复以及菌根生物修复技术等	
	废水控制与处理	膜处理法、混凝土法、生物膜法、SBR法、生物氧化法、氧化沟法及湿地处理法等	
生态系统	生态评价与规划	土地资源评价与规划、环境评价与规划、景观生态评价与规划等技术	水体、土壤和矿山等单要素生态修复技术侧重于场地小尺度应用；生态系统类型含景观、区域、流域等中大尺度生态系统，一方面，侧重于系统内单技术应用，另一方面，侧重于系统间结构和功能完善、生态评价、格局优化等
	生态系统组装与集成	生态工程设计、景观设计、系统构建与集成；自然保护地构建、生态功能群重建、生态网络构建等技术	

依据退化生态系统恢复对象不同，恢复技术主要包括：①非生物或环境要素（包括土壤、水体、大气）的恢复技术；②生物因素（包括物种、种群和群落）的恢复技术；③生态系统（包括结构与功能）的总体规划、设计与组装技术；④景观恢复技术（包括生态系统间连接技术、生态保护网络构建技术等）（任海 等，2004；章家恩 等，1999）。根据人类干扰程度的不同，主要包括生态保护技术（如自然保护地技术、生态功能群重建技术、生态网络构建技术等）和生态修复技术（如土壤修复技术、植物修复技术、景观修复技术、再野生化技术等）（付战勇 等，2019）。从研究尺度来看，小尺度上的研究侧重于水体、土壤、植被、矿山等单要素技术方法研究，而大尺度的研究侧重于生态安全格局构建、生态网络建设、生态修复区划、多生态要素修复集成等技术。

3.2.2 综合调控方法

当前，山水工程技术方法体系正趋于加快完善阶段，既强调小尺度、单因素技术的拟自然、再野化等特征，也注重大尺度、多要素技术的耦合性、协调性。而面向国土空间生态修复，生态修复技术发展尚不成熟、体系尚不完备（周旭 等，2021）。通过优化生态空间格局、完善生态基础设施、降低人为干预措施、采取适应性管理等综合调控方法，可有效提升山水工程实施的针对性和科学性，实现区域或流域生态系统多目标协同耦合。

(1)优化生态空间格局。合理的山水工程布局是实现预期成效的首要一环。应在工程区域空间上识别和合理布局生态源地、生态廊道、生态节点，形成有利于保障区域生态安全、提供生态服务的空间格局（彭建 等，2017b）。例如，通过建设以国家公园为主体的自然保护地体系，整体协调生态斑块、生态廊道、生态基质的空间布局，使得生态系统的服务功能得到最大程度的发挥。对区域生态过程与功能恢复提升起关键作用、对区域生态安全具有重要保障、担负重要缓冲和辐射功能的生境斑块，要确定为生态源地。生态网络体系中对物质、能量与信息流动具有重要连通作用，尤其是为动物迁徙提供重要通道的带状区域，要确定为生态廊道。具有重要生态服务功能的敏感区、脆弱区，则构成影响、控制区域生态安全的关键生态节点。

(2)完善差异化的生态基础设施。生态基础设施可涵盖绿地、湿地、水体、生物滞留池、绿色屋顶等自然和半自然系统，具有保持、改善和增加生态系统服务的作用(韩林桅 等，2019)。生态基础设施的主要类型包括三种。一是径流滞蓄设施。通过适宜植被选择、填料基质筛选与结构设计，形成具有径流滞蓄功能的设施。二是水质净化设施。根据水文状况、进水方式、植被和填料选择等因素，发挥污染物去除的作用。水文状况影响生物群落组成和生物化学过程，以及污染物迁移。去除污染物能力是植物净化水质的关键，可根据不同的污染类型选择不同净化性能的植被。同时，根据污染物类型选择天然材料、人工材料等不同基质。三是气候调节设施。目前具有一定气候调节功能的生态基础设施主要为绿色屋顶、可渗透路面、区域绿地等。

(3)优选拟自然生态保护措施。生态系统具有非常强的自我恢复和调节功能，对于生态修复区域首先应考虑最小干预措施，辅助一定的人工干预，实现生态系统自我演进和更新。荒野保护和再野化是目前国际上研究较多的最小干预措施之一，是近年来兴起的一种生态保护修复方法，旨在通过减少人类干扰，提升特定区域中的荒野程度，以提升生态系统韧性和维持生物多样性，使生态系统达到能够自我恢复和维持的状态。我国已经开展的退耕还林还草还湿、本土物种重引入、生态廊道建设、生态移民等，均属于该类保护恢复措施。山水林田湖草沙生态保护修复工程也与再野化措施的理念、目标、内容和方法等存在一致性。山水林田湖草沙要素之间在景观尺度上高度关联，因此，生态修复和重建应从自然地理规律出发，科学评判区域地带性植被的种植适宜性，在厘清自然资源要素相互作用关系及其资源环境效应的基础上，确定适于本地自然条件的恢复方式和生态要素空间配置模式。

(4)开展全过程适应性管理。以生态系统可持续性为目标，通过监测、评估、调控等措施，提升生态系统的恢复力。基于自然的解决方案是体现全过程适应性管理的最新成果，即通过保护、可持续管理和修复自然或人工生态系统，从而有效和适应性地应对社会挑战，并为人类福祉和生物多样性带来益处(王祺 等，2015)。

基于自然的解决方案遵循的准则包括：综合应对社会多重挑战、基于不同尺度设计保护恢复措施、推动生物多样性净增长和生态系统完整性、经济可行、治理过程公开透明、做好首要目标和多种效益间的权衡、基于证据进行适应性管理、具有可持续性并在一定范围内实现主流化等。2020 年，我国有关部门发布山水林田湖草生态保护修复工程相关指南，明确要求遵循自然生态系统的整体性、系统性、动态性及其内在规律，用基于自然的解决方案，采取工程、技术、生物等多种措施，对山水林田湖草等各类自然生态要素进行保护和修复，实现国土空间优化，提高社会-经济-自然复合生态系统韧性（Wang et al. ,2022）。

第 4 章　山水工程概念模型

本章介绍山水工程理论与实践创新成果——山水工程概念模式，由目标协同、驱因诊断、格局优化、过程调控、评估反馈 5 个基础模块构成。基于生态学“格局—过程—服务—福祉”的级联关系，概念模型侧重于时空演变的工程目标协同，多层次生态系统退化驱动机理揭示，多尺度生态保护修复关键区域识别，多类型生态保护与修复路径耦合，工程效应动态监测与调控，以促进山水工程理论的发展。

4.1　概念模型

围绕人-自然互馈共生关系，基于人与自然共生原理和生态系统自身演替规律，有效识别“格局—过程—服务—福祉”级联关系，构建多要素、多尺度、多层次、多目标的山水工程概念模型(图 4-1)。其中，“多要素”是指森林、草地、湿地等自然要素和城乡、人口、产业等社会要素；“多尺度”是指种群、生态系统、景观、流域

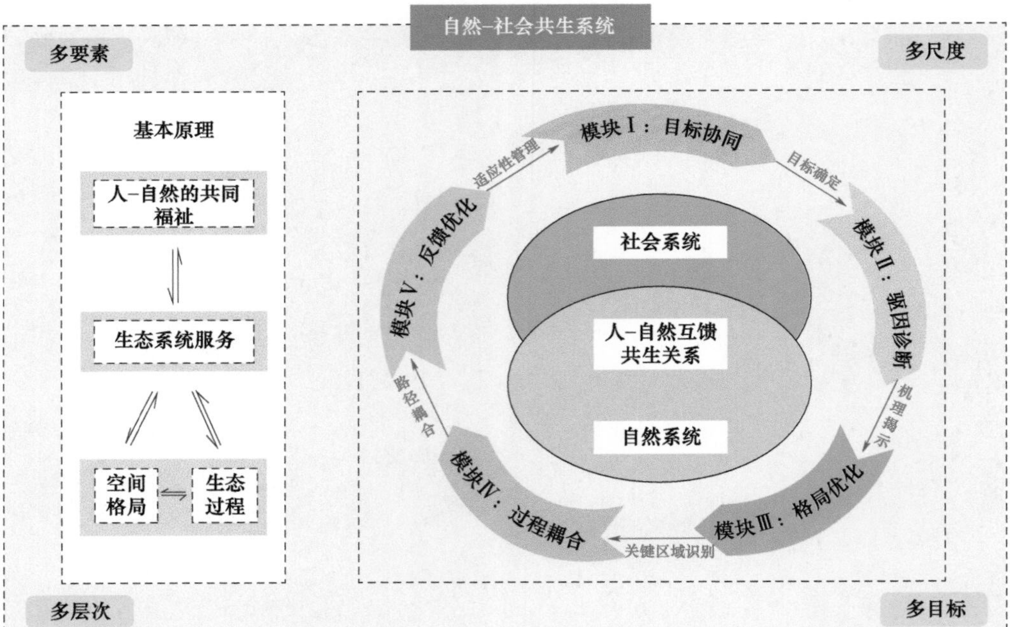

图 4-1　山水工程概念模型

或区域等尺度；"多层次"是指生态系统的要素、结构和功能等属性层次，如傅伯杰研究国土空间修复时提出，应该从生物地理和生态功能多个层次识别重点修复区域(傅伯杰,2021)；"多目标"是指生态工程在多尺度、多要素等情景下所对应的多个目标，如 Hallett 等(2013)通过对 200 多个全球恢复网络工程分析，认为大多数工程都设置了生态类目标，而社会类目标对工程长期目标至关重要。

山水工程概念模型由目标协同、驱因诊断、格局优化、过程调控、评估反馈 5 个基础模块构成，不同模块间相互影响、层次递进。基于生态系统服务协同理论认知，利用景观格局—生态过程互馈机理，该模型可识别退化生态系统的关键区域、驱动因素和互馈关系，阐释和量化人类活动对生态系统服务的影响，评估生态工程在提升生态系统质量和稳定性、人类社会可持续发展方面的综合效应，进而采取适应性管理，调控和优化工程目标路径，协同推进受损生态系统恢复和人类社会可持续发展。

4.2 基于时空演变的工程目标协同

自然-社会共生系统的空间分布和时间演变具有尺度效应。受时空不均衡性、异质性等影响，生态系统服务间此消彼长、相互影响，需规避分割、强化协同(图 4-2)。在空间尺度上，景观尺度往往对应工程区域，注重生态安全格局优化、生态系统连通性提升等，目标定位于生态系统质量和人类福祉提高；生态系统尺度对应工程项目，由山水林田湖草沙等要素构成，注重生态系统结构调整和过程耦合等，目标定位于生态系统健康和功能提升；地块尺度对应工程单元，注重生态设计、绿色材料应用等，目标定位于退化区域生态修复、生态系统结构完善等，如 Wu(2013)认为，景观恢复需深入了解景观组成、结构和功能，以及生态完整性与

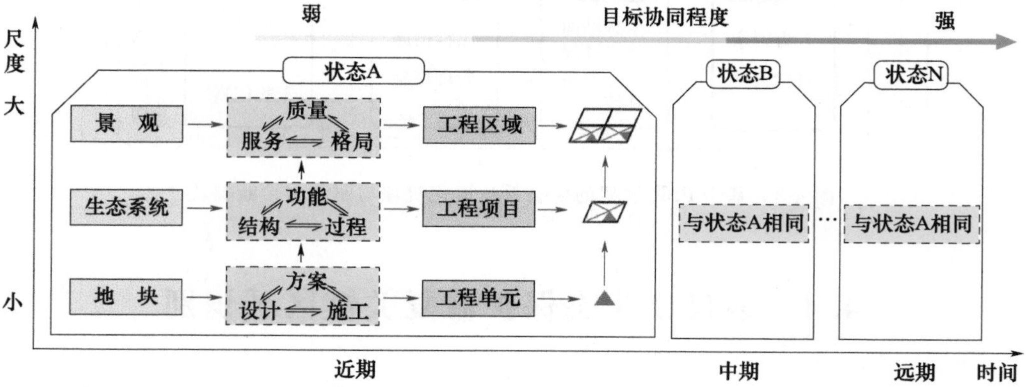

图 4-2 基于时空演变的工程目标协同模块

满足人类需求间的关系，而这些景观属性不同于在生态系统、群落、物种等尺度上进行生态恢复所考虑的属性。在时间尺度上，随着人与自然关系协调性增强，工程目标由近及远先后经历协调布局、系统治理、人地和谐 3 个演进阶段（傅伯杰，2021），目标协同度逐步提升，生态系统质量和稳定性逐渐增加。

4.3 多层次生态系统退化驱动机理揭示

自然-社会共生系统是要素、结构、功能等自然属性和城乡、人口、产业等社会属性的集成体现，具有多层次性。厘清多尺度、多层次生态退化机理，是提高生态工程科学性的关键环节。利用压力-状态-响应（PSR）分析框架，开展生态安全评价，是揭示退化机理的基本方法（应凌霄 等，2022），通过评价生态系统健康状态，分析生态问题及其驱动力，揭示各类驱动因素对生态系统结构、过程和功能的影响机理，从而提出有针对性的工程和管理措施（图 4-3）。考虑到不同尺度差异性，生态问题诊断和驱因分析时，应分别从景观、生态系统、地块等不同尺度，分析生态退化驱动力，建立关键驱动因子清单。如彭羽等（2015）在研究不同尺度草场退化生态因子时的结果显示，小尺度（300 m×300 m）主要为海拔高度、坡向和年均降水量，中尺度（1 km×1 km）为年均温度、坡度、土地利用类型，大尺度（5 km×5 km）为年均温度；Gann 等（2019）认为，景观恢复涉及生态系统在多个尺度上的生物等级，须考虑景观内生态系统的类型和比例，以及景观单元的空间结构和功能。

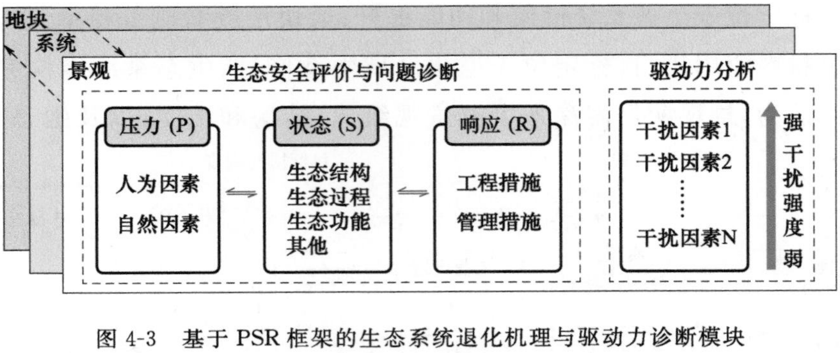

图 4-3 基于 PSR 框架的生态系统退化机理与驱动力诊断模块

4.4 多尺度生态保护修复关键区域识别

准确识别生态修复关键区域是提升工程成效的重要措施。生态安全格局由区域中某些生态源、生态节点、生态廊道及其生态网络等关键要素构成（彭建 等，

2017b)。利用“源地-廊道-节点”识别的生态安全格局构建模式,可为确定关键生态修复区域提供方法支撑,但仍需从自然与社会要素耦合角度,加强区划理论方法研究(傅伯杰,2021),提出生态保护修复区划方案,明确工程空间位置与准确边界、生态问题与风险、主攻方向与措施(图 4-4)。同时,生态安全格局优化具有空间异质性和尺度依赖性,即某一尺度存在的问题,需要在更小尺度上解释其成因机制,在更大尺度上寻求解决问题的综合路径,如 Zhang 等(2016)研究表明,降雨增加降低了高寒原生草地的土壤微生物多样性,主要原因是受大尺度气候变化和人类活动因素影响,改变了草地生态系统尺度上土壤养分和水分,进而影响了土壤微生物多样性。为此,山水工程强调构建多尺度协同的生态安全格局。

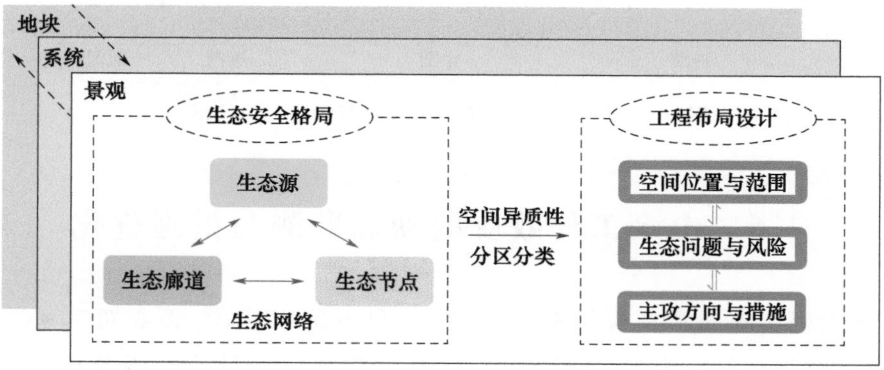

图 4-4　基于生态安全格局的生态工程布局设计模块

4.5　多类型生态保护与修复路径耦合

依据人为干扰程度,将生态保护与修复路径分为保育恢复、辅助再生、生态重建 3 个类型(Gann et al,2019);在干扰程度上,保育恢复类型最弱,辅助再生类型次之,生态重建类型最强(图 4-5)。生态工程过程调控应系统认知景观、系统、地块尺度的空间嵌套和结构、功能、服务属性的层次递进。在空间尺度上,需聚焦关键区域和主控因子,科学配置保护恢复、辅助再生、生态重建等措施。在时间尺度上,近期多为人与自然关系的不协调凸显期,工程实施以辅助再生、生态重建等措施为主,对重要生态区采取保育恢复措施;中期处于人与自然关系缓和期,辅助再生、生态重建等措施逐步减少,保育恢复措施将发挥更大作用;远期处于人与自然关系和谐期,主要措施为保育恢复。

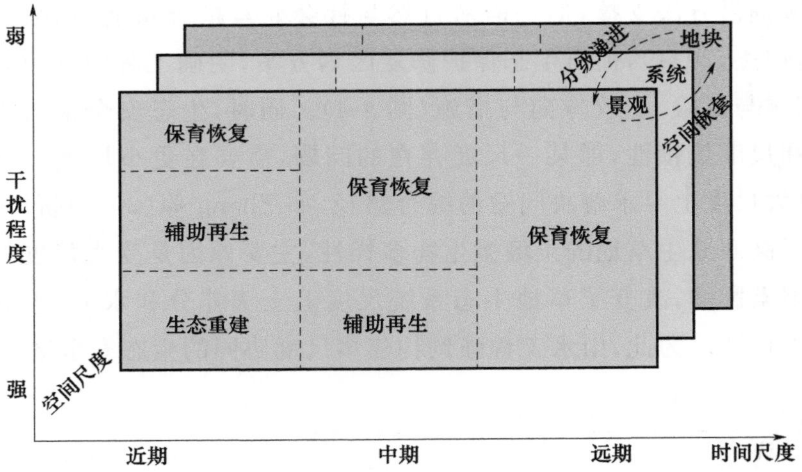

图 4-5　多类型生态保护与修复路径的过程调控模块

4.6　山水工程效应的动态监测与措施优化

生态工程实施通常具有长期性、复杂性和不确定性，有必要对其采取适应性管理，通过监测、评估、模拟、优化等措施，对不符合工程目标的活动及时进行调控（图 4-6）。而生态系统适应性管理的效果，也依赖于对工程目标、布局、项目、制度的全过程调控。需要按照全程监测—效果评估—场景模拟—动态反馈的思路，开

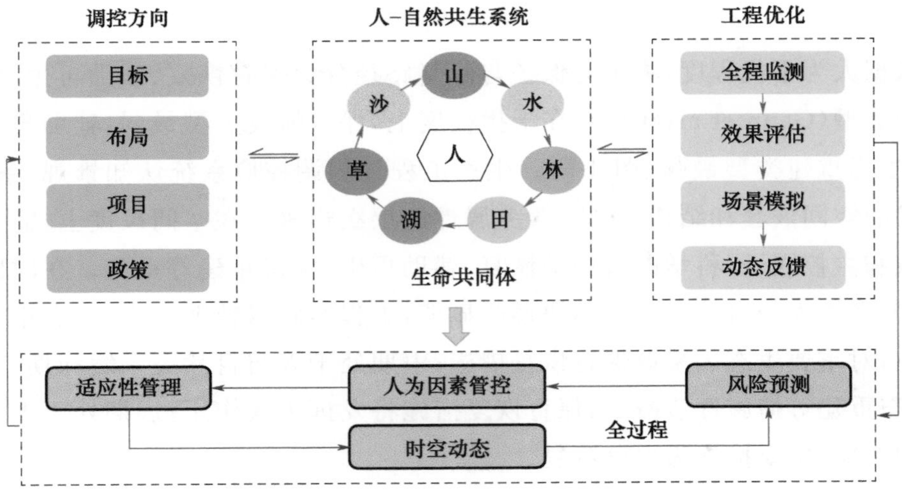

图 4-6　基于自然的生态工程范式（Nature-based Ecological Engineering，NbEE）动态监测与优化调控模块

展工程的动态监测与优化。同时，人类社会与山水林田湖草沙等自然生态系统共同构成了生命共同体，就决定了生态工程的适应性管理需要强化人为因素管控，特别是要建立长期的可持续管护制度，消除对生态系统产生不利影响的人为干扰因子，确保工程效果可长期发挥。如 Lengefeld 等(2020)认为，解决好社会经济因素对于恢复实践的有效性至关重要，而忽视关键性社会因素的做法则是危险的(Cao et al，2014)。

第5章　山水工程进展与展望

山水工程是贯彻落实习近平生态文明思想的重要实践，是践行“山水林田湖草是生命共同体”理念的标志性工程。本章从统筹规划、系统施治、提升福祉、创新方式、健全标准等方面，全面梳理了山水工程工作进展，结合相关文献和地方实践提出了5个方面存在的问题，并明晰了山水工程实践路径和工作展望。

5.1　山水工程工作进展

2016年以来，财政部、自然资源部、生态环境部已在我国“三区四带”等重要生态屏障区域支持了52个山水工程，中央财政奖补资金1000多亿元，累计完成系统治理面积约537万 hm^2，生态保护修复工作取得了显著的生态效益、经济效益和社会效益，生态系统多样性、稳定性、持续性明显提升，进一步筑牢了支撑美丽中国的生态根基。2022年，“中国山水工程”被联合国评为首批“世界十大生态恢复旗舰项目”，向世界展示了中国生态文明建设的新形象，贡献了人与自然和谐共生的中国智慧、中国方案。

一是统筹规划，明确国家生态安全屏障框架。国家发展改革委等部门联合印发《全国重要生态系统保护和修复重大工程总体规划（2021—2035年）》，明确以“三区四带”为核心的中国重要生态系统保护和修复重大工程总体布局，并编制9个重大工程专项建设规划，形成了中国生态保护修复“1＋9”规划体系。在该规划体系引领下开展生态保护修复，山水工程均分布在国土空间规划及《全国重要生态系统保护和修复重大工程总体规划（2021—2035年）》等相关专项规划确定的“三区四带”生态安全屏障区域关键生态节点，为落实国家重大战略提供坚实的生态支撑。

二是系统施治，探索以流域为单元多要素治理模式。山水工程统筹考虑自然地理单元的完整性、生态系统的关联性、自然生态要素的综合性，以区域或流域为单元，对各类自然生态要素实施整体保护、系统修复、综合治理。技术流程一般划分为工程规划、工程设计、工程实施、管理维护四个阶段。工程规划阶段服务于区域（或流域）尺度的宏观问题识别诊断、总体保护修复目标制定，以及确定保护修复单元和工程子项目布局；工程设计阶段主要服务于生态系统尺度下的各保护修复单元生态问题诊断，制定相应的具体指标体系和标准，根据受损、退化程度因地制宜选取保护保育、自然恢复、辅助再生或生态重建的修复模式；工程实施阶段服务于场地尺度的子项目施工设计与实施。管理维护、监测评估与适应性管理、监督检查贯穿于生态保护修复全过程。

三是提升福祉，推动生态修复与生态产业融合发展。各地在生态修复的基础上，探索发展生态农业、生态牧业、生态旅游、生态文化等相关产业，在帮助解决当地居民就业问题的同时，推进生态产业化、产业生态化发展，促进生态保护修复效果的管护和维持。例如，宁夏贺兰山东麓山水工程，在实施生态保护修复工程的同时发展葡萄酒和旅游产业。湖北长江三峡地区山水工程，打造生态文化旅游康养产业，培育了多个小水果示范基地和产业融合带，带动景区及乡村旅游点周边贫困户致富。

四是创新方式，构建多元化资金投融资机制。在"山水工程"实施中，通过土地政策激励、金融工具挖潜、融合产业发展等，创新投融资模式，探索多元化投入机制。中央财政设立了专项奖补资金，发挥中央专项奖补资金引导作用，带动社会资本投入。国家出台《关于鼓励和支持社会资本参与生态保护修复的意见》，从规划管控、产权激励、资源利用、财税支持、金融扶持等多方面明确相关支持政策，拓宽资金投入渠道，建立多元化投资机制。例如，为治理面源污染，浙江钱塘江源头区域山水工程建立了千岛湖水基金。该基金由阿里巴巴基金会和民生通惠公益基金会联合出资，采用针对水源保护的慈善信托＋商业信托架构，以水源保护为目标，结合商业手法，投资有益于水源保护的生态农产品、自然教育、生态体验、文创项目等生态产业，打造"千岛清泉"品牌，引导村民从生态护水的行动中获得经济收益。

五是健全标准，规范山水工程实施全过程。为提高生态保护修复的整体性、系统性、科学性和可操作性，自然资源部建立了山水工程"1＋N"标准体系的总体架构，指导各地遵循自然生态系统演替规律和内在机理，综合考虑自然生态要素的整体性、系统性和关联性，针对受损、退化、服务功能下降的生态系统实施山水工程。其中，"1"是带有通则性质的《山水林田湖草生态保护修复工程指南（试行）》；"N"是指针对山水工程不同环节的技术要求，包括实施方案编制规程、验收规程、成效评估规范、技术导则、适应性管理规范等。目前已出台20余项各类技术标准。

六是强化协同，形成生态保护修复强大合力。各地在推动"山水工程"实施中，都逐级成立了由所在省、市、县政府及自然资源、财政、生态环境等相关部门共同组成的领导机构，形成了跨部门的工作机制，协同推进工作。相关管理人员、规划设计人员、相关领域专家、本地居民、社会组织等多方面主体也都积极参与其中。特别是当地群众和有关部门参与或协作施工、监测、管护等生态保护修复活动。一些地方还成立了项目组织实施的专门协调机构，例如，江西赣州南方丘陵山区山水工程成立了“赣州市山水林田湖草生态保护修复中心”。

5.2 山水工程存在问题

一是科学修复理念认知不足。科学修复理念是建立在知识和经验的基础上。在生态修复认识理念认识不到位的情况下，必然导致无意识的“伪生态”（白中科，2021）。一些地方，自然恢复为主的方针落实不够，重修复、轻保护，过于强调人为干预措施，存在“为上工程而上工程”的现象，以生态修复为名盲目改造自然，甚至破坏自然的行为。一些地方不遵循生态系统演替规律，只考虑近期生态恢复，恢复后的生态抗逆性极差、生态系统不稳定，经不起“旱灾、水灾、虫灾、火灾”的考验，易导致生态系统退化。一些缺水地区，过度绿化导致防护林发生大面积“枯梢”、死亡；北方风沙危害区由于存在认识误区，植被密度过大，严重消耗地下水，也导致人工植被大面积退化甚至死亡。

二是生态保护修复系统性不足。目前，生态保护和修复职责分散，涉及自然资源部、国家发展改革委、水利部、生态环境部、农业农村部等多部门，由于部门分割、职责分散，还未建立一体化保护修复的机制，在实际工作中容易导致规划林立、资金分散、项目零散、各自为战等现象。一些地区对“尊重自然、顺应自然、保护自然”“山水林田湖草生命共同体”理念的整体保护、系统修复、综合治理的核心要义理解不深，部分生态工程建设目标、建设内容和治理措施相对单一，一些建设项目还存在“拼盘、拼凑”问题，以及忽视水资源、土壤、光热、原生物种等自然禀赋的现象，区域生态系统服务功能整体提升成效不明显。

三是一体化保护修复机制有待加强。区域之间、部门之间联防联控和协同共建机制有待加强，归属清晰、权责明确、监管有效的自然资源资产产权和用途管制制度需进一步健全，环境资源承载能力监测预警机制和生态补偿机制尚未建立健全。有的地区项目审批存在部门间推诿扯皮现象，有的地区对工程监管不到位，存在未批先建、管理粗放、施工野蛮等现象。有的地区采用工程总承包（Engineering-Procurement-Construction，简称 EPC）模式或政府与社会资本合作（Public-Private-Partnership，简称 PPP）模式，形式很好，但具体工作机制有待完善。有的地区未统筹考虑保护修复与产业发展、脱贫攻坚战略、乡村振兴战略等重点工作，在探索“生态美、百姓富”的绿色发展模式方面谋划不足。

四是多元化投入机制有待完善。生态保护和修复工作具有明显的公益性、外部性,受盈利能力低、项目风险多等影响,加之市场化投入机制、生态保护补偿机制仍不够完善,缺乏激励社会资本投入生态保护修复的有效政策和措施,生态产品价值实现缺乏有效途径,社会资本进入意愿不强。目前,工程建设仍主要以政府投入为主,投资渠道较为单一,资金投入整体不足。同时,生态工程建设的重点区域多为老、少、边、穷地区,由于自有财力不足,不同程度地存在“等、靠、要”思想。

五是科技支撑和监测评估能力不强。生态保护和修复标准体系建设、新技术推广、科研成果转化等方面比较欠缺,理论研究与工程实践存在一定程度的脱节现象,关键技术和措施的系统性和长效性不足。科技服务平台和服务体系不健全,生态保护和修复产业仍处于培育阶段。支撑生态保护和修复的调查、监测、评价、预警等能力不足,部门间信息共享机制尚未建立。

5.3 山水工程实践路径

一是牢固树立和践行“山水”理念。尊重自然、顺应自然、保护自然,坚持保护优先、自然恢复为主的方针,遵循自然生态系统演替规律,充分发挥大自然自我修复能力,对森林、草原、湿地、野生动植物资源及其生境实行严格而科学的保护,加大封山育林、封沙育草力度,避免人类对生态系统的过多干预,促进自然生态系统自然恢复。更加注重自然生态系统的多样性、稳定性和持续性,统筹自然生态系统各类要素,构建上游下游、山上山下、地上地下、陆地海洋的综合治理体系,正确处理保护和发展、整体和重点、当前和长远的关系,实行整体保护、综合治理、系统修复。

二是明确生态修复重点区域和生态问题。构建生态安全格局的方法已经普遍应用于国土空间生态修复中,并逐步形成“生态源地识别—廊道提取—节点识别”的研究范式(向爱盟 等,2023;曾卫 等,2023;屠越 等,2022)。生态源地主要通过生态敏感性、景观连通性、生态服务功能、生境质量、景观格局分析以及多视角结合的方式识别;采取最小累积阻力(Minimum Cumulative Resistance,MCR)模型构建综合生态阻力面是学界普遍认可的方法,基于土地利用类型及自然本底特征选择阻力因子,在综合生态阻力面的基础上提取生态廊道,进而丰富和优化生态网络。基于“生态源地—阻力面—生态廊道—生态节点—生态障碍点”的基本范式(彭建 等,2017b),构建生态安全格局,借此识别生态修复关键区域。生态系统健康是反映生态系统结构和服务功能良好的重要指针，健康的生态系统具有旺盛的活力、稳定的组织结构、强大的恢复力和完善的服务功能（王柯 等，2022）。开展山水林田湖草系统治理，建立生态系统健康诊断技术体系，全面开展生态系统健康诊断，以问题为导向实施生态治理，提升山水林田湖草系统治理的针对性和有效性。

三是划定生态保护修复片区。我国地域辽阔，各地自然条件和经济社会发展状况都存在很大差异，必然要求生态治理根据区域差异实行差别化治理措施。按照景观尺度—系统尺度—场地尺度的研究链条，提出实施方案的总体布局、修复单元和实施范围（王波，2021）。总体布局须契合景观尺度的生态主导功能，聚焦生态修复核心区，侧重于生态格局优化、生态廊道连通性打通、受损生态系统修复等，筑牢区域生态安全屏障。系统尺度对应修复单元，是项目谋划的实施区域，若干个有机联系的修复单元组成工程总体布局的一个部分，再由多个部分共同构成总体布局。场地尺度是子项目谋划的实施范围，若干个子项目组成工程的一个项目。其中，修复单元的划定和命名须统筹考虑生态系统的主导功能、突出问题、流域边界和行政区划等因素而确定，而修复单元的名称也可为山水工程项目命名提供参考。

四是科学选择生态保护修复模式。基于生态系统生态学的科学范式，有效识别生态系统“要素—结构—过程—功能—服务—福祉”级联关系，聚焦生态保护修复关键区，根据现状调查、生态问题识别与诊断结果、生态保护修复目标及标准等，科学配置生态保护、生态修复、生态重建等措施，在场地尺度提高生态要素的数量和质量以及优化其空间分布，提升物种多样性和丰富度，修复退化、损坏或破坏的生态系统；在生态系统尺度形成健康稳定的生态系统结构，提升生态系统功能和多样性，增强生态系统稳定性，扩大优质生态产品供给服务，提升人类生态福祉；在景观尺度修复对生态安全格局发挥关键性作用的生态源、生态节点、生态廊道及其生态网络等，构建景观生态安全格局，以自然之道，养万物之生，从保护自然中寻找发展机遇，支撑区域经济社会可持续发展。

五是构建横向到边、纵向到底的协同机制。坚持系统整体观，建立多部门、多层次、跨区域协调机制，建立由国家发展改革委、自然资源部、财政部、水利部、农业农村部、林业和草原局等多部门参与的联席会议制度，打破行政区划的界限，消除行业管理的障碍，切实改变生态治理中存在的条块分割、“九龙治水”等问题。统筹各类规划、资金、项目，对山水林田湖草沙进行一体化保护、一体化修复，强化各部门之间、各地区之间的协同和信息共享，坚持目标统一、任务衔接、纵向贯通、横向融合，促进资源整合和要素集聚，全面提升山水林田湖草沙系统治理的效率。

六是完善多元主体生态修复投入机制。发挥政府在规划、建设、管理、监督、保护和投入等方面的主导作用，制定激励社会资本投入的政策措施，鼓励民营企业、社会组织和公众参与生态治理。健全生态产品价值实现路径，探索建立生态票、森林覆盖率等指标交易机制，探索排污权、碳排放权以及干旱地区水权等生态资源产权交易制度。通过赋予一定期限的自然资源资产使用权、特许经营等方式，支持社会资本投入的生态修复地区发展生态产业。探索发展特色经济林、林下经济、森林康养等林草特色产业，建立起适宜自然资源禀赋和良性循环的生态经济发展模式。创新生态补偿机制，对重点生态空间、生态保护红线范围内的核心保护区等区域，由国家或地方财政转移支付形式进行补偿。

七是加强生态保护修复科技支撑。深化科研项目立项、论证制度改革，坚持以生态保护修复一线需求为导向，自下而上汇聚亟须解决的关键技术难题，凝练关键技术背后的科学问题，找准主攻方向，开展协同攻关，破解山水林田湖草沙系统治理的理论与技术瓶颈。完善生态治理工程技术标准体系，对工程建设实行全过程标准化管理，严格按标准设计、按标准实施、按标准验收。实行以专业化队伍为主的工程实施模式，培育一批高水平、高素质生态保护修复专业化队伍，用专业化技术、现代化装备、信息化管理手段，高起点、高质量推进山水林田湖草系统治理。建立生态保护修复工程科技咨询服务制度，充分挖掘科研院所、规划设计单位、相关高校等专业机构的潜力，为每一个工程项目配备相对固定的、高水平的科技咨询服务专家团队，全方位参与生态保护修复工程的问题诊断、方案设计，并在实施过程中为基层排忧解难。

八是强化山水工程后期适应性管理。现代化监测评价体系是生态治理体系和治理能力现代化的重要组成部分，是编制生态治理规划、监测工程进展、评估生态建设效果的重要手段。强化后期管护评估，充分利用5G、大数据、人工智能、卫星遥感等技术，构建“天空地”一体化监测体系和大数据平台，运用遥感技术、全球定位技术、地理信息系统技术、数据库技术和网络技术等高新技术手段，实现对生态系统的全方位、多层次、长期性的跟踪评价，动态实时监测生态治理工程进展，精准评估治理效果。完善过程绩效评价，建立科学客观的绩效评估体系，引入第三方评估，加大生态效果评估比重，提高项目实施效率和监管力度。

5.4 山水工程工作展望

当前，我国自然生态系统总体仍较为脆弱，生态承载力和环境容量不足，经济发展带来的生态保护压力较大，资源过度开发导致生态破坏问题突出，系统保护难度加大，亟待加强山水工程基础理论研究和实践探索(王夏晖 等,2022)。

通过有效识别生态学“格局—过程—服务—福祉”级联关系，构建基于自然的绿色发展耦合模型，可增强基于时空演变的多目标协同性，揭示多层次生态系统退化机理及主要干扰因子，有效识别基于生态安全格局的生态保护修复关键区，提高多类型生态保护修复路径的耦合性、关联性和科学性，建立适应性生态系统综合管理机制，支撑经济社会与资源环境可持续发展。

中国近年实施的山水工程实践，探索了一种“以自然之道，养万物之生”的系统性可持续解决方案，在工程区取得明显成效，为解决全球性生态危机提供了一种新生态范式。考虑到全球气候变化对生态系统服务和人类福祉的影响是全面的，人类社会需求增长对生态系统的胁迫是系统的，未来还需要进一步融合地理学、环境学、管理学、系统工程学等理论方法和现代信息技术，加强新时期山水工程科技创新与实践，以满足面向美丽中国建设的生态保护修复重大战略需求。

下篇

实践创新篇

第6章　研究区域概况

青海省祁连山区是我国重要水源涵养区和西北重要生态安全屏障，生态地位十分重要。然而，受长期以来高强度国土开发和人类活动影响，青海省祁连山区景观格局呈现破坏化，生态系统功能降低，生物多样性和生态安全受到威胁。为解决这一问题，落实山水林田湖生命共同体理念，2017年国家将青海省祁连山区列为全国山水林田湖生态保护修复工程试点地区，在全国层面先期启动山水工程试点。本书选取青海省祁连山区的核心区——海北藏族自治州作为案例实践创新区，通过跟踪研究海北藏族自治州祁连山区山水林田湖生态保护修复试点项目，进一步总结山水工程理论与实践互为支撑的试点经验做法，以期为国家山水工程试点工作提供科学支撑。

6.1　自然地理概况

6.1.1　地理区位

海北藏族自治州位于青海省境内东北部，地理坐标是东经98°05′—102°41′，北纬36°44′—39°05′。北与甘肃省毗邻，东南与西宁市的大通县、海东市的互助县及西宁市的湟中、湟源县接壤；西与海西蒙古族藏族自治州的天峻县毗连；南与海南藏族自治州的共和县隔湖相望；东北与甘肃省的天祝、山丹、民乐、永昌、张掖、肃南等市（县）毗邻。州府驻海晏县西海镇，距省会西宁市103 km。全州东西长413.45 km，南北宽261.41 km。土地总面积34068.44 km^2，占青海全省土地总面积的4.71％。

6.1.2　地形地貌

祁连山系地处中国地势第三台阶，位于青藏高原东北部，黄土高原西缘。海北州地处祁连山中部地带，最高海拔5287 m，最低海拔2180 m，海拔超过3000 m的面积占全州总面积的85％以上。从地貌成因看，有构造地貌、流水地貌，风成地貌和冰川地貌；从地貌形态看，有川谷、盆地、丘陵、低山、中山和高山。根据海北州地势特点可将全州分为三个地貌区。

(1)祁连山高原地貌区。包括祁连县全部和刚察县、海晏县大通山分水岭以北广大地区，面积16965.86 km²，占海北州土地总面积的49.8%。该地貌区呈“四山夹四盆”的形势，走廊南山与托勒山之间，形成黑河、八宝河断陷盆地，黑河、八宝河流贯其中；托勒山和托勒南山、大通山之间形成托勒断陷盆地和默勒凹陷盆地，托勒河、默勒河(即大通河)流贯其中。

(2)青海湖北部滨湖地貌区。该区是我国著名青海湖内陆盆地的一部分，包括海晏县、刚察县大通山分水岭以南，青海湖以北及湟水上游谷地，面积9937.26 km²，占海北州土地总面积的29.17%，该区北高南低，北部为高山区，中部为低山丘陵地，南部为湖滨平原及湟水谷地，区内布哈河、吉尔孟河、乌哈阿兰河、沙柳河、哈尔盖河、甘子河是青海湖湖水的重要补给来源。

(3)大通河河谷地貌区。包括门源县全部，面积7165.32 km²，占海北州土地总面积的21.03%。西北部为景阳岭，北部为冷龙岭，南部为达板山，两条山脉之间为第四纪分布广泛而沉积的中新生代断陷盆地，西北低山五陵广布，东部为深山峡谷区，浩门河水由西北向东南流贯其中。

6.1.3 天气气候

海北州属高原大陆性气候，是我国气温分布图上的冷区。气温日较差大，冷季长，暖季短，干湿分明，雨热同季、垂直变化明显，年均气温和降水量的分布大体由东南向西北逐渐降低，日照时数与日照百分率则相反。年均温－1.4～9.6 ℃，极端最高气温37.6 ℃，极端最低气温－35.8 ℃。年均降水量84.6～515.8 mm，年蒸发量1137.4～2581.3 mm，无霜期23.6～193 d。降水集中，5—9降水量月占年降水量的83%(门源)～92%(托勒)。光能资源丰富，总辐射量为5916～15000 MJ/m²；年日照时数2500～3000 h，日照百分率55%～70%。平均风速1.3～3.88 m/s。

6.1.4 水文水系

海北州境内主要河流有8条。①大通河，是海北州最大的外流河，在祁连、刚察县边界称默勒河，在门源县境内称浩门河，系黄河水系一级支流，发源于天峻县托勒山的木里山泉，流经海北州祁连、刚察、门源，至民和享堂注入湟水，总长560.7 km，流域面积15130 km²。②湟水河，属黄河水系一级支流，发源于海晏县境内达板山南麓，境内河长84.27 km，流域面积1662.5 km²。③黑河，在祁连县境内分为两大支流，即托勒河和黑河主流，分别流入甘肃省酒泉、张掖北部后汇合，统称黑河。其中，八宝河系黑河东岔，因流经祁连县八宝镇而得名，发源于金羊岭南侧山间沟谷，自东而西流，经峨堡、阿柔、八宝三个乡至狼舌头与黑河汇合，全长 108.5 km，流域面积 2508 km^2。④布哈河，发源于天峻县沙果林那穆吉水岭东南麓，全长 300 km，为天峻、共和、刚察三县界河，流域面积 14442 km^2（刚察境内 70.5 km^2）。⑤吉尔孟河，属布哈河北侧支流，发源于沙欧后公卡西麓，全长 94 km，流域面积 930 km^2（境内流域面积797 km^2）。⑥乌哈阿兰河，位于刚察县泉吉乡东侧约 0.7 km，发源于尔德贡，流入青海湖，全长 52 km，流域面积 592 km^2。⑦沙柳河，又称伊克乌兰河，位于刚察县城北侧 0.2 km 处，发源于大通山西段桑斯扎山南坡，全长 95 km，流域面积1366 km^2。⑧哈尔盖河，位于刚察县哈尔盖乡以东 5 km，发源于赞宝化秀山西南、台布希山西北，与海晏县境内的察那河汇流后折转向南，最后流入青海湖。南段是刚察、海晏两县的界河，全长 129 km。

6.1.5 植被概况

主要植被有乔木林、灌丛、草原和草甸。

乔木林包括天然林和人工林。天然林主要树种有青海云杉、祁连圆柏、红桦、白桦、山杨等，人工林主要树种有青杨、柳、榆、白桦等。

灌丛包括河谷滩地灌丛、荒漠灌丛和高寒灌丛。河谷滩地灌丛主要分布在海拔 2800～3500 m 的沟谷、滩地地区，植物种有沙棘、金露梅、柽柳、锦鸡儿、白刺等。荒漠灌丛主要分布在柴达木盆地，植物种有白刺、膜果麻黄、柽柳、小叶锦鸡儿等。高寒灌丛主要分布在海拔 3400～4000 m 的山地阴坡、半阴坡，植物种有高山柳、金露梅、杜鹃、箭叶锦鸡儿、窄叶鲜卑木等。

草原包括温性草原和高寒草原。温性草原（含温性荒漠）主要分布在祁连山西段的柴达木盆地和大通河下段山地，优势种为大针茅、克氏针茅、沙生针茅、芨芨草、扁穗冰草和青海固沙草；高寒草原（含高寒荒漠）主要分布在海拔 3400 m 以上的滩地和阳坡，优势种为紫花针茅和其他杂类草。

草甸包括山地草甸、高寒草甸和盐生草甸。高寒草甸主要分布在海拔 3000 m 以上的阴坡、阳坡、半阴坡等石山以下的地带，优势种以嵩草属和苔草属植物为主；高寒草甸中的沼泽化草甸主要分布在海拔 4000 m 以上的滩地和湖盆低地，优势种为藏嵩草、苔草等。

6.1.6 土壤类型

土壤类型多样，垂直地带性分布明显。祁连山东段土壤类型按海拔高度由低到高依次为灌淤土、灰钙土、淡栗钙土、耕地栗钙土、栗钙土、暗栗钙土、耕作黑钙土、石灰性灰褐土、山地灌丛草甸土、山地草甸土、亚高山灌丛草甸土和石质荒漠土。主要土类是栗钙土、淡栗钙土、灰钙土和暗栗钙土。在高海拔的祁连山中段，土壤类型主要有高山寒漠土、高山草甸土、高山草原土、山地草甸土、灌丛草甸土和沼泽土。祁连山西段土壤类型按海拔高度由低到高依次为棕钙土、石灰性灰褐土、山地草原草甸土、高山草原土、高山寒漠土等。

6.1.7 土地资源

海北州土地总面积 344.63 万 hm^2。其中湿地 26.3 万 hm^2、耕地 5.62 万 hm^2、林地 52.85 万 hm^2、草地 184.11 万 hm^2、建设用地2.1 万 hm^2、交通运输用地 0.73 万 hm^2、水域和水利设施用地 26.2 万 hm^2、其他 46.52 万 hm^2。全州保持 5.48 万 hm^2 耕地保有量和 4.38 万 hm^2 基本农田保护面积数量不减、用途不变、质量不降。耕地主要集中在门源河谷地区，其次是祁连黑河河谷地区。

6.1.8 矿产资源

海北州矿产资源丰富，种类齐全。共发现各类矿产地 692 处，其中大型 8 处、中型 27 处、小型 67 处、矿点 275 处、矿化点 315 处，发现各类矿产 69 种，占全省已发现 145 种矿产的 48%，其中已查明有资源储量的为 49 种，占全省已查明 111 种矿产的 44.14%。主要金属矿产及石棉集中分布于祁连、门源两县，煤炭主要分布在刚察、祁连和门源。海晏矿产资源较少，且以建材非金属矿为主。全州探明煤炭储量 9 亿 t、铁矿 21 亿 t、铜矿 7 万 t、金 21174 kg、石棉 2000 万 t。

6.1.9 生物资源

海北州野生动植物资源十分丰富，在深山峡谷和林海栖息的珍禽异兽有鹿、麝、豹、熊、猞猁、野牛、野驴、旱獭、黄羊、盘羊、岩羊、蓝马鸡、雪鸡、天鹅、鱼鸥、棕头鸥、斑头雁、鸬鹚等 30 余种。驰名中外的青海湖鸟岛每年春末有数万只候鸟上岛繁衍生息、传宗接代。中药资源丰富，不仅种类多，而且储量大。已被采集利用的有鹿茸、大黄、冬青、秦艽、红景天、白芍、枸杞子、冬虫夏草、雪莲、手掌参、柴胡、黄芪、党参、羌活、麻黄、沙棘等 300 余种。祁连县的“黄蘑菇”、门源县的“人参果”等誉满全国。

6.2 经济社会概况

6.2.1 人口与民族概况

海北州共辖 4 个县级行政区，分别是祁连县、海晏县、刚察县、门源县。2022 年末户籍人口 29.52 万，其中，城镇户籍人口 8.16 万，占总户籍人口比重(户籍人口城镇化率)的 27.6%；乡村户籍人口 21.36 万，占 72.4%。根据第七次人口普查数据，截至 2020 年 11 月 1 日，全州常住人口为 265322 人。

海北州是多民族地区，少数民族主要有撒拉族、维吾尔族、苗族、彝族、布依族、壮族、朝鲜族、满族、瑶族、土家族、哈萨克族、畲族、高山族等，其中藏族分布最广。

6.2.2 经济发展概况

2022 年海北州的经济社会发展平稳。全州地区生产总值 100.77 亿元，同比增长 0.3%。其中，第一产业增加值 31.32 亿元，同比增长 4.4%；第二产业增加值 16.82 亿元，同比下降 1.1%；第三产业增加值 52.63 亿元，同比下降 1.8%。三次产业比为 31.1∶16.7∶52.2。人均地区生产总值 34137 元(按户籍人口测算)，比上年增长 0.4%。

全州 2022 年实现财政总收入 8.8 亿元，同比增长 21.4%，其中，地方公共财政预算收入 6.59 亿元，同比增长 1.9%；地方公共财政预算收入中税收收入 3.7 亿元，下降 14.5%；非税收收入 2.88 亿元，增长 35.3%。全年全体居民人均可支配收入 24917 元，同比增长 5%。全州全年共计接待游客 338.83 万人次，同比下降 26.92%；实现旅游收入 16.47 亿元，同比下降 22.75%。

6.3 生态环境成效

“十三五”期间，海北州深入贯彻落实“一优两高”和新发展理念，全面落实新时代党的建设总要求，生态文明建设和供给侧结构改革成效显著，各项任务深入实施，有效支撑了全州向高质量发展、高品质生活的发展阶段迈进。

6.3.1 生态安全屏障更加稳固

认真贯彻落实习近平生态文明思想，深入实施“生态立州”战略，加大生态环境保护力度，扎实开展祁连山山水林田湖草生态保护修复试点，生态屏障作用更加稳固；海北州荣获“全国绿化模范城市”，海晏县荣获“全国防沙治沙先进集体”，祁连县荣获“三北防护林体系建设工程先进集体”。

6.3.2 生态环境整治取得扎实成效

持续开展污染防治八大战役，全力打好蓝天、碧水、净土保卫战，治理祁连山自然保护区面积 30945 亩[①]，完成青海湖北岸 28 处砂石料坑恢复治理，开展热水、默勒等重点矿区历史遗留环境问题整治；严格实施《木里矿区江仓一号井及祁连山南麓海北片区生态环境综合整治三年行动方案》，全面摸清全州煤矿关闭、运营及退出底数；持续推进中央环保督察反馈问题整改和回头看。水环境和大气环境质量稳中向好，土壤污染治理取得较大进展。重点城镇空气质量优良天数比例达到 95％以上，主要流域水环境质量达到Ⅱ类以上。

6.3.3 林草生态系统保护修复效果显著

实施了祁连山生态环境保护与综合治理、青海湖流域及周边综合治理、祁连山山水林田湖草生态保护与修复试点、天然林保护二期、三北防护林体系建设、退牧还草等重大生态工程。完成人工造林 28.8 万亩，封山育林 160.03 万亩，森林抚育 17 万亩，全州森林覆盖率达 17.75％、林木绿化率达 18.3％。海北州可利用草原面积 3578.8 万亩，落实天然草原禁牧 1180 万亩，草畜平衡 2398.8 万亩，草原鼠害防治面积 60 万亩，全州草原综合植被覆盖度达到 68.97％。

6.3.4 水生态文明示范州建设取得新成效

实施水安全保障工程，中小河流防洪能力得到新提升。建立水资源管理新机制，推进节水型社会建设。开展水环境治理，实施水源地保护工程、小流域治理以及水土保持综合治理等工程。发起“拯救湟鱼”行动，完成刚察县湟鱼洄游通道及湟鱼保护水生态教育基地建设。

6.3.5 生态保护机制不断完善

建立生态保护长效机制 15 项，健全完善生态文明考核评价机制，全面落实河湖长责任制，出台《海北藏族自治州河湖长巡查工作制度》等配套措施。祁连山国家公园试点稳步推进，编制《祁连山国家公园（海北境内）实施方案》，开展“绿盾”

① 1 亩≈666.67 m^2。

专项行动。建成全国首个普氏原羚专属保护区,获得“中国普氏原羚之乡”称号。

6.4 生态环境问题

海北藏族自治州山水工程(以下简称海北州山水工程)实施前,由于受过去高强度国土开发活动和全球气候变化的影响,祁连山区生态空间遭受挤占,景观呈现破碎化,整体生态系统结构和功能发生演变,生态系统服务功能亟待提升。亟需解决以下突出生态环境问题。

6.4.1 生态空间遭受挤占,景观破碎化明显

祁连山地处高寒高海拔以及河源区,生态地位非常重要。长期以来,随着全州经济发展速度和资源开发强度的增加,主要表现为水电资源开发、矿产资源勘探开采、过度旅游、基础设施建设等,对祁连山区土地和生物资源进行蚕食和侵占,森林草原火灾隐患增加,自然生态系统被切割成不连片“孤岛”,脆弱性加剧,同时区域内砂金矿、煤矿等的无序开采影响了生态系统的完整性,景观破碎化现象突出。据研究资料显示,祁连山各植被类型斑块密度较大,景观整体破碎化水平较高;草地和灌丛边界密度和破碎化指数均高于其他植被类型,主要原因是该区自然植被景观受放牧活动的影响;森林多以小面积零散分布,其中青海云杉林景观结构遭到破坏,异质性较低,斑块形状趋于单一,显示出较高水平的破碎化。景观破碎化对生态系统的连通性、生态系统结构和功能,以及生物多样性的维护都具有影响,对生态环境本就十分脆弱的祁连山区生态安全构成威胁。

6.4.2 植被退化明显,水源涵养功能下降

祁连山区属重要的水源供给区,森林、草地等生态系统对维持其水源涵养功能最为关键。然而,由于 20 世纪对自然资源的无序利用、过度放牧、矿产资源开采等,导致大量的森林生态系统、草地生态系统退化。据资料显示,到 20 世纪末,青海省祁连山森林面积仅存 155 万亩,与新中国成立初期相比减少了 32%。森林下线已由海拔 1900 m 退缩至 2400 m,浅山森林大部消失,深山区的森林也逐渐分离呈片块状分布。在项目区农林、林牧交错地带,人类活动的增加造成了不同程度的植被退化,黑土滩和正在沙化的面积已接近 2%。

6.4.3 水电资源开发强度大,河道生态基流保证率低

20 世纪末,依托区内丰富的水电资源,小型水电站建设较为迅猛,尤其是大通

河流域小水电站呈“串”状分布，由于缺乏科学的水资源调配方案，部分河道形成脱水减水段，河道生态基流难以保证，使河流水文、地貌形态、生物栖息地等都发生了较大变化，导致河道水生态系统失衡。加之旅游业的发展、城镇化建设水平的提升和人口聚集度的提高，进一步加剧了河流纳污能力和自净能力的降低，不仅造成了水生生物栖息地环境恶化和水环境质量的下降，而且使陆域生态系统受到影响，部分区段林地质量下降，水土流失加剧，水源涵养功能退化。

6.4.4 受气候变化等多重因素影响，区内冰川呈萎缩状态

受全球气候变暖和人为活动影响，区内八一、岗什卡等冰川消融量呈增加趋势，雪线上升。据观测发现，1956—1976 年，祁连山东部的冰川年均退缩 16.8 m，其中中部退缩了 3.3 m、西部退缩了 2.2 m。近 30 年，特别是近十多年来，冰川雪线的退缩更加明显，曾经退缩较慢的中段和西段也加快了退缩的速度，退缩最快的冰川，年退缩量高达 23 m。区域内水资源的变化引起了植被生长环境及分布范围的变化，改变了原有的自然条件，造成了林-草-水生态系统的退化，也导致出现了水资源供求矛盾突出、盐碱地面积增大、沙漠向绿洲逼近的威胁，自然资源的约束日趋紧张。

6.5 问题成因分析

6.5.1 全球气候变化对区域生态功能下降作用明显

祁连山是我国西北地区重要的气候交汇区和敏感区，地处中国地势三级阶梯中第一与第二阶梯分界线、中国气候类型分界线、中国温度带分界线以及西北干旱半干旱区与青藏高寒区分界线上，是我国季风和西风带交汇的敏感区，西南季风、东南季风和西风带在此交汇。独特的自然地理环境，使祁连山及其所在的河西走廊对全球气候变暖反应剧烈，是我国对全球气候变化比较敏感的地区之一。据有关资料分析，1956—2006 年，祁连山的年平均气温整体呈上升趋势，升温速率为 0.26～0.46 ℃/10a，高于全国 0.25 ℃/10a 的升温速率。在这种暖干化气候影响下，祁连山山地森林草原的水源涵养功能减弱，水资源总量逐年减少，湖泊和湿地面积萎缩，土地退化现象严重，土地沙漠化面积日益扩大，沙尘源地逐步扩展，绿洲生态系统不断退化，已成为我国荒漠化发展严重的地区之一。

6.5.2 以往人为活动对区域生态系统的退化影响显著

由于历史原因，随着区内人口增长和对自然资源依赖程度增高，超载放牧、毁

林开荒、乱砍滥伐、乱采滥挖等不良行为活动导致森林、草地生态系统生产力急剧降低，生态功能不断削弱。草原生态系统由于过牧超载，鼠虫害猖獗，沙漠化扩展以及毒杂草蔓延等，退化趋势比较明显；森林生态系统由于乔木林的过度采伐利用、灌木林的樵采和毁林开荒，造成森林面积减小，林分质量下降，水源涵养和栖息野生动物等生态功能降低；同时由于矿产资源无序开采，导致生态环境破坏，草地退化，水土流失加剧，入河泥沙量和污染物增加。

6.5.3 传统发展理念对生态系统的逆向变化影响明显

祁连山地区地处我国西北内陆，交通、信息相对闭塞，民族文化水平总体不高，加之贫穷落后，长期以来人们对生态环境保护的重要性认识不足，重经济发展、轻生态保护，重建设、轻维护，重眼前利益、轻长远考虑，落后的思维意识制约着生态环境的保护与修复。在生态环境治理中，受体制机制约束，普遍存在着部门各自为战，治山、治水、护田分割进行，没有从生态系统完整性的角度出发，统筹考虑山水林田湖草的综合整治，造成生态修复治理资金分散，发挥不了资金的应有效益，也严重影响了生态修复治理的效果。

6.5.4 投入不足对区域生态功能的维护难以保障

祁连山地区是藏族、蒙古族、回族、土族等少数民族聚居的地区，区内大部分区域所属县（市、区）经济相对落后、贫困人口相对集中，地方财政拮据，地方经济发展和社会保障支出以中央财政转移支付为主，地方自身难以承担高额的生态保护与修复资金，经费投入严重不足是有效开展生态保护与修复工作中存在的一个重大现实问题。项目区专业人员数量低于全国平均水平，尤其高级专业技术人才极其匮乏，科研监测能力薄弱，科研监测设施、宣传教育设施以及办公和附属设施差距较大，长期以来科技力量薄弱是有效支撑生态环保与修复的“短板”问题。

第7章　海北州山水工程概述

作为全国首批山水工程试点地区，海北藏族自治州牢固树立和践行“绿水青山就是金山银山”理念，牢固树立和践行山水林田湖草生命共同体，努力探索青藏高原区山水林田湖草沙冰一体化保护与系统治理的“海北模式、青海经验”。本章从工程实施背景出发，介绍了海北州山水工程的总体目标、绩效指标、空间布局、建设内容、资金投入、建设与监理单位等内容，梳理了山水工程实施全过程中的标志性重大事件，全面概述了海北州山水工程的总体情况。

7.1　工程背景

习近平总书记十分关心青海和祁连山生态保护修复工作，多次作出重要批示指示。2016 年 8 月，习近平总书记视察青海时提出“青海最大的价值在生态、最大的责任在生态、最大的潜力也在生态”。2016 年 12 月，习近平总书记在祁连山西北生态屏障问题上作出批示，要求“甘肃、青海要坚持生态保护优先，落实生态保护责任，加快传统畜牧业转型发展，加紧解决突出问题，抓好环境违法整治，推进祁连山生态保护与修复，真正筑牢这道西部生态安全屏障”。2019 年 8 月，习近平总书记视察甘肃时，表示“保护好祁连山的生态环境，对保护国家生态安全、对推动甘肃和河西走廊可持续发展都具有十分重要的战略意义”。2019 年 9 月，习近平总书记在河南主持召开黄河流域会议时，强调“祁连山等生态功能重要的地区，就不宜发展产业经济，主要是保护生态，涵养水源，创造更多生态产品”。2021 年 6 月，习近平总书记视察青海时，专门听取了青海省关于祁连山自然生态情况的汇报，特别关注询问祁连山冰川同青海湖水源之间的联系情况；也对青海正在统筹推进山水林田湖草沙冰系统治理的做法表示肯定。2022 年 10 月，习近平总书记在党的二十大报告中强调，要推进美丽中国建设，坚持山水林田湖草沙一体化保护和系统治理，统筹产业结构调整、污染治理、生态保护、应对气候变化，协同推进降碳、减污、扩绿、增长，推进生态优先、节约集约、绿色低碳发展。2023 年 7 月，习近平总书记在全国生态环境保护大会上强调，要坚持山水林田湖草沙一体化保护和系统治理，构建从山顶到海洋的保护治理大格局，综合运用自然恢复和人工修复两种手段，因地因时制宜、分区分类施策，努力找到生态保护修复的最佳解决方案。这些重要讲话和重要批示为推进海北州祁连山生态保护修复指明了前进方向、提供了根本遵循。

为落实习近平总书记关于“甘、青两省要坚持生态保护优先，落实生态保护责任，推进祁连山生态保护与修复，真正筑牢西北生态安全屏障”的批示精神，按照国家财政部、原环境保护部和原国土资源部《关于推进山水林田湖生态保护修复工作的通知》要求，全力推进祁连山区生态保护和系统修复，青海省组织编制上报了《青海省祁连山区山水林田湖生态保护修复试点项目实施方案》，经国家三部委评审，确定青海省为全国“山水林田湖生态保护修复试点项目”先期启动的五个试点之一，并下达基础奖补资金 20 亿元。其中，海北州作为试点主要区域，争取中央财政实际到位资金 16.4 亿元。

7.2 工程目标与绩效目标

7.2.1 总体目标

以习近平总书记提出的“山水林田湖草是一个生命共同体”的重要理念为主线，以实现“格局优化、系统稳定、功能提升”为目标，按照整体保护、系统修复、综合治理的系统性和整体性原则，针对“中华水塔”北部“五河源”与“湿岛”的祁连山区，加强整合的“水十条”“土十条”农村环境连片整治专项及其他农、林、牧、水、国土等有关环境治理和生态保护修复的各类专项项目，以硬性的工程措施和软性的管理措施相结合、人工治理修复与自然恢复相结合的方式，通过植被恢复、河湖水系连通、环境综合整治、矿山环境治理恢复、生物多样性保护等手段，形成自然生态系统的稳定性、人工生态系统的健康性和经济生态系统的绿色发展互相正向支撑的系统耦合格局，逐步恢复和提升海北州祁连山区的整体生态系统功能。

7.2.2 绩效目标

按照财政部等部委《关于推进山水林田湖生态保护修复工作的通知》中提出的“实现格局优化、系统稳定、功能提升”的目标要求和“真正改变治山、治水、护田各自为战的工作局面”的工作要求，通过海北州山水工程的实施，实现以下绩效目标。

(1)实现“三个全覆盖”。即历史遗留矿山综合整治修复实现全覆盖；实现农村环境综合整治提升实现全覆盖；实现县、乡、村三级集中式饮用水源地环境整治和规范化建设全覆盖。

(2)重点打造“四个生态保护修复试点示范区”。即祁连县黑河流域为主的生态功能提升与旅游协调发展的示范；门源县水生态保护与农业协调发展的示范；刚察县沙柳河“水-鱼-岛-草”共生生态系统构建的示范；生活垃圾减量化、资源化、无害化处置和高温热解处理装置建设的示范。

7.3 工程空间布局

海北州山水工程按照水系分布特征和自然地形，将项目区分为 3 个工程实施区，即黑河流域河源区、青海湖北岸汇水区、大通河流域干流区。如图 7-1 所示。

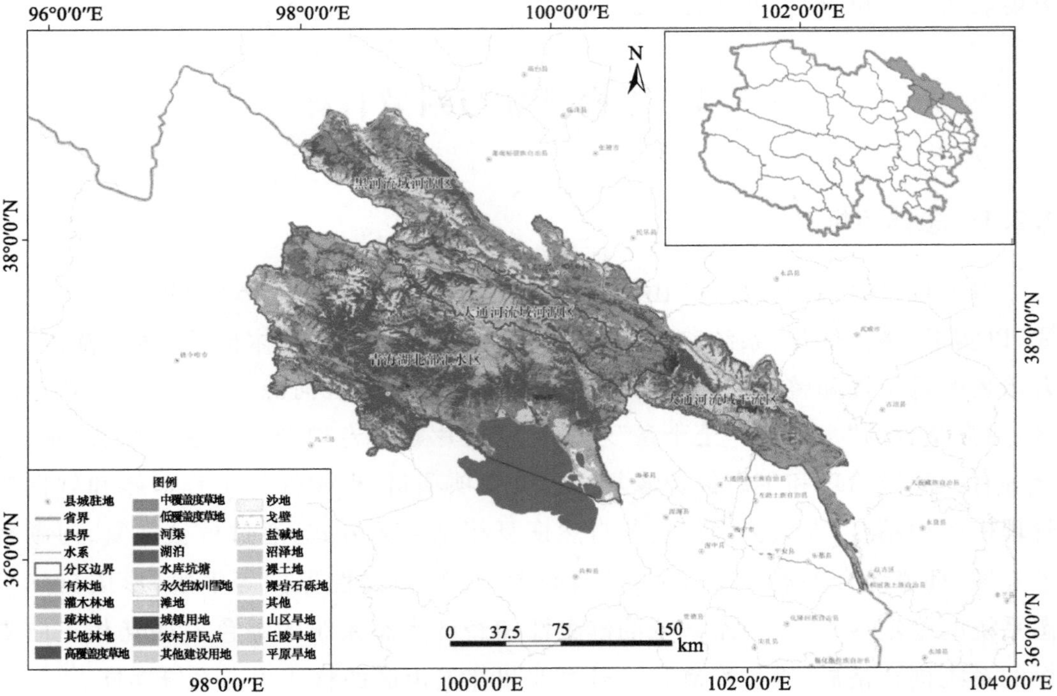

图 7-1 海北州山水工程总体空间布局图

(1)黑河流域河源区。黑河流域河源区位于青海省祁连县境内，四周均为高大山地山脉，在各山脉间包夹形成了很多山间凹陷而成的盆地和不连续褶皱盆地，形成了“四围高山包夹四面山盆地”的独特地形地势。黑河在青海省境内流长 192 km，集水面积 5089 km^2，多年平均流量 22.4 m^3/s，年径流量 7.089 亿 m^3。该流域重点布局生态安全格局构建类项目。如图 7-2 所示。

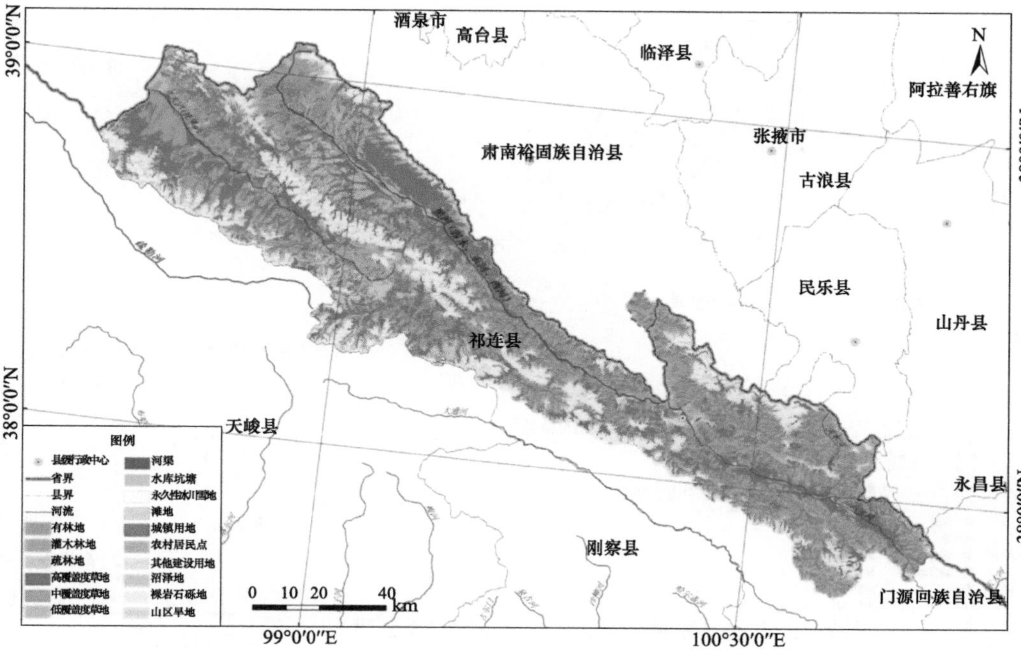

图 7-2 黑河流域河源区示意图

(2)大通河流域干流区。大通河为黄河二级支流、湟水河一级支流，发源于项目区内天峻县沙果林那穆吉林岭东端的扎来掌，流经甘肃、青海两省，其流域源头区为青海省天峻县和祁连县，中上游为青海省刚察县、门源县，下游为甘肃和青海边界河流，干流全长 560.7 km，其中青海省境内河流长 464.42 km，流域覆盖面积 14650.50 km^2。大通河流域下段为河谷农业地带，水土流失较严重，植被覆盖度仅为 30%～40%。该流域重点布局水源涵养功能提升类项目。如图 7-3 所示。

(3)青海湖北岸汇水区。青海湖流域地处青藏高原东北部、青海省境内，是连接青海省东部、西部和青南地区的枢纽地带，又是通达甘肃省河西走廊、西藏自治区、新疆维吾尔自治区的主要通道，也是中国最大的内陆湖、咸水湖，湖长 105 km、宽 63 km，湖面海拔 3196 m。湖岸周围分布有沙堤阶地，在山麓与平原交替地带有冲积洪积扇区，地貌多样，由湖滨平原、冲积平原、低山、中山、冰原台地和现代中山组成。该流域重点布局生态安全格局构建类项目。如图 7-4 所示。

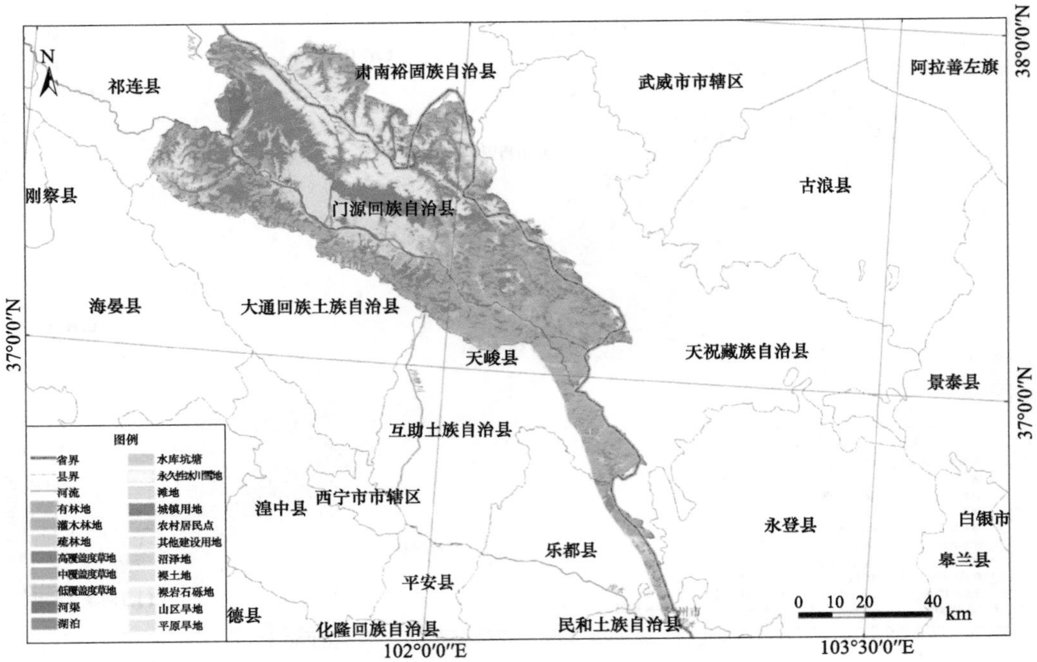

图 7-3 大通河流域干流区示意图

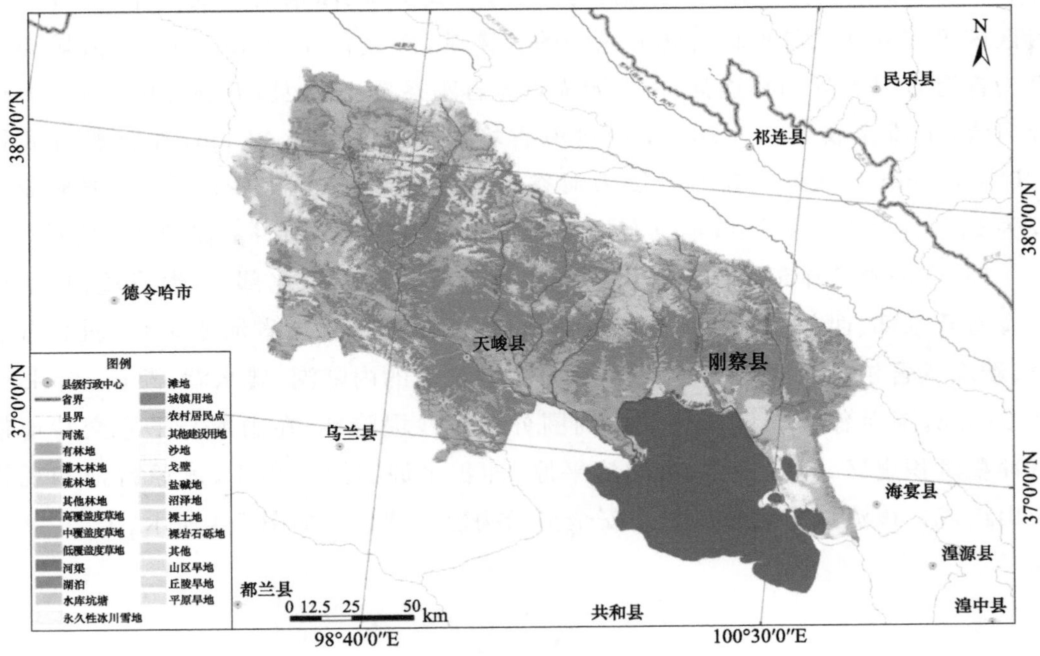

图 7-4 青海湖北岸汇水区示意图

7.4 工程建设内容

海北州山水工程实施范围覆盖刚察、祁连、海晏、门源四个县,重点开展构建生态安全格局、提升水源涵养功能、提高生物多样性、强化生态环境监管能力 4 大类 23 项工程 107 项子项目。其中,门源县实施 25 个子项目,祁连县实施 50 个子项目,刚察县实施 19 个子项目,海晏县实施 13 个子项目。根据建设内容,可分为矿山生态修复、地质灾害防治、流域生态修复、饮用水水源地保护、农村人居环境整治、生物多样性保护六类子项目,详见附录 1。

7.4.1 矿山生态修复子项目

包括 55 个矿山生态修复子项目。从县域层面来看,门源县实施 16 个子项目,祁连县实施 17 个子项目,刚察县实施 13 个子项目,海晏县实施 9 个子项目。建设内容主要包括废弃石棉矿、煤矿、砂金矿以及公路沿线的废弃料坑的生态修复等。

7.4.2 地质灾害防治子项目

包括 10 个地质灾害防治子项目。从县域层面来看,门源县实施 1 个子项目,祁连县实施 9 个子项目。建设内容主要包括削坡回填、坡面防护、植草绿化等。

7.4.3 流域生态修复子项目

包括 19 个流域生态修复子项目,包含河道生态治理、林草恢复、农业面源污染治理等子项目。河道生态治理子项目共 12 个,其中门源县 1 个、祁连县 8 个、刚察县 2 个、海晏县 1 个,项目建设内容主要包括流域综合治理、河滨湿地修复等;林草恢复子项目共 5 个,其中祁连县 3 个、刚察县 1 个、海晏县 1 个,建设内容主要包括林草地恢复、提灌改造、鼠害防治等;农业面源污染治理子项目 2 个,其中门源县 1 个、刚察县 1 个,项目建设内容主要包括生态种植基地建设、有机肥基地建设等。

7.4.4 饮用水水源地保护子项目

包括 4 个饮用水水源地保护子项目。从县域层面来看,门源县、祁连县、刚察县、海晏县各 1 个子项目。建设内容主要包括农村饮用水水源地保护区划分和规范化建设、水源地环境整治等。

7.4.5 农村人居环境整治子项目

包括18个农村人居环境整治子项目，包含农村生活污水处理、农村生活垃圾处理、旅游示范村建设等子项目。农村生活污水处理子项目12个，其中门源县3个、祁连县8个、刚察县1个，项目建设主要内容包括污水处理设施及管网建设、污水处理站提标改造、公厕建设等；农村生活垃圾处理子项目4个，其中门源县2个、祁连县1个、海晏县1个，建设内容主要包括垃圾箱/斗及垃圾转运(自卸)车购置、垃圾中转站建设、垃圾无害化热解设施建设等；旅游示范村建设子项目2个，全部在祁连县，建设内容为旅游村改造、公厕建设、民宿建设等。

7.4.6 生物多样性保护子项目

包括1个生物多样性保护子项目，在祁连县，建设内容主要为祁连山区生物多样性生态宣教体验中心建设。

7.5 工程资金情况

根据《青海省人民政府关于青海省祁连山区山水林田湖生态保护修复试点项目实施方案的批复》(青政函〔2017〕64号)(以下简称《省方案》)、《海北藏族自治州财政局关于拨付2017年度"山水林田湖"综合治理试点项目资金的通知》(北财〔2018〕210号)有关内容，省级下达中央财政重点生态保护修复治理基础奖补资金16.40亿元。

7.6 工程建设与监理单位

2017年9月海北州山水工程EPC工程总承包项目经公开招标，确定内蒙古金威路桥有限公司、亿利首建生态科技有限公司、新疆兵团水利水电集团有限公司、中国航空规划设计研究总院有限公司组成的联合体为中标单位。2017年10月，确定深圳合创建设工程顾问有限公司为海北州山水工程监理服务中标单位。

7.7 工程实施大事记

2017年9月4日，按照《青海省人民政府关于青海省祁连山区山水林田湖保护修复试点项目实施方案的批复》《中共海北藏族自治州委常委会议纪要十二届州委第十五次》要求，经各县政府委托，由海北州财政局统一委托国信招标集团股份有限公司，就海北州山水工程按 EPC 工程总承包模式招标后组织实施。亿利首建生态科技有限公司、内蒙古金威路桥有限公司、新疆兵团水利水电工程集团有限公司、中国航空规划设计研究总院有限公司作为联合体，中标该项目。

2017 年 9 月 22 日，祁连山山水林田湖生态保护修复试点项目启动仪式在门源举行。时任省长王建军强调，要凝心聚力、扎实工作，试出样板、打出品牌，完成好党中央、国务院交给的重大政治任务，建设好祁连山这片好山好水好风光。

2018 年 6 月 11 日至 12 日，时任省委书记王建军深入祁连山腹地，实地调研祁连山山水林田湖草生态保护与修复试点项目并召开推进会。他强调，要以习近平生态文明思想为指导，牢牢把握山水林田湖草是生命共同体的系统思想，突出政治高度、发展理念、环保思维、市场机制、统筹办法、质量标准，高质量高标准完成党中央交给的试点任务，努力试出成效，试出样板，试出标杆。

2018 年 8 月 25 日，首届祁连山山水林田湖草生命共同体高峰论坛在青海省海北州祁连县举行。来自国内生态保护与发展领域的专家们齐聚一堂，探讨实践山水林田湖草系统治理和国家公园体制改革试点的新机制、新模式，探索青藏高原生态保护与修复的“海北模式”和“青海经验”。

2018 年 10 月 16 日，海北州山水林田湖草项目工作领导小组会议在西海镇召开。原省人大常委会副主任、州委书记、州山水林田湖草项目工作领导小组组长尼玛卓玛强调，各县各部门要从“一优两高”战略的要求出发，高标准、高质量实施好项目，打造成样板示范工程；听取了《海北模式、青海经验总结提炼工作方案(讨论稿)》的说明。

2020 年 5 月 21 日，原省人大常委会副主任、州委书记、州“山水林田湖草”生态保护与修复试点项目工作领导小组组长尼玛卓玛主持召开全州“山水林田湖草”生态保护与修复试点项目工作领导小组会议。她强调，全州各地各相关部门要在项目收官的关键时期尽心尽责，注重质量进度，确保试出成效、试出样板、试出标杆，在全省乃至全国形成可复制可借鉴可推广的“海北模式、青海经验”。

2021 年 10 月，全州实施的 107 个子工程全面完工，并通过州县级工程业务验收。全州上下采取加强组织领导、完善制度建设、规范项目管理、严格资金使用、强化科技支撑等措施，推动海北州山水工程取得显著成效，解决了一批突出的生态问题，基本实现了试点区域历史遗留矿山综合整治修复、农村环境综合整治提升、县乡村三级集中式饮用水源地环境整治和规范化建设的“三个全覆盖”。

2023 年 6 月，海北州山水工程完成州域整体验收，并通过省财政厅、省生态环境厅、省自然资源厅组织的整体验收工作。

第8章　工程推进总体思路

山水工程涉及多领域、多部门、多要素、多尺度，在试点工程推进的过程中需强化试点工程的顶层设计，明确试点工程推进的总体要求和重点任务等内容，制定工程实施的“施工图”“路线图”。海北州山水工程按照“一条主线、二项试点、三个目标、四大任务、五个突破”的工作思路，积极探索山水林田湖草沙冰生态保护修复的“海北模式、青海经验”。

8.1　总体要求

8.1.1　指导思想

以习近平新时代中国特色社会主义思想为指导，深入贯彻习近平生态文明思想，认真落实全国和青海省生态环境保护大会精神，深入实施“五四战略”，按照青海省委“一优两高”战略部署，积极践行海北《祁连宣言》，以落实习近平总书记关于甘肃祁连山自然保护区重要批示精神为主线，以山水林田湖草生态保护修复试点和国家公园体制改革试点为抓手，以实现“三个全覆盖”绩效目标为核心，以打好污染防治攻坚战、推进绿色产业发展、助力生态脱贫攻坚、实施乡村振兴战略等任务为重点，创新管理体制机制，加大资金整合力度，力争在立法、体制、机制、科技、模式等方面率先实现突破，加快祁连山生态环境保护和海北生态文明建设，构建人与自然和谐共生的美丽海北。

8.1.2　基本原则

(1)坚持生态优先，绿色发展。必须坚持人与自然和谐共生，尊重自然、顺应自然、保护自然。坚持把生态文明建设放在突出位置来抓，筑牢祁连山生态安全屏障，实现绿色发展、高质量发展。

(2)坚持因地制宜，突出特色。科学选取技术模式，宜林则林、宜草则草、宜农则农、宜荒则荒，避免“伪生态、真破坏”现象发生。依托优美自然环境、民族特色文化、高原特色产品等优势，打造青海湖北岸全域生态旅游最佳目的地。

(3)坚持统筹兼顾,突出重点。对标山水工程重点任务,建立山水林田湖草保护新机制,注重与三大攻坚战、乡村振兴战略、全域旅游等重点工作有机结合,树立统筹思维和兼顾意识,避免重复建设。

(4)坚持改革创新,整体推进。着眼于水源涵养地和天然生态屏障,既要方向明确、找准源头,又要不断解放思想、更新观念,探索创新、总结经验;既要有推进的紧迫感,也要有高质量发展的标准意识,坚持时间与质量并重,协同推进、整体提升。

(5)坚持政府主导,全民共治。政府要坚持专款专用,整合资金集中投放,通过BOT、EPC等模式引入社会资本,建立长效机制。企业承担环境治理主体责任,公众自觉践行绿色生活。

8.1.3 基本思路

按照"12345"的工作思路,牢固树立"绿水青山就是金山银山"的绿色发展观,牢牢把握山水林田湖草是生命共同体的系统思想,坚持"生态优先,绿色发展;因地制宜,突出特色;统筹兼顾,突出重点;改革创新,整体推进;政府主导,全民共治"的基本原则,全面贯彻习近平总书记关于祁连山自然保护区重要批示精神,加快推进试点工程,努力形成"海北模式、青海经验"。其中,

"1"是指坚持把贯彻落实习近平生态文明思想、青海省生态环境保护大会精神和践行《祁连宣言》作为1条主线。

"2"是指以祁连山区山水林田湖草生态保护修复和祁连山(青海片区)国家公园体制改革2项试点工作为抓手。

"3"是指以"三个全覆盖"绩效目标为核心,即历史遗留矿山综合整治修复全覆盖;实现农村环境综合整治提升全覆盖;实现县、乡、村三级集中式饮用水源地环境整治和规范化建设全覆盖。

"4"是指扎实推进4项重点任务,即扎实推进污染防治攻坚战、生态产业发展、生态脱贫攻坚、乡村振兴战略4项重点任务。

"5"是指通过试点工作,力争在立法、体制、机制、科技、模式5个方面率先实现突破。

8.1.4 工作目标

全面完成海北州山水工程任务,按国家和青海省要求推进祁连山国家公园体制试点,总结凝练一套供全省乃至全国可借鉴、可复制、可推广的改革新成果,形成"海北模式、青海经验"。主要实现以下具体目标。

(1)实现“三个全覆盖”。即实现历史遗留矿山综合整治修复全覆盖;实现农村环境综合整治提升全覆盖;实现县、乡、村三级集中式饮用水水源地环境整治和规范化建设全覆盖。

(2)打造“五个生态保护修复试点示范区”。即祁连县黑河流域生态功能提升与旅游协调发展示范区;门源县生态牧场农业循环发展示范区;刚察县鱼鸟水草人与自然和谐共生的社区共管发展示范区;门源县生活垃圾减量化、资源化和高温热解处理示范区;协助建立生态保护红线勘界定标先行示范区。

(3)完成“五个方面改革新成果”。即力争通过试点示范,率先在立法、体制、机制、科技、模式 5 个方面,实现生态环境保护管理体制机制取得新突破。

通过海北州山水工程的实施,使祁连山生态系统整体实现格局优化、系统稳定、功能提升,生态保护修复制度完备,生态环境质量明显改善,协助推进祁连山国家公园体制试点,生态文明建设与全面建成小康社会目标相适应。

8.2 重点任务

8.2.1 推进生态保护修复重大工程,筑牢我国西部生态安全屏障

以海北州山水工程为重点,整合和实施其他重大生态工程,全面推进祁连山生态系统保护修复,真正筑牢这道西部生态安全屏障。

一是海北州山水工程。按照“格局优化、系统稳定、功能提升”的要求,对山上山下、地上地下、流域上下游进行整体保护、系统修复、综合治理,扎实推进祁连山区植被恢复、河湖水系连通、环境综合整治、矿山环境治理恢复、生物多样性保护等 107 个子项目,逐步恢复和提升祁连山区的整体生态系统功能,打造全国山水林田湖草生命共同体的海北样板。

二是祁连山生态保护与建设综合治理工程。结合祁连山国家公园体制试点,深入开展祁连山区生态保护与建设综合治理,加大人工造林、封山育林、沙化土地治理、湿地保护与恢复力度,大力推进退化草地治理、积极发展草食畜牧业,着力提高林草覆盖度和水源涵养能力,增强区域生态系统功能。

三是退化草地保护与治理工程。结合新一轮草原生态保护补助奖励政策,实施禁牧补助、草畜平衡奖励和绩效评价奖励。针对草地退化问题、草地鼠虫害、毒草杂草、黑土滩等问题,采取生物防治、化学防治等综合措施,重点实施草地鼠虫害防治、草地毒草防治、黑土滩草地治理等工程,防止鼠虫和毒杂草危害蔓延。强化草地防灾减灾能力建设,建立健全草地火灾应急机制。

四是退牧还草工程。立足农牧民需求，在具备条件的地区增加舍饲棚圈、人工饲草基地建设规模。在以草定畜的基础上，完善草原基础设施配套建设，增草增畜，积极推广舍饲半舍饲畜牧业经营模式，促进草地生态畜牧业可持续发展。

五是湿地保护与恢复工程。加强对全州自然湿地的有效保护，以青海湖国家重要湿地、国家湿地公园为重点，通过积极争取实施一批湿地保护修复重大工程，使重要的自然湿地全部得到保护，充实和完善湿地保护体系；逐步建立湿地生态效益补偿制度，逐步引导可持续利用湿地资源，优化湿地生态系统结构和恢复湿地功能。

六是森林生态系统重大修复工程。继续推进天然林资源保护，"三北"防护林等林业生态系统修复工程，通过人工造林、封山育林、退化林分修复、中幼林抚育、低效林改造等措施，宜林荒山荒地造林和封山育林，提升森林经营水平、提高单位面积森林质量，促进天然林资源增长，维护林业生态系统安全。

七是实施矿区和公路沿线环境综合治理工程。加强对废弃矿山治理及公路沿线生态环境恢复和治理，实现矿产资源开发与生态环境保护的良性循环。重点开展废弃矿山生态环境保护，恢复治理废弃煤矿、砂石、砂金开采造成的生态环境破坏。加大对大通河、黑河流域有色金属采矿造成的固废治理力度，开展污染防治。

八是国家公园廊道联通与受损栖息地修复。制定栖息地廊道联通和栖息地恢复方案，依据野生动物生存繁衍与扩散的生物学特征与生态需求，根据保护年限逐步撤除保护区天然林保护工程的网围栏，引导牧民撤除或改造草场围栏，为雪豹等野生动物繁衍生息留出通道。对迁移扩散通道内的耕地和草地、搬迁后的宅基地、退出停产工矿企业所在地等，实行退耕还林(草)和生态修复，恢复植被。

8.2.2 推动国家公园试点工作，形成人与自然和谐共生新格局

以创新生态保护管理体制机制为突破口，探索建立新体制、新机制和新模式，加强自然生态系统原真性和完整性保护，按国家和青海省部署推进祁连山国家公园体制试点，初步形成人与自然和谐共生新格局。

一是建立生态保护管理新体制。健全国家自然资源资产管理体制。依托祁连山自然保护区州县管理机构、国有林场等保护地管理机构，成立祁连山国家公园管理分局或管理处(站)。整合国家公园所在地各级资源环境综合执法机构、人员编制，组建各级资源环境综合执法队伍，开展资源环境综合执法。合理划分祁连山国家公园管理机构与当地政府的管理职责。开展自然资源本底调查工作，编制自然资源资产负债表。开展自然资源确权登记。建立权责利明晰的自然资源

产权体系。建立生态文明绩效评价考核体系。加强审计监督，对祁连山国家公园体制试点区开展自然资源资产离任审计工作。

二是建立系统保护综合治理机制。建立系统管护责任制。结合天然林保护工程实施和森林、草地生态效益补偿的实施，按自然保护区、林业局、国有林场，统一划分管护责任区。落实河长制要求。依托林业局、国有林场及原住居民，分解山水林田湖草系统管护指标，落实管护责任、管护面积，完善管护体系，落实考核和奖惩措施。构建生态环境监测评估体系。开展以雪豹为核心的生物多样性本底调查、监测网络建设，形成天地空一体化生态环境动态科研监测网络。建立定期科研监测评估机制，健全生态环境监测预警体系。

三是建立国家公园长效保护机制。积极争取中央财政支持国家公园建设，并对民族地区民生和社会事业发展方面在其他转移支付中给予倾斜。建立健全社会捐赠制度，制定相关配套政策，吸收企业、公益组织和个人参与国家公园生态保护、建设与发展。实行更加严格的禁牧和草畜平衡制度，严格控制天然草原放牧规模，对禁牧减畜居民给予合理补偿。健全社会监督机制，鼓励引导公众参与，促进国家公园规范管理、科学发展。设计生态体验和环境教育项目，完善科研、教学实习基地，完善科普宣教设施设备，建设宣传点、宣传网站，打造自然生态体验区和环境教育展示平台。

四是探索协调发展新模式。探索改革现有生态建设和管护体制，将现有草原、湿地、林地管护岗位统一归并为生态管护公益岗位，明确岗位职责。将生态移民同精准扶贫相结合，统筹使用生态搬迁、易地扶贫搬迁和农牧民危旧房改造项目资金，实施生态移民搬迁安置工程和精准扶贫，引导转产就业。

五是建立有序退出机制。深入落实祁连山生态保护整治方案，对试点区内现有探矿、采矿、水电、旅游基础设施建设等项目进行全面深入排查，逐一复核，对违法违规项目坚决予以清理整治，妥善解决历史遗留问题。推动国家公园内矿产资源勘查开发和水电开发等企业有序关闭退出，按照青海省制定的退出办法、退出范围、时限、补偿标准、资金来源等积极争取财政资金支持。对于国家公园保护方向不一致的旅游开发项目，坚决依法予以关闭。强化开发利用监管，打击破坏自然资源的违法行为。

8.2.3 加快产业绿色化、品牌化转型，推动经济高质量发展

以全域旅游、草地生态畜牧业、林业生态文明等试点示范为抓手，调整和优化产业结构和布局，推进一二三产业生态化融合发展，逐步构建以产业生态化和生态产业化为主体的生态经济体系。

一是调整和优化产业结构和布局。健全生态环境问题整改的倒逼机制，加快调整产业结构和布局，大力推进三次产业转型升级和融合发展，构建“一环、两屏、两核、三带、三区、四基地”的空间利用格局。即：打造支撑海北全域景区化的“梦幻海北生态旅游环线”；建设好国家祁连山南麓生态屏障和青海湖北岸湿地生态屏障；将西海镇打造成青海湖畔的新兴城市，将门源县打造成全省在“丝绸之路经济带”上的新兴城市；构建毗邻“丝绸之路经济带”主通道的丝路经济发展带、青藏铁路经济发展带、祁连山及环湖周边重点城镇旅游经济带；建设天然草原有机畜牧业发展区、舍饲半舍饲畜牧业发展区、特色“菜篮子”种植养殖区；打造门源县生物制药及绿色农畜产品精深加工基地、祁连县矿产资源循环化利用产业基地、刚察县新能源产业基地、海晏县健康服务产业基地。

二是强化国土空间开发保护。加快划定并严守永久基本农田、基本草原、天然林、公益林和重要湿地等生态红线，将用途管制扩大到所有自然生态空间。调整完善土地利用总体规划，严格控制建设用地总量。探索建立空间规划体系，加快推进祁连县、刚察县、门源县自然生态空间用途管制试点工作，科学划定生产、生活、生态空间。

三是发展高原现代生态农牧业。以全国草地生态畜牧业示范区试点、全省高原现代生态畜牧业示范区建设等为契机，着力推进农牧业供给侧结构性改革，不断拉长农牧业的产业链、价值链。着力优化农牧业结构和布局，加快推进农牧业集约化、产业化经营，全面加强农牧业基础设施建设，完善农牧业社会化服务体系。

四是加快特色生态工业集中发展。以国家和青海省委、省政府支持绿色产业发展为契机，坚决打破重置原有的工业结构，持续推进工业由重转轻、由传统向现代、由单一到循环、由初级到精深、由单纯追求经济效益向统筹实现生态经济社会民生就业效益转变，绿色工业体系逐步构建，进而实现省委提出的“四个转变”。依托优势资源，发展煤炭产业、采矿业及矿产冶炼产业、农副产品加工与特色手工业等特色产业，发展新型建材、旅游产品、生物质能以及藏药材加工等。

五是推进生态旅游业全域全季发展。以创建全域旅游示范州为契机，落实好《海北藏族自治州全域旅游发展规划》《海北藏族自治州创建国家全域旅游示范区三年行动计划》《海北藏族自治州全域乡村旅游暨休闲度假规划》《海北藏族自治州创建国家全域旅游示范区实施方案》等文件，推进全州旅游业全域全季发展。实施旅游带动战略，推行旅游市场化运作模式，打造精品旅游线路，加大旅游服务设施建设，着力打造“梦幻海北”旅游品牌，将海北州建设成全国生态旅游最佳目的地、藏族民俗风情旅游目的地、中国原子城红色文化旅游目的地。

8.2.4 落实乡村振兴战略，建设一批高原特色、生态宜居的美丽乡村

落实乡村振兴战略、农村人居环境整治三年行动等文件要求，以农村环境综合整治提升项目为重点，建立健全农村人居环境整治长效机制，推进农牧区一二三产融合发展，建设一批高原特色的宜居、宜业、宜游的美丽乡村。

一是推进农村生活垃圾治理。统筹考虑生活垃圾和农业生产废弃物利用、处理，建立健全符合农村实际、方式多样的生活垃圾收运处置体系。开展非正规垃圾堆放点排查整治。建成重点乡镇垃圾填埋场，形成稳定运行的垃圾收集转运和填埋处理体系，实现所有乡镇和 90%以上村庄、重点宗教场所垃圾得到有效集中处理。

二是开展厕所粪污治理。县城及重点乡镇周边的村庄，加快推进户用卫生厕所建设和改造，同步实施厕所粪污治理。其他地区要普及不同水平的卫生厕所。引导农村新建住房配套建设无害化卫生厕所，人口规模较大村庄配套建设公共厕所。

三是推动农村生活污水治理。推动城镇污水管网向周边村庄延伸覆盖。积极推广低成本、低能耗、易维护、高效率的污水处理技术，鼓励采用生态处理工艺。加强生活污水源头减量和尾水回收利用。以房前屋后河塘沟渠为重点实施清淤疏浚，采取综合措施恢复水生态，逐步消除农村黑臭水体。将农村水环境治理纳入河长制、湖长制管理。

四是提升村容村貌。加快推进通村组道路、入户道路建设，基本解决村内道路泥泞、村民出行不便等问题。整治公共空间和庭院环境，消除私搭乱建、乱堆乱放。大力实施高原美丽乡村建设，以“创绿色家园、建富裕新村”活动为载体，利用农村“四旁五地”等非规划林地，积极开展乡村绿化造林建设。大力提升农村建筑风貌，突出乡土特色和地域民族特点。加大传统村落民居和历史文化名村名镇保护力度，弘扬传统农耕文化，提升田园风光品质。完善村庄公共照明设施。

五是建设一批高原美丽乡村。积极开展水生态文明、林业生态文明示范州、生态县、卫生乡镇等创建工作。按照国家总体部署，将生态县创建纳入生态文明建设目标考核体系，以生态村镇创建为基本单元，统一规划、统筹推进，加快推进生态县建设。按照国家美丽乡村建设标准，统筹各类示范创建工作，集中建设一批高原特色、生态宜居的美丽乡村、美丽牧场。

8.2.5 创新生态保护管理体制机制，构建责任明确、上下联动的管理新体系

加强生态保护修复体制机制创新，打破“各自为战”工作格局，强化部门协同，

加大资金整合统筹力度,完成国家交办试点改革任务,强化试点工程"软性"措施支撑。

一是改革创新生态保护修复管理体制。参照《深化党和国家机构改革方案》,在全国和全省率先研究组建州自然资源管理局、州生态环境局和州林业和草原局;研究组建山水林田湖草生态保护修复管理委员会,负责管理州自然资源局、州生态环境局、州水利局、州农牧局、州林业和草原局、州住房和城乡建设局等职能部门,统筹山水林田湖草系统治理。开展祁连山区自然资源资产核算调查与价值评估,探索编制自然资源资产负债表,对领导干部实行自然资源资产和环境责任离任审计。探索建立祁连山区域内统一的确权登记系统、权责明确的自然资源产权体系,健全祁连山区域内自然资源资产管理和分级行使所有权的体制。实施最严格的水资源管理制度,实行资源有偿使用制度,建立生态环境损害评估制度。建立领导干部任期生态文明建设责任制,完善节能减排目标责任考核及问责制度。

二是明确各方职责分工。山水林田湖草试点工作,海北州党委、政府负主体责任,所在县党委、政府负具体实施责任,施工企业负质量安全责任。首先明确部门职责。在海北州山水林田湖草生态保护与修复试点项目工作领导小组统一领导下,州财政局负责试点工作的项目统筹协调、专家咨询团队建立、绩效考核评价、资金筹措等内容;州水利局负责有关流域水资源调度、河道整治、水土流失治理等内容;州农牧局负责草地保护修复、农业面源污染防治等内容;州林业和草原局负责湿地保护修复、林业生态保护与建设等内容;州自然资源局负责矿山环境恢复治理、高标准农田建设、地质灾害防治等内容;州生态环境局负责流域水污染防治、农村环境整治等内容;州住房和城乡建设局负责城乡生活垃圾和污水处理设施建设等内容。其次是强化各县实施主体责任。各县政府作为工程实施的责任主体,主要负责同志要对工程实施负总责,把山水林田湖草生态保护修复摆上重要议事日程,抓好项目谋划、方案编制和优化、项目论证报批和组织实施等重点任务,及时报送试点方案。再次,EPC联合体企业负责工程项目进度和质量。联合体企业要按照海北州对试点项目年度目标计划要求,按时推进试点项目实施;对试点项目实施方案、设计图纸和交底、建筑材料和工程质量进行把关和负责。

三是建立生态保护修复管理制度。结合祁连山山水林田湖草试点项目实施,适时修改完善项目管理、专项资金管理、招标投标管理、监理管理、验收管理、档案管理、公示制管理、安全生产管理等八个管理办法。在已有八个管理办法基础上,借鉴其他山水林田湖草试点的做法和经验,重点制定项目绩效考核评价办法、专项资金整合实施方案、生态环境损害赔偿制度改革方案、山水林田湖草生态保护修复技术指南等。

四是完善生态保护修复新机制。健全部门协调联动机制。利用现有的联席会议制度，加强跨部门、跨领域试点项目难题和问题磋商，加快项目审批、施工进展进度。完善生态保护修复长效管护机制。通过列支预算、委托第三方运营、强化干群关系、制定村规民约、建立管护队伍和制度等方式，建立涵盖矿山环境综合治理、河道生态化整治、农村环境综合整治、农村集中式饮用水水源区划定和规范化建设等的长效管护机制，确实试点项目长期稳定发挥效益。健全生态保护补偿机制。坚持谁受益、谁补偿原则，开展生态补偿机制研究试点，明确生态效益补偿的具体办法、标准、类型等，建立健全森林、草原、湿地、荒漠、河流、耕地等领域生态保护补偿机制。健全生态保护修复资金长效筹措机制。积极争取中央和省级财政支持，通过现有资金渠道加大支持力度，完善生态保护修复投入机制。通过中央预算内投资和其他投资渠道，对生态保护修复予以倾斜支持。高质量高标准完成试点项目，争取国家山水林田湖草生态保护修复奖补资金。建立健全社会捐赠制度，吸收企业、公益组织和个人参与，鼓励社会资本参与生态恢复治理。鼓励开发性、政策性金融机构对符合条件的生态保护、基础设施建设等项目提供信贷支持。建立绩效目标奖惩机制。完善生态保护成效与项目资金分配挂钩的激励约束机制，运用以奖代补、奖惩结合等手段，建立转移支付资金安排与绩效考评结果相衔接的分配制度。

第9章　工程实施存在问题

作为全国首批山水工程试点，海北州尚无成熟的案例可借鉴。针对海北州山水工程不同的子项目类型，分别梳理了矿山生态修复、地灾防治、流域水环境治理、水源地保护、农村环境整治等子项目实施过程存在的问题，并在成因分析的基础上，围绕融入生态理念、增强工程落地性、提高财政绩效等方面提出了针对性建议和措施。

9.1　矿山修复及地灾防治子项目

海北州山水工程共实施65个矿山修复及地灾防治子项目，主要以废弃石棉矿、煤矿、砂金矿、公路沿线废弃料坑、滑坡山体、不稳定斜坡的生态修复为主。在项目开展过程中，由于对"山水林田湖草是一个生命共同体"理念内在机理和规律认识不足，同时受海北矿山海拔高、气候寒冷、干旱少雨、植被脆弱、土层较薄、客土不便等实际情况影响，部分项目在理念落实、治理需求、方案设计、工程施工等方面存在问题。通过对区域独特的自然特征和突出问题与成因分析，提出坚持山水林田湖草沙一体化保护修复理念、因地制宜选择保护修复相关模式与措施、实行以专业化队伍为主的工程实施模式等建议。

9.1.1　存在问题

一是治理的系统性和整体性有待提升。矿山修复及地灾防治是山水林田湖草沙一体化保护和修复的重要内容，是一项综合性、系统性、技术性较强的工作。海北州山水工程启动之初，由于全省乃至全国都无经验可循，一些项目对"山水林田湖草是生命共同体"理念、"用生态的办法来解决生态的问题，用环保的思维来解决环保的问题"等核心要义理解不深，对生态系统的整体保护、系统修复、综合治理的方式方法掌握不足，部分矿山生态修复、地质灾害防治初期方案中的模式和措施仍沿用传统单要素修复治理方式。

二是相关的技术措施有待优化。在部分项目谋划设计初期，由于前期勘察、调查不深入，部分项目采取的技术措施针对性、科学性不强，没有结合具体生态问题而采取相应措施。如祁连县小东索滑坡修复项目，部分滑坡体周边不涉及防治对象，但采取了大量的挡土墙、护坡工程及其他人为干预措施；个别复绿项目的部分工段，未充分考虑地形地貌和自然降雨量，在不适宜植树的地方，采取人工植树复绿措施；阿柔乡小八宝西沟台矿废弃石棉矿生态修复项目，初期方案中未采取危废处理措施。

三是项目的工程施工有待加强。部分施工队伍对山水工程的系统性、整体性与科学性认识不准确，且受专业知识储备量不足、综合技术与水平有限等因素影响，使得工程偏离实际。如刚察县2.8矿坑（东、西）废弃矿山生态修复项目，由于施工工序不规范，出现矿坑仍有大量积水问题，修复效果不佳。

9.1.2 有关建议

一是坚持山水林田湖草沙一体化保护修复理念。要把因矿产资源开采而破坏的生态系统作为一个整体，综合考虑自然条件、地形地貌条件、矿山生态问题及其危害程度等，统筹考虑其所处区域生态功能以及各生态要素相互依存、相互影响、相互制约等特点，通过协调内在关系、平衡各方利益，最大限度地发挥系统的整体功能。对于山水林田湖草沙生态系统中受损严重、修复最迫切的重要区域，采用自然修复与人工治理、生物措施与工程措施等方法，综合治理，全面施策。如门源县寺沟地区、祁连县辽班台沟和赛什图河等废弃砂金矿生态修复项目，按照全流域整体谋划思路，采用覆坑平整、疏浚河道、植被修复、围栏封育等措施，对砂金矿及周边地区进行了系统修复和综合治理。

二是因地制宜选择保护修复相关模式与措施。坚持节约优先、保护优先、自然恢复为主的方针，遵循生态系统演替规律和内在机理，按照保证生态安全、突出生态功能、兼顾生态景观的次序，因地制宜地采取本土绿化苗种、削坡植草、地形平整、雨水引流等措施。对于未涉及群众生命财产隐患地段，通过对不稳定斜坡采取削坡复绿、疏通连通自然泄洪渠道、围栏封育林草植被等措施，稳定其现状，核减挡土墙，建设护坡工程，使地质灾害地段与周边地质环境、自然原貌相和谐；对城乡居民区等威胁严重地段，严格按照地灾防治工程标准要求，有效防范地质灾害。

三是实行以专业化队伍为主的工程实施模式。山水工程需遵循生态系统内在规律，体现区域特点，将着力点放在提升生态系统质量和功能上，既不能简单地理解为挖坑栽树，也不能认为有绿就是成功，不能用消灭荒山荒地的传统做法来实施山水工程。必须加快完善生态治理工程技术标准体系，对工程建设实行全过程标准化管理，严格按标准设计、按标准实施、按标准验收。同时，要实行以专业化队伍为主的工程实施模式，培育一批高水平、高素质生态保护修复专业化队伍，用专业化技术、现代化装备、信息化管理手段，高起点、高质量推进山水林田湖草系统治理。

9.2 流域生态修复子项目

海北州山水工程共实施19个流域生态修复子项目，主要以河道生态治理、林草恢复、农业面源污染治理等为主。在项目开展过程中，由于对自然恢复和人工修复关系把握有待提升、部分措施与突出生态问题关联性有待加强、现行相关标准规范与“山水”理念存在差距等情况影响，部分项目在理念落实、方案设计、工程施工等方面存在问题。通过对区域流域特征、以往治理技术和成效等统计、分析，在技术选取、方案优化、项目实施等方面提出要科学把握好自然恢复和人工修复的关系、落实“山水”理念合理选择技术模式、完善生态保护修复技术标准体系等有关建议，推进山水工程流域生态修复子项目的顺利落地实施。

9.2.1 存在问题

一是关于自然恢复和人工修复关系把握有待提升。在山水工程谋划设计初期，部分流域生态修复项目由于对山水林田湖草生命共同体的内在机理和规律认识不够，整体保护、系统修复与综合治理的理念、目标与要求存在较大差距。部分河道生态治理项目未从河道—河岸—山麓—山顶的全流域修复角度考虑，建设目标、内容和治理措施相对单一。部分河道生态治理项目仍沿用传统治理思路，对河道护岸进行了不必要的渠化、硬化或固化，或对河道底部进行“平底化”的处理，对河道生态结构和功能的恢复不利。如门源县大通河流域（门源段）环境整治与生态功能提升工程，部分原设计方案未能充分体现“整体保护、系统修复、水陆统筹、综合治理”要求；在项目设计方面存在系统性不够、针对性不强、项目与其他规划或项目衔接不足等问题，无法满足项目落地建设需要。

二是部分措施与突出生态问题关联性有待加强。在山水工程项目谋划设计初期，一些子项目部分工段措施针对性不强，没有结合具体生态问题而采取相应工程措施。如门源县大通河流域（门源段）环境整治与生态功能提升工程，一些河道两岸已有山体岩石，无护岸需求，在设计初期仍采取了宾格石笼护岸措施进行护岸；刚察县沙柳河道生态治理及湖滨湿地恢复项目，部分自然河道没有防洪对象及突出生态问题，整治与防护需求不突出；海晏县甘子河生态护岸工程，河道防洪和生态治理需求不突出，设计初期仍采取了硬性护岸等人为干预措施；祁连县小八宝河流域林草绿化项目实施范围未与突出生态环境问题有效衔接。

三是项目全过程管理水平有待提升。部分项目在方案编制、项目变更、工程施工等方面存在不规范的问题。如大通河两岸植树造林绿化工程，在实施方案编制与批复、项目变更手续备案等方面进度滞后，工程过程监督管理有待加强，导致部分项目施工中出现原有植被破坏的情况；海晏县甘子河、门源县大通河河道整治工程施工过程中出现宾格石笼表面平整度和线性差、混凝土强度不足等问题；门源县大通河河道整治施工初期的河道清淤作业不规范，导致对水生生物栖息地影响大等问题。

四是现行相关标准规范与"山水"理念存在差距。河道生态治理是山水林田湖草生态保护修复试点的主要内容，在部分项目实施过程中，由于参照现有《河道整治设计规范》(GB 50707—2011)、《水利水电工程边坡设计规范》(SL 386—2007)等国家标准规范，相关要求与"山水林田湖草是一个生命共同体"理念要求仍存在差距，相关生态保护修复标准缺乏，系统治理和综合施策体现不足，人为干预措施过多，行业标准规范制约了生态理念的融入，导致采用现有标准后一些河道生态治理项目白化、硬化、渠化等现象时有发生。

9.2.2 有关建议

一是科学把握好自然恢复和人工修复的关系。流域生态修复必须坚持尊重自然、顺应自然、保护自然的原则，将河流所在流域作为一个生态系统整体，既要统筹考虑各种生态要素，包含山上山下、地上地下、水里水边、上游下游等；又要仔细考察各种生态要素的生态位，即它们各自在自然环境中的角色和地位以及相互之间的关系，不要随意破坏生态位，尊重和增强生态系统的自我循环能力。例如，针对门源县大通河流域(门源段)环境整治与生态功能提升工程问题，提出：①在干流方面，强化系统治理措施，进一步优化水系连通、自然岸线保护与修复、水害控制、河心洲、水生生物保护修复措施和工程设计；②在陆岸方面，要重点考虑陆域面源污染影响水环境质量方面的问题，利用现有的滩涂、荒地等，建设面源污染阻隔带，加强各类排污口整治；③在支沟方面，根据各支沟水文和生态环境等情况，按照"一河一策"的原则，进行优化设计，因地制宜地开展支沟局部地区的生态化改造；④在支沟入河口方面，充分利用好河道滩涂湿地，进行必要的保护修复；要科学选取复绿技术，建立长效保护修复机制；⑤在生态基流保障方面，要补充流域内水库电站生态基流分配和调度方案的设计内容。经优化后的项目，摒弃了原有传统河道整治思维，统筹水资源、水生态、水环境三者之间的关系，将河道整治范围拓展到大通河全流域，构建了从山顶到山谷、河岸到河底的流域生态环境系统治理方法，改善了大通河流域生态环境，增强了河流连通性和水体自净能力，提升了流域生态系统功能和稳定性，初步形成了人与自然和谐共生新局面。

二是落实“山水”理念科学选择技术模式。坚持因地制宜、科学修复，在流域生态修复中，做到“以水定绿、以水定林、量水而行”，强化水资源的硬约束；在植被保护与恢复中，“宜林则林、宜灌则灌、宜草则草、宜田则田、宜湿则湿、宜荒则荒、宜沙则沙”，绝不能简单地绿化了事。坚持精准施策、高效治理，在生态破坏严重的地区，加大退化林草的修复力度，加强抚育经营，提高森林植被质量，提升其生态功能。例如，针对大通河两岸植树造林绿化工程问题，提出要注重大通河两岸原有植被类型的保护恢复，注重本地原有物种的使用，如红柳、沙棘、青海云杉、祁连圆柏、披碱草、冷地早熟禾等；注重拟自然理念的运用，采取线性种植和自然种植相结合的手段，统筹考虑植被四季变换、常绿落叶混搭等绿化技术，营造生物多样性群落，提升大通河流域生态系统稳定性。针对刚察县沙柳河道生态治理及湖滨湿地恢复项目问题，建议以生态保护为主，辅以必要的硬性工程措施；考虑到刚察县的气候条件和植被类型，建议根据宜林则林、宜草则草的原则，仅在县城周边有灌溉条件的地方适量种植云杉。针对海晏县甘子河生态护岸工程问题，建议采取柔性生态化护岸措施；河道剖面采取梯形或复合形护岸形状；建议优化设计方案，落实河道整治的生态化理念与措施，采用沙棘、青海早熟禾、中华羊茅、披碱草等灌草结合的方式，呈片状分布进行护岸。针对祁连县小八宝河流域林草绿化项目问题，提出可将项目实施范围聚焦到八宝镇附近。

三是强化流域生态修复项目全过程管理。强化河流生态修复在方案编制、项目变更、工程施工等全过程管理，避免“伪生态，真破坏”。例如，针对大通河两岸植树造林绿化工程问题，建议尽快完成绿化工程项目实施方案编制与批复，做好试点项目变更手续，及时向省级相关部门进行备案；要注重绿化工程过程监督管理，加强施工方生态保护修复知识宣传教育，对施工中原有植被破坏的情况，要做到“原位修复”；结合“多规合一”工作开展，预留大通河景观、廊道等工程接口，避免工程重复建设，提升试点项目资金使用效益。针对海晏县甘子河、门源县大通河河道整治工程问题，建议在施工过程中，严把质量关，对进场材料严格按照设计图纸及相关技术规范进行现场验收，经监理现场见证进行二次复检，复检合格后使用；格宾石笼装填工序施工严格执行相关技术规范和设计图纸要求，按技术规程要求进行施工管理；现场管理人员加强技术交底执行力，督促工人按技术交底及技术规程要求进行施工，提高全体施工人员质量意识，严把质量关。针对门源县大通河河道整治施工初期作业不规范问题，建议与工程环境影响评价结论相衔接，强化工程施工前、中、后全过程环境监管，严格落实环境影响评价措施，减少人为对自然植被、河道的过度干扰。

四是完善生态保护修复技术标准体系。相比于传统的生态修复和环境治理技术，符合山水林田湖草沙一体化保护修复要求的河道生态治理技术规范和技术标准有待加快完善。在科学研究和实践工作的基础上，加快河道生态治理领域规划设计、工程实施、评估监测等环节的技术标准体系建设，并将其作为指导和规范流域生态修复的重要基础。建议考虑海北州地域差异性，除自然地理、经济发展阶段的差异外，还需要充分考虑民族文化、风俗习惯、宗教信仰等人文方面的差异，确保修复技术及其标准的因地制宜。

9.3 饮用水水源地保护子项目

海北州山水工程共实施 4 个饮用水水源地保护子项目，其中，祁连县、刚察县、海晏县、门源县各实施 1 个子项目，主要以防护围栏建设、水源地修复治理、规范化标识标志牌设置等为主。在项目开展过程中，部分饮用水水源地项目出现建设不规范、后期运维管理难度较大等问题，通过研究和分析，在加强水源地保护围栏规范化建设、建立农村饮用水水源地管护长效机制等方面提出有关建议，推进山水工程饮用水水源地保护子项目实施。

9.3.1 存在问题

一是农村饮用水水源地划定、建设不规范。部分饮用水水源地项目程序不规范，部分饮用水水源地保护区未开展划定工作，提出要进行规范化建设项目，如门源县“县—乡(镇)—村”三级饮用水水源地保护区划分与规范化建设项目；部分项目出现占地协调困难导致部分地段围栏保护面积减小，如海晏县饮用水源地环境整治和规范化建设项目，一些农村饮用水水源地保护围栏设置和建设不规范，出现牧民牛羊损坏等问题。

二是农村饮用水水源地后期运维管理难度较大。农村饮用水水源地管理较为粗放，管理机构不完善，规范和统一的饮用水水源地管理体系不健全，海北州山水工程中部分农村水源地保护项目缺少管护人员和经费等，后期运维管理难度较大，牛羊进入一级保护区范围现象时有发生。农牧民对于饮用水水源地保护意识和参与程度不足。

9.3.2 有关建议

一是推进农村饮用水水源地规范化建设。坚持从“划、立、治”入手，不断推进农村饮用水水源地保护工作，如对于门源县“县—乡（镇）—村”三级饮用水水源地保护区划分与规范化建设项目问题，建议实施前须划定农村集中式饮用水水源地保护区，或农村分散式饮用水水源地保护范围；农村饮用水水源地保护项目建设内容主要支持界碑、界桩、标识牌、警示标志等的建设。不断加强农村饮用水水源地规范化建设，依据集中式饮用水水源地保护规范化建设标准，加强水源地保护围栏规范化建设，定期开展农村集中式饮用水水源地水质检测。如对于海晏县饮用水源地环境整治和规范化建设项目问题，建议按照饮用水水源地保护相关标准规范开展建设，地方应统筹做好征地等相关工作，若存在征地确实困难情况，建议将征地改为租地，减少财政负担；利用好水管员、林管员等，统筹做好水源地维护工作；发动基层力量，尤其是村两委的力量，集体进行管护。

二是建立农村饮用水水源地管护长效机制。及时总结其他地方农村饮用水水源地管护长效机制经验，创新公众参与方式，以村镇两级党支部为战斗堡垒，探索建议“村两委＋”“水管员＋”“管护员＋”等管护机制。祁连县采取“打捆委托”的方式将其辖区内的水源地巡查和小型水利工程简单维修工作委托给乡镇进行运行管护，强化了饮水安全保障能力。

9.4 农村人居环境整治子项目

海北州山水工程共实施19个农村人居环境整治子项目，其中，农村生活污水处理子项目12个，主要以污水处理设施、管网等建设为主；农村生活垃圾处理子项目4个，主要以垃圾箱/斗、垃圾转运（自卸）车、垃圾中转站、垃圾无害化热解处理站等建设为主；旅游示范村建设子项目2个，主要以旅游村改造、公厕建设、民宿建设等为主。在项目开展过程中，部分农村生活污水、垃圾治理子项目出现治理模式技术选取不科学、方案设计初期不合理、设施运维长效机制不健全、生活垃圾源头分类有待提高等问题，同时在示范区相关经验模式总结中也存在不足。针对这些问题，提出因地制宜加强农村生活污水治理、推动农村生活垃圾源头分类减量、创新农村环境综合整治管理体制机制、强化示范区建设经验模式总结凝练等有关建议。

9.4.1 存在问题

一是农村生活污水治理水平有待提升。部分项目治理模式技术选取不科学，参照城镇治理模式，资源利用不足，片面追求达标排放，受冬季高寒等因素影响，个别污水处理站试运行处理成效达不到预期效果。部分项目方案设计初期不合理，不注重农户调查，沿用用水量经验值，设计规模过大，部分项目污水管网和处理设施设计规划不合理，导致污水收集率低，个别农户旱厕直排水体，部分污水处理站试运行情况不稳定等。农村生活污水处理设施运维长效机制不健全，一些设施责任主体不明确，导致责权不清，一些设施缺乏管护资金，导致设施无法正常运行；一些设施缺少规章制度约束，易出现设施损坏无人维修的现象。

二是农村生活垃圾源头分类有待加强。海北州山水工程开展了垃圾箱/斗、垃圾转运（自卸）车、垃圾中转站、垃圾无害化热解处理站等建设，门源县创新性构建了“垃圾收集转运（农户分类—村庄收集—乡镇转运）＋无害热解处置＋灰渣减量填埋”模式，实现了全县农村生活垃圾日产日清、定期安全处理处置，但受垃圾分类设施建设滞后和农牧民垃圾分类意识不强等因素影响，生活垃圾源头分类有待提高，不同种类垃圾掺杂情况普遍，需要在处理中心进行二次分拣。

三是相关经验模式总结不足。打造门源县生活垃圾减量化、资源化、无害化处置和高温热解处理装置建设示范区是海北州山水工程绩效目标之一，在山水工程实施过程中，对于率先在全国层面成功引进小型生活垃圾高温热解处理成套装置等有关经验做法，以及围绕城乡生活垃圾分类收集处置体系的长期稳定运行，门源县在加强资金保障、强化队伍建设、建立长效机制、强化监督检查等方面的经验做法总结不足，无法有效支撑绩效目标实现。

9.4.2 有关建议

一是因地制宜加强农村生活污水治理。结合海北州农村自然条件和经济发展水平，提出要坚持问题导向，遵循自然规律，科学选取技术模式，对位于非环境敏感区、居住分散及干旱缺水的村庄，建设卫生旱厕或三格化粪池，就近就地实现资源化利用；对于对距离城镇较近且具备条件的村庄，可采取纳入城镇污水管网模式进行处理；对人口集中度较高的村庄，可采取集中治理模式，高标准高质量完成农村环境综合整治提升项目。提出需要整合美丽乡村、生态宜居村镇、卫生乡镇等相关资金，统筹项目建设和后期运维经费需求，提升资金整合效益。同时，提出要创新农村环境综合整治管理体制机制，强化部门协同形成工作合力，制定专门的农村污水治理地方立法制度，委托第三方开展农村环境治理，建立健全农村环境综合整治管护长效机制，构建青藏高原地区农村生活污水治理技术规范体系，形成一套青藏高原农村环境综合整治技术模式。

二是推动农村生活垃圾源头分类减量。按照“适用、简便、易行”的原则，选择符合海北州实际、群众易于接受的农村生活垃圾分类和减量的方式方法，推动开展农村生活垃圾就近分类、源头减量工作，积极探索符合农村实际的分类收集和处理模式。推进可回收物的回收利用，建立以村级回收网点为基础、县域或乡镇分拣中心为支撑的再生资源回收利用体系。加强农村生活垃圾分类宣传，普及分类知识，充分听取农牧民意见，将农牧民分类意识转化为自觉行动。

三是强化示范区建设经验模式总结凝练。提出以整合实施农村环境综合整治项目为契机，普遍实行生活垃圾分类和资源化利用制度，坚持源头减量，建立分类投放、分类收集、分类运输、分类处理系统，形成绿色发展方式和生活方式，完善生活垃圾分类相关法律法规和制度标准，建立长效运维机制的基本思路。提出示范区建设总结材料可重点聚焦背景情况、主要做法、取得成效等三大部分内容。建议经验总结可聚焦以下六方面：补齐设施短板，实现农村生活垃圾治理全覆盖；强化全域治理，打好生态环保督查整改战；加强技术创新，率先推行高温无害化垃圾热解系统；建立市场机制，探索第三方运营处理运行方式；完善管护制度，建立生活垃圾长效运维管护机制；加强宣传引导，引导公众参与垃圾分类等。建议取得成效聚焦以下四个方面：实现了生活垃圾减量化、资源化和无害化处置；提升了大通河流域人居环境和水环境质量；打造了青藏高原农牧区生活垃圾高温热解处置新样板；助力了县域生态旅游发展和高原美丽乡村建设。

第10章　工程配套制度建设

为强化山水工程“软性”管理措施、提升山水工程管理水平、确保项目高质量完成、充分发挥资金使用效益，基于山水工程实施过程管理需要，以景观生态学、系统工程学、现代管理学等理论为支撑，根据国家和青海省山水工程有关政策要求，聚焦项目管理、资金管理、招投标管理、监理管理、验收管理、档案管理、绩效管理等方面，本章详细阐述各个配套管理制度制定的总体思路、基本原则、主要框架、重点内容等，为其他地区山水工程配套制度建设提供经验借鉴。

10.1　项目管理制度

10.1.1　制定背景

山水工程是在“山水林田湖草是一个生命共同体”的理念指导下，统筹区域内山水林田湖草等各类自然生态要素实施的一项系统性、综合性工程。工程项目内容繁杂、工程量大，涵盖了矿山、水环境、森林、农田、湖泊、草原、湿地、农村、城市等多种类型的修复治理，同时涉及多个部门和多方利益主体，管理难度较大。有效的工程项目管理是保障工程建设进度、质量、施工安全的基础，完善的管理体系和设备及技术等能为工程项目高质量建成和运营提供保障。当前，山水工程由于其特殊性和复杂性，在推进过程中面临各种不同的问题，尤其是在体制机制方面，各地部门职责交叉，“九龙治水”的局面时有发生，项目全过程工程管理制度不够完善，出现各个环节工作无法有效衔接、项目进度受阻、项目质量无法保障、项目资金使用和管理不规范等问题。

因此，海北州山水工程在推进过程中，为进一步规范工程项目、资金、招投标、监理、验收、档案、安全生产等全过程管理，提高工程建设的质量和效益，确保资金规范、合理使用，充分发挥监理“三控、三管、一协调”作用，实现档案工作科学化、标准化、规范化，增加工程建设透明度，保障山水工程有力、有序、有效推进，努力实现各项绩效目标，依照相关部门职责和行业管理规章，研究制定了《海北藏族自治州山水林田湖生态保护修复项目管理办法》《海北藏族自治州山水林田湖生态保护修复项目专项资金管理办法》《海北藏族自治州山水林田湖建设工程招标投标管理办法》《海北藏族自治州山水林田湖建设工程监理管理办法》《海北藏族自治州山水林田湖生态保护修复项目验收管理办法》《海北藏族自治州“山水林田湖”生态保护修复项目档案管理办法》《海北藏族自治州山水林田湖生态保护修复项目公示制管理办法》《海北藏族自治州“山水林田湖”生态产业建设项目安全生产管理办法》等 8 项管理制度。

10.1.2 总体思路

以“山水林田湖草生命共同体”的理念、景观生态学、现代管理学等理论为支撑，以时间、成本和质量管理为项目管理的核心，以构建科学、合理、可行的管理制度为目标，通过理论研究、政策梳理和实证调研，明确山水工程项目管理各重要环节，研究分析项目过程管理中的重点和难点问题，聚焦项目、资金、招投标、监理、验收、档案、安全生产等七大管理方面，提出了制度的构想、框架、内容及实施路径，重点在管理机构及职责、工程组织与实施、工程检查与验收、预算管理及资金拨付程序、资金使用、项目公示管理、项目档案管理等方面完善了管理要求，为提升山水工程管理水平、确保项目高质量完成提供了有力支撑。

10.1.3 基本原则

在制定项目管理制度时应遵循以下原则：一是适用性原则，管理制度要从山水工程实际出发，统筹考虑工程规模、项目类型、技术特性及管理沟通等方面影响，体现海北州山水工程特点，使制度具有可行性、适用性；二是科学性原则，管理制度的制定应基于科学的依据和分析，遵循管理学的一般原理和方法，遵从客观和自然规律，制定的过程和结果要有合理的理论依据和数据支持；三是合法性原则，管理制度内容应与国家相关的法律、法令、法规保持一定程度的一致性，尤其是山水工程相关政策文件(附录 2)，绝不可以相违背；四是合理性原则，管理制度内容要合理，既要体现制度严谨、公正、高度的制约性、严肃性，同时也要考虑人性的特点，避免不近情、不合理等情况出现。

10.1.4 主要内容

10.1.4.1 项目管理

(1)管理机构及职责

海北州山水工程实行统一领导、统一协调、分级负责的管理体制。涉及的县级政府是工程实施的责任主体，各县党委、政府主要领导为第一责任人。按照“山水林田湖是一个生命共同体”的原则，工程建设组织实施工作必须列入当地党委、政府重要议事日程。

州人民政府成立海北藏族自治州山水林田湖生态产业发展工作组，负责领导和协调项目总体工作。州级各相关部门根据各自职责，各司其职、各负其责，加强指导、监督和项目推进工作。

各县相应成立山水林田湖项目领导小组，组长由各县县委书记担任，各县人民政府县长为第一副组长。各领导小组负责本县规划项目的组织实施工作，加大项目执行力度，确保规划目标任务完成，并对本县实施工作负直接责任。协调组织编报本县年度投资建议计划和实施方案（可研报告），按州上下达的项目投资计划和批准的项目文件组织协调项目建设，搞好项目建设全过程监督管理，及时协调处理项目建设中出现的问题；建立健全项目法人责任制、合同管理制、资金报账制、招标投标制、工程监理制、公示制等项目建设管理制度，严格项目专项资金管理，确保工程进度、质量和效益。

(2)工程组织与实施

工程建设严格按照国家基本建设程序管理，落实项目法人责任制、合同管理制、资金报账制、招标投标制、工程监理制、公示制等工程建设管理制度。州人民政府负责各县年度项目实施方案的审批，并按程序报省相关厅局备案。项目的初步设计等按规定流程审批。项目实施方案（可研报告）和初步设计的编制工作必须按规定委托有相应资质的设计单位承担。各项目前期工作要深入现场调查。在编报初步设计的同时，要着手做好开工建设的相应准备工作，确保及时开工建设。州级行业主管部门负责配合完成招投标活动中的资格预审、开标、评标、定标等重要程序。招标人要将招标产生的主要文件报州山水林田湖生态产业发展办公室备案。项目在建设期内的监理单位采取公开招标方式确定，各县人民政府依据中标通知书要求与中标监理单位签订监理合同。项目中标单位根据相关规定，不得将工程对外转包，如出现非法转包的情况，发包人可按照招标程序重新确定施工单位。

参照《建筑工程五方责任主体项目负责人质量终身责任追究暂行办法》的相关规定，严格落实工程质量终身责任承诺制。工程实施中，建设、勘察、设计、施工、监理单位的法定代表人应当及时签署授权书，明确本单位在该工程的项目负责人。经授权的建设单位项目负责人。勘察单位项目负责人、设计单位项目负责人、施工单位项目经理和监理单位总监理工程师应当在工程实施前，签订工程质量终身责任承诺书，连同法定代表人授权书、报当地工程质量监督机构、建设单位和各县山水林田湖项目领导小组备案。

项目实行月报制度。项目实施单位在每月 25 日前将投资计划执行情况和工程实施进展情况报各县山水林田湖项目领导小组,并抄送州相关部门。每年年底前上报本年度计划执行情况和工程实施情况。对工程建设中的重大事项要随时报告。充分发挥当地企业和群众在生态保护中的主体作用,积极引导企业和群众参与力所能及的工程建设。使项目实施的过程成为企业和群众转变观念、提高技能、增加收入和群众监督的过程。

(3)工程检查与验收

检查验收的主要内容:一是项目执行情况;二是工程建设质量;三是工程建设资金的落实和使用情况;四是工程建设档案资料;五是政策、法律法规执行情况等。

检查验收应提供资料:项目文件、批复文件;自验材料、申请验收报告;建设任务和投资计划完成情况表;项目作业设计文件、图表;建设单位工作总结报告、财务决算报告、监理工作报告、审计报告、自查验收报告等档案资料。

10.1.4.2 专项资金管理

(1)原则及任务

专项资金管理的基本原则包括:一是分级管理原则,依据资金来源渠道、拨付环节和管理程序,山水林田湖工程专项资金实行州、县政府和财政分级负责、分级管理;二是专款专用原则,山水林田湖工程专项资金实行“专户存储、专款专用、专账核算、专人管理”,任何单位和个人不得随意改变资金的使用方向和用途,不得挤占、截留、挪用工程建设资金;三是讲求绩效原则,山水林田湖工程专项资金的筹集、管理和使用,必须厉行节约,严格控制建设成本,提高资金使用效益;四是跟踪监督原则,对山水林田湖工程专项资金的使用及管理情况进行跟踪监督,定期进行财务检查和审计。

专项资金管理的基本任务为依法筹集工程专项资金,确保建设资金需求;依据基本建设程序和工程进度,及时拨付专项资金,保障工程建设顺利实施;依据财经法规及规章制度,加强资金监管;依据工程建设规模和造价标准,做好预(决)算的审核、审批及其执行情况的监督检查。

(2)管理职责

项目地区人民政府在山水工程专项资金管理中的主要职责包括:贯彻执行山水林田湖工程的法律法规、方针、政策以及基本建设资金管理的有关规定;督促本级财政及有关部门建立健全本地区山水林田湖工程建设资金管理制度;督促本级财政及相关职能部门及时筹集项目建设资金,确保建设资金需求;组织本级财政、审计等部门,对本级政府辖区所实施的山水林田湖工程质量及工程专项资金进行监督检查，对发现的问题进行整改落实或报上级人民政府处理；及时组织本级审计部门，对项目工程及资金进行专项审计，出具审计报告；对审计发现的问题进行整改落实，并将有关情况向上级主管部门报告备案；负责本项目区所实施项目的绩效评估工作。

州、县财政部门在山水工程专项资金管理中的主要职责包括：贯彻执行山水林田湖工程基本建设法规政策；制定山水林田湖工程专项资金管理制度和办法；依据基本建设程序，投资计划及工程进度，核拨建设资金；审查并确定项目概预算及工程标底造价；监督检查山水林田湖工程专项资金的使用和管理，对发现的问题及时整改落实；参与项目竣工验收，依据《基本建设财务规则》，审批山水林田湖工程的竣工财务决算。

州级行业主管部门在山水工程专项资金管理中的主要职责包括：贯彻执行山水林田湖工程基本建设法律法规和基本建设资金管理办法；负责所属行业项目安排；督促收集、汇总、报送项目建设资金使用管理信息，编报建设项目投资绩效评估报告；督促项目实施部门编制工程结算及竣工财务决算；对本行业内山水林田湖工程建设资金的使用和管理情况进行监督检查，并对发现的问题进行整改落实或报同级财政部门处理；及时配合州级相关部门进行工程竣工验收，出具验收意见，下达验收批复。

项目实施单位在山水工程专项资金管理中的主要职责包括：贯彻执行山水林田湖工程有关的法律、方针、政策和财经法规；建立健全项目资金管理的内控制度，确保资金管理有章可循，安全、规范、有效使用；及时申拨项目建设资金，确保工程建设资金需求；组织编制工程概（预）算、工程招投标、合同签订、施工管理等工作；依据工程建设内容及规模和投资概（预）算，加强工程建设成本控制，严禁工程超规模、超标准、超投资；依据《基本建设财务规则》和《国有建设单位会计制度》，加强会计核算及报表的编制、汇总、上报工作；依据施工合同和监理单位现场确认、建设单位工程技术人员审核签字的工程量清单、付款凭证和结算工程投资、支付合同价款；组织工程竣工结（决）算编制、审核和确认及项目建设资金的审计与评审，按规定做好自查验收及申请省、州联合验收工作，及时办理竣工财务决算的报批；收集、汇总并上报项目建设资金的使用管理信息，编制并上报项目绩效评估报告；项目实施部门必须严格按照《中华人民共和国会计法》《会计基础工作规范》的要求，配备专职财会人员；按照《基本建设财务规则》和《国有建设单位会计制度》的规定，加强会计核算，对工程专项资金的使用进行全过程、全方位监督。

（3）资金使用

山水工程专项资金按照基本建设程序支付。在项目尚未批准开工前，经本级财政部门同意，可以先行支付前期工作费用；计划任务书已经批准，作业设计（初步设计）和概算尚未批准的，可以支付项目建设必需的施工准备费用；已列入年度基本建设支出预算和年度基本建设投资计划的施工预备项目和规划设计项目，可以按规定内容支付所需费用。在未批准开工之前，不得支付工程款。

存在违反国家法律、法规和财经纪律的，不符合批准的建设内容的，不符合合同条款规定的，工程结算手续不完备、支付审批程序不规范的，不合理的开支等以上情况之一的，项目实施部门不予付山水林田湖工程建设资金。

山水工程前期工作费，是指山水项目开工建设前进行项目规划、实施方案（可研报告）、作业设计（初步设计）的编制、论证和审查等前期工作所发生的费用。前期工作费支出应严格控制在下达的投资计划和批准的工作内容和费用额度之内，严禁项目主管部门和项目实施部门截留、挪用和转移。项目实施部门按照工程价款结算总额 5％的比例预留工程质量保证金，待质保期限届满，经验收合格后再行清算。

基本预备费是指针对在项目实施过程中可能发生难以预料的支出，需要事先预留的费用，又称工程建设不可预见费。主要包括以下费用：在施工过程中，因设计变更、工程内容变更、材料代用、局部地基处理等情况而必须增加的费用（含相应增加的价差及税金）；不可抗力事件造成的损失和预防自然灾害所采取的措施费用；竣工验收时为鉴定工程质量对隐蔽工程进行必要的挖掘和修复费用。基本预备费支用时，因设计变更而动用基本预备费，应向设计单位申请报批；其他变更而动用基本预备费，应由项目实施部门提出，报同级人民政府批准，其额度应严格控制在概算预列金额之内。

（4）监督与检查

监督检查的重点内容、方法、规则和程序，必须严格按照财政部《财政检查规程》和《青海省财政专项资金监督检查暂行办法》等规定进行。监督检查的重点内容包括：资金来源是否合法，配套资金是否落实到位；有无截留、挤占和挪用；有无计划外工程和超标准建设；项目实施部门管理费是否按规定开支；内部财务管理制度是否健全；应上缴的各种款项是否按规定上缴；是否建立并坚持重大事项报告制度。

对监督检查发现的问题要及时纠正，分清责任，严肃处理。各级审计机关要加强对山水工程专项资金使用情况的监督审计，严格依法行政、严格资金管理，对截留、挤占和挪用山水工程专项资金，擅自变更投资计划和建设支出预算、改变建设内容、提高建设标准、虚列投资成本、虚增工程量及因工作失职造成资金损失浪费的，要追究当事人和有关领导的责任。情节严重的，移送司法机关追究其法律责任。

加强对项目结余资金的管理，项目经验收合格之后，任何单位和个人不得动用结余资金，竣工财务决算批复后，按批复确认的结余资金，根据《基本建设财务规则》进行处理。

10.1.4.3 工程招标投标管理

(1)招标、投标

山水工程实施中涉及工程(项目)的勘察、设计、施工及与工程建设有关的重要设备、材料等的采购，达到下列标准之一的，必须进行招标：施工单项合同估算价在200万元人民币以上的；重要设备、材料等货物的采购，单项合同估算价在100万元人民币以上的；勘察、设计、监理等服务的采购，单项合同估算价在100万元人民币以上的。

招标方案主要包括：项目实施方案(可研报告)的批复，列入年度计划的文号；招标范围及方式；招标组织形式，拟委托的招标代理机构；招标项目的条件，即作业设计(初步设计)文件审批、资金到位等情况。

必须招标的项目，实行公开招标。有下列情形之一的，经核准后可不进行公开招标：项目技术复杂有特殊要求或者受自然环境限制，只有少数潜在投标人可供选择；采用公开招标方式的费用占项目合同金额的比例过大；涉及国家安全、国家秘密或抢险救灾；法律、法规规定不宜公开招标的。邀请招标的项目，必须经过项目审批部门核准后方可进行。

(2)开标、评标和中标

开标时间应当与招标文件中确定的提交投标文件截止时间一致。开标地点为招标文件规定地点。开标时，由投标人或其推选的代表检查投标文件的密封情况，也可以由招标人委托的监督机构检查。投标文件的密封情况经确认无误后，应当当众拆封，并宣读投标人名称、投标价格和投标文件的其他主要内容。

评标工作由招标人依法组建的评标委员会负责。评标委员会的专家成员应当从评标专家库内相关专业的专家名单中随机抽取的方式确定。评标委员会成员应当客观、公正地履行职责，遵守职业道德，对所提出的评审意见承担个人责任。评标委员会可以要求投标人对投标文件中含义不明确的内容作出必要的澄清或说明，但是澄清或说明不得超出或改变投标文件的实质性内容。评标委员会应当按照招标文件确定的评标标准和方法，对投标文件进行评审和比较。评标委员会完成评标工作后，应当向招标人提出书面评标报告，评标报告应当由评标委员会全体成员签字，并推荐合格的中标候选人。招标人应当根据评标委员会提出的书面评标报告和推荐的合格中标候选人确定中标人。招标人和中标人应当自中标通知书发出之日起 30 日内，按照招标文件、中标人的投标文件、中标通知书签订书面合同。

有下列情形之一的，招标人应当依照本办法重新招标：少于三个投标人的；经评标委员会评审，所有投标均不符合招标文件要求的；由于招标人、招标代理机构或投标人的违法行为，导致中标无效的；评标委员会推荐的中标候选人均未与招标人签订合同的。

(3)监督检查

州财政局按照工程建设项目管理权限，对山水工程招标投标活动进行监督检查。发改、环保、水利、住建、经商、国土、农牧、林业等有关主管部门依照各自职责，对相关的招标投标活动实施监督，坚决杜绝“串标”“围标”和“陪标”等。任何单位和个人不得非法干预、影响涉及的工程招标投标活动。

投标人和其他利害关系人认为涉及的工程招投标活动不符合法律、法规、规章和本办法规定的，有权向有关行政主管部门举报或投诉。有关行政主管部门应当为举报、投诉者严格保密，并在 20 日内依法处理，书面答复举报、投诉者。

10.1.4.4 工程监理管理

(1)项目类型

山水工程中涉及的河道治理、矿山修复、土地整治、水源地保护、生物多样性保护等类型项目必须实行监理，具体包括：①河道治理：河道生态保护修复工程、河道污染防治工程、河源流域区水源涵养工程、河道环境治理工程、河道水污染治理工程、河道修复及污染源防控工程；②废弃矿山生态恢复治理、尾矿库综合治理与修复工程；③沙化土地综合治理工程；④水源地规范化建设工程、水环境治理及生态修复工程；⑤农牧业污染物综合治理工程；⑥国家湿地公园建设工程；⑦国家生态环境建设工程；⑧祁连山区生态廊道修复与建设工程；⑨祁连山野生动物救护保育工程；⑩生态监测工程。

(2)具体要求

根据《青海省祁连山区山水林田湖生态保护试点实施方案》确定的项目，按地区划分监理标段，在原公开招标中标监理单位范围内采取综合考评方式确定并联合委托，并由州财政局与监理单位签订书面建设工程监理合同，加强对监理单位的监督管理。监理单位按照建设工程监理合同的内容，对工程的施工质量、工期、投资等方面实行全过程监理，对州财政局及相关行业管理部门负责。

监理单位根据授予的监理权利范围、建设工程监理合同、工程建设标准、建设工程监理规范及相关法律法规、施工承包合同、设计文件等要求，公平、独立、诚信、科学地开展建设工程监理与相关服务活动。

监理单位实行总监理工程师负责制，按照建设工程监理合同编制项目监理规划，落实项目监理人员，做到持证上岗。监理人员应具备相应的专业技术职称，监理人员要跟班现场管理。监理单位必须认真编写监理规划、监理实施细则，并严格按其开展相关监理工作。

工程建设监理费支付采取阶段预支、年度结算的方式。监理费的预支，由项目实施单位根据建设工程监理合同，审核后统一支付。各年度项目竣工并通过省、州级验收以后，结合建设工程监理合同及监理成效评价，由州财政投资审核中心审核、审定后，由项目建设单位结算年度监理经费。

10.1.4.5 项目验收管理

(1)验收依据和条件

验收依据主要包括:《青海省祁连山区山水林田湖生态保护修复试点项目实施方案》和批准下达的年度投资计划；经批准的项目实施方案(可研报告)、初步设计或批准的设计变更文件；国家和部(委、局)颁布的现行规程、规范；项目验收办法和技术标准。

项目验收条件主要包括:①必须是已全部竣工的子项目，或完成年度计划的子项目；土建工程中的隐蔽工程要有阶段验收记录；生物措施工程，如种草、补播、植树、造林、封山育林育草治理等项目必须在植物生长季节进行验收；②技术档案和施工管理资料齐全并分类立卷，包括全部工程设计文件、批准文件、招投标文件、施工合同(招标合同)、监理合同；完整的现场施工记录、工程施工及竣工验收备案资料，有关图表、照片、录像等以及建设单位工作总结报告、财务决算报告、监理工作报告、审计报告、自查验收报告等；③工程项目应经项目建设单位自检合格，并且提交或出具书面工作总结及验收申请书；④子项目按计划已全部完成施工图及合同约定的各项内容，初验合格，具备验收的条件。

(2)检查验收的组织和管理

验收由项目实施单位和县级行业主管部门(工作组)负责组织。年度项目实施完成及子项目竣工后，要及时进行年度验收和子项目竣工验收。

验收工作由组织验收的部门或单位牵头组成验收组。验收组成员单位主要包括山水林田湖项目所涉各部门，也可根据项目建设性质组织工程设计单位、施工单位、监理单位参加。验收组可根据工作需要，划分为多个专业小组。

(3)验收内容

①项目执行情况。各子项目是否按建设规模和年度投资计划完成任务。

②工程建设质量。根据项目初步设计和有关技术标准，验收项目是否达到设计要求。

③项目建设资金的落实和使用情况。重点审查资金是否落实，使用是否合理。

④工程建设档案资料是否齐全，是否按照《海北藏族自治州“山水林田湖”生态保护修复项目档案管理办法》相关规定整理装订。

⑤政策、法律法规执行情况。项目实施中有无违纪违法行为。

10.1.4.6 项目档案管理

(1)管理体制与职责

生态保护项目档案产于整个项目工程建设与管理的全过程，是从生态保护项目规划、实施方案(可研报告)、作业设计(初步设计)、招标投标、施工、监理、竣工验收、交付使用等管理工作中形成的具有保存价值的各种文字、图表、设备材料、声像及电子文件等不同形式和载体的历史记录，是生态保护项目进行稽查、审计、监督、管理、竣工验收的重要依据。生态保护项目档案管理是生态保护项目建设管理工作的重要组成部分，生态保护项目档案管理工作必须纳入生态保护项目建设管理程序和工作计划，明确责任，与工程建设管理同布置、同落实、同检查，并把生态保护项目档案工作列入相关单位目标管理考核机制。

生态保护项目档案工作实行“统一领导、分级负责、属地管理、集中保管”的原则，建立健全生态保护项目档案管理体系和各项规章制度，生态保护项目建设单位是项目档案管理的责任主体，项目法人单位为项目档案管理的第一责任人，与项目工作同布置同落实，形成“项目法人单位为中心、监理单位为保证、各参建单位为主体”的档案管理模式，各负其责，自行配备必要的档案设施设备，解决档案经费和档案管理人员，保障档案工作的正常开展，确保生态保护项目档案的完整、准确、系统、安全保管和有效利用。

州、县生态保护项目管理办公室及行业主管部门负有组织协调、检查督导、档案验收、培训等职责。生态保护项目档案形成单位(部门)应建立健全档案工作机制，明确档案收集范围、整理标准和相关要求，切实采取有效措施，及时做好项目档案的归档工作，主要职责包括:①贯彻执行有关法律、法规和国家有关方针政策，建立健全本单位的生态保护项目档案工作制度，推行档案工作标准化、规范化、信息化管理;②督促、检查、指导生态保护项目档案资料的整理、立卷工作，并对档案资料的归档情况进行定期检查，审核验收应归档案卷资料;③州、县分级管理生态保护项目建设档案资料，编制档案检索工具，做好档案的接收、移交、保管、统计、鉴定、编研和利用等工作，为项目建设管理提供服务。

生态保护项目各参建单位对项目档案工作承担直接责任。项目责任人要履行项目档案管理工作职责，落实专(兼)职档案人员，负责所承担项目建设全过程中的档案资料的管理工作。①招投标单位(或招标组织方)负责招投标工作中形成文件材料的收集和整理,招投标工作结束后,将整理规范的项目招投标档案,向项目法人单位移交归档。②勘察设计单位应根据生态保护项目要求,负责设计阶段归档资料的收集、整理和归档工作,经审核合格后直接移交项目单位。③施工单位(含设备、材料等供应单位)负责所承担工程施工文件资料的收集、整理、立卷和归档工作。要加强归档前档案资料的管理工作,严格登记,妥善保管,定期检查档案资料的整理情况,及时提交监理单位审核鉴定。④监理单位对工程建设中形成的监理文件材料进行搜集、整理、立卷和归档;督促、检查、指导项目施工单位档案资料的整理工作,及时签署审核与鉴定意见;审核、汇总有关监理、施工档案资料,审查合格后移交建设单位。

(2)档案管理

生态保护项目档案管理工作应与生态保护项目建设工作同步进行,做到生态保护项目建设工作进展到哪里,档案工作就延伸到哪里,确保生态保护项目档案的完整、准确、系统、规范与安全。生态保护项目档案形成单位(部门)应建立健全项目档案工作机制和业务规范,采取有效措施,责任到人,使项目档案工作有人管、有人干,一级抓一级,层层负责,及时做好项目档案的归档工作。

在生态保护项目建设过程中,相关单位应主动形成并做好反映项目建设重要节点或成果的照片、录音、录像等声像材料的收集、整理和归档工作。要加强项目档案的保管,采取有效措施做好档案“防火、防盗、防霉、防虫、防鼠、防光、防尘”和温湿度控制等保管、保护工作,确保档案实体与信息安全。

(3)档案整理和归档

生态保护项目建设档案按项目工程进程区分,主要包括生态保护项目前期工作、项目建设实施工作、项目后期工作、项目建设管理监督工作、项目资金管理等方面的文件材料。生态保护项目档案的整理应遵循维护档案原貌,保持文件材料之间的有机联系和成套性的特点,便于保管和方便利用的原则。

①生态保护项目前期工作和工作管理监督中形成的文件材料应按《机关档案工作业务建设规范》(国档〔1987〕27 号)、《青海省机关档案工作基本规范(试行)》(青档〔2016〕4 号)和《科学技术档案案卷构成的一般要求》(GB/T 11822—2008)的要求整理归档。

②生态保护项目建设实施工作和后期工作中形成的文件材料应按《国家重大建设项目文件材料归档要求与档案整理规范》(DA/T 28—2002)和《科学技术档案案卷构成的一般要求》(GB/T 11822—2008)的规定要求,整理归档。

③生态保护项目资金财务管理文件材料应按《机关档案 工作业务建设规范》

(国档〔1987〕27 号)和《科学技术档案案卷构成的一般要求》(GB/T 11822—2008)的要求整理归档。其会计档案按财政部、国家档案局 2015 年颁布的第 79 号,修订后的《会计档案管理办法》的要求执行。

④生态保护项目建设、管理、运营中形成的档案资料,要区分不同层次、不同地区、不同规模项目形成的文件材料,以卷为单位,保持文件有机联系,档号按年度一工程代号一工程项目类一项目档案类一地区一卷号构成。

⑤归档的纸质文件材料应为原件,字迹清楚、图面整洁、签字签章手续完备、日期等标示完整,组卷合理,案卷装订结实美观;案卷封面、卷内目录、备考表、档案盒背脊内容一律用计算机编排,文件材料的载体和书写材料应符合耐久性要求。

声像(照片、录像、录音)、电子文件和实物材料归档时应按规定标注相关信息,编制相应目录并单独保管。有保存价值的照片按《照片档案管理规范》(GB/T 11821—2002)的规定要求整理归档;录音、录像资料按《磁性载体档案管理与保护规范》的要求整理归档;电子文件整理应符合《电子文件归档与管理规范》(GB/T 18894—2002)的要求。

(4)档案验收与移交

生态保护项目档案验收是项目竣工验收的重要组成部分。项目工程阶段性验收时,应同步验收项目档案,未经档案验收或验收不合格的档案,不得通过项目工程竣工验收。生态保护项目档案验收,原则上按照在州、县自查自检的基础上根据相关规定组织验收组进行验收,并将验收中存在的主要意见和结论写入项目验收报告中。

项目档案移交时,交接双方应办理交接手续,明确各类档案目录册数和案卷数量、交接日期,由双方经办人签字并加盖公章,移交所在地档案馆。

10.1.4.7 项目公示制管理

(1)管理职责

项目公示属于建设工程管理和监督检查与竣工验收的重要内容。项目实施行政主管部门和项目建设单位是落实项目公示制的责任单位。海北州山水林田湖生态产业发展工作组负责全部建设工程公示制的监督管理指导工作,各县祁连山区山水林田湖生态保护修复项目领导小组负责本辖区公示制的监督管理指导工作。

(2)环节与要求

公示分项目立项、实施阶段和竣工验收后三个环节,具体包括:①项目立项,由项目审批单位对年度投资项目进行全面公示;②实施阶段,以项目区为单位向社会公示项目勘察、设计、施工、监理等单位名称、法定代表人姓名和资质、建设内容、主要工程及数量、投资情况以及项目实施形象进度等；③项目竣工验收后，以项目区为单位向社会公示项目名称、投资完成情况、建设内容、主要工程及数量、项目预期效益、运行管护(包括管护范围、内容、责任单位或责任人)等。

公示方式主要采用在当地新闻媒体和政府信息网发布信息，在项目区内设立公示牌、公示栏、公示墙等。项目公示主要采用报纸、电视等新闻媒体和政府信息网的方式，公布项目立项和计划下达情况，并及时发布项目实施和完成情况。

社会公众和项目区群众对公示内容提出的质询要认真核实及时答复，对公示内容有误的要及时勘正。对以书面形式质询和举报的，应在10个工作日内以书面形式将情况反馈质询和举报人。

10.1.4.8 项目安全生产管理

(1)保障措施及职责

项目建设安全生产管理，坚持安全第一、预防为主的方针。必须建立健全安全生产责任制度，完善安全生产条件，确保安全生产。具体职责及要求如下。

①项目区各级人民政府应当加强对安全生产工作的领导，支持、督促各有关部门依法履行安全生产监督管理职责，并对安全生产监督管理中存在的重大问题及时予以协调、解决。

②建设单位应当保证安全生产条件所必需的资金投入，并向施工单位提供施工现场及毗邻区域内真实、准确、完整的水、电、通信、建筑物等有关资料。

③勘察、设计单位应当按照法律法规和工程建设强制性标准进行勘察设计，防止勘察设计不合理造成生产安全事故。建设项目安全设施必须与主体工程同时设计、同时施工、同时投入生产和使用(即“三同时”)，对涉及施工、操作安全的重点部位和环节在设计文件中注明，并对防范生产安全事故提出指导意见。严格按照《建设项目安全设施“三同时”监督管理办法》的规定，编制安全生产专篇，并按相关要求编制评审应急预案。安全设施投资应当纳入建设项目概算。

④工程监理单位应当审查施工单位安全生产许可证及施工组织设计中的安全技术措施或专项施工方案是否符合工程建设强制性标准。

⑤参与建设的施工单位应当具备有关法律、法规和国家标准或行业标准规定的安全生产资质。施工单位应当配备专职安全生产管理人员，并具备与本单位从事的生产建设活动相应的安全生产知识和管理能力。从业人员订立的劳动合同，应当载明有关保障从业人员劳动安全、防止职业危害的事项，以及依法为从业人员办理工伤社会保险的事项。

⑥安全生产管理人员应根据本单位的安全生产状况进行经常性的检查；对检

查中发现的安全问题，应当及时处理；不能处理的，应当及时报告本单位和建设单位负责人。检查及处理结果要记录在案。

此外，要加强对从业人员的安全生产教育和培训，保证从业人员具备必要的安全生产知识，熟悉有关的安全生产规章制度和安全操作规程，掌握本岗位的安全操作技能。运输、储存、使用以及处置废弃的易爆、易燃、有毒等危险品应按有关规定，由具备相应专业知识的人员负责管理实施。危险区域应有警示标志和围护隔离措施，危险操作必须有设备应急措施和人员安全救护措施，危险区域的工作人员应按照危险防护要求采取相应的防护措施，并持有专用的安全作业工具。提高野外作业人员安全防范意识，掌握高原恶劣气候作业安全、遇险自救常识和高原艰险地区常见病、创伤救护必备药品的使用方法，配备急救药箱等用具。

(2)监督管理

县级以上地方人民政府负责安全生产监督管理的部门，对本行政区域内建设工程安全生产工作实施综合监督管理。各级负有生产监督管理职责的部门按照各自职责范围，负责本行政区域内专业建设工程安全生产的监督管理指导工作。

施工单位的主要负责人依法对本单位的安全生产工程全面负责。在发生重大生产安全事故时，单位主要负责人应立即组织救援，并不得在事故调查处理期间擅离职守。工程建设实行施工总承包的，应当签订安全生产协议，由总承包单位对施工现场的安全生产负总责。总承包单位依法将建设工程分包给其他单位的，分包合同中应当明确各自在安全生产方面的权利、义务。总承包单位和分包单位对分包工程的安全生产承担连带责任。分包单位应当服从总承包单位的安全生产管理，分包单位不服从管理导致生产安全事故的，由分包单位承担主要责任。

工程监理单位在监理过程中要履行建设工程安全生产管理的监理职责，发现存在安全事故隐患的，应当要求施工单位整改。情况严重的，应当要求施工单位暂停施工，并以书面形式及时向主管部门和建设单位报告。

10.2 新建工程生态保护制度

10.2.1 制定背景

为规范各类新建工程建设活动，加强自然生态保护，共筑“山水林田湖草”生命共同体，建设美丽海北，根据有关法律法规和政策规定，开展《海北藏族自治州新建工程建设生态保护规定(试行)》(以下简称《规定》)的制定，从管理机构及职责、工程前期、工程建设、工程验收以及监督检查等各方面，规范相关新建工程，进一步强化了试点项目生态保护“软性”管理支撑，对加强高寒脆弱生态系统保护，提升全州生态文明水平起到了积极的推动作用。

一是打造山水林田湖草生命共同体的重要举措。《青海省祁连山区山水林田湖生态保护修复试点项目实施方案》提出，以硬性的工程措施和软性的管理措施相结合、人工治理修复与自然恢复相结合的方式，逐步恢复和提升祁连山区的整体生态系统功能。海北州原书记尼玛卓玛在祁连山山水林田湖草生命共同体高峰论坛上指出，要积极探索实践山水林田湖草系统治理和国家公园体制改革试点的新机制、新模式，探索青藏高原山水林田湖草生态保护与修复的“海北模式”和“青海经验”。海北州原何灿副州长多次强调，在推进试点项目建设中，也要注重生态保护管理措施的制定，注重新建工程在细节上的生态保护管理。《规定》的出台，将进一步强化祁连山区山水林田湖生态保护修复试点项目“软性”管理措施，落实党的十九大提出的“人类必须尊重自然、顺应自然、保护自然”“坚持节约优先、保护优先、自然恢复为主的方针”。

二是保护高寒脆弱自然生态系统的客观需要。海北州地处高寒、缺氧地带，生态环境极其脆弱，一旦遭到破坏则不可逆转，有的植物被恢复需要上百年的时间。长期以来，受气候变化、人为活动等因素影响，局部地区土地沙化、湿地萎缩、草原退化、生物多样性遭到破坏等问题依然严重。《规定》的出台，将进一步加强全州生态文明水平，降低人类活动对自然生态系统干扰强度，促进海北人与自然和谐相处。

三是规范新建工程建设生态保护管理的必然要求。海北历来重视生态保护工作，将“生态立州”作为重要战略予以推进，生态保护取得积极进展。但在生态保护管理细节上、新建工程建设过程中，仍存在生态保护措施落实不到位，重项目前期管理、轻项目过程管理，施工场地及周边生态破坏严重等问题。《规定》的出台，将进一步加强新建工程建设全过程的生态保护，注重工程生态修复效果与周边自然景观、地形地貌相协调，推动全州生态保护再上新台阶。

10.2.2 总体思路

新建工程建设的生态保护，应以习近平生态文明思想为指导，按照“一优两高”战略部署，积极践行《祁连宣言》，坚持尊重自然、顺应自然、保护自然的理念，坚持节约优先、保护优先、自然恢复为主的方针，注重工程实施全过程、各环节的生态保护，提升全州生态文明水平。

一是在制度框架方面，设立工程前期、工程建设、工程验收三个方面，加强新建工程建设的全过程生态保护管理。

二是在工程前期方面，实行生态保护措施审查制度，按照“小处着手、全员保护”的要求，将生态保护措施落实到项目建议书、可行性研究报告、初步设计方案、施工图等编制审批的全过程与各方面，并作为审查开工的必须条件。

三是在工程建设方面，要求严格执行经批准的生态保护与修复治理方案、土地复垦方案、水土保持方案、湿地保护与恢复方案、环境影响评价报告、防洪影响评价报告等；创新工程监理制度，狠抓各项管理制度落实，将生态保护措施的落实融入施工组织管理中。

四是在工程验收方面，将施工期生态保护措施落实情况作为工程验收的重要组成部分。

10.2.3 主要内容

10.2.3.1 管理机构及职责

海北州人民政府负责领导、统筹、组织、协调和督查新建工程建设生态保护工作。各县人民政府负责辖区内新建工程建设的生态保护工作。

成立海北州新建工程建设生态保护领导小组（下简称州领导小组），负责组织协调推动新建工程建设生态保护工作。领导小组组长、副组长由州政府领导担任，组成部门包括州生态环境局、州发改委、州水利局、州交通局、州住房和城乡建设局、州自然资源局、州能源局、州工业商务和信息化局、州文体旅游广电局、州林草局、州农牧和科技局等。海北州新建工程建设生态保护领导小组办公室（下简称州领导小组办公室）设在州生态环境局，州生态环境局局长任办公室主任，各相关部门主要负责人为成员，按照职责分工，各司其职，各负其责，做好新建工程建设生态保护工作。

海北州新建工程建设生态保护领导小组办公室的职责是：落实州新建工程建设生态保护领导小组工作部署；协调州新建工程建设生态保护工作中的重大问题；督促、检查、评估全州新建工程建设生态保护工作开展情况；拟定年度新建工程建设生态保护工作落实情况督查计划，总结和报告年度工作进展；其他有关事项。

海北州相关职能部门的职责是：州生态环境局负责新建工程环境影响评价审批，提出工程实施过程中生态保护措施和具体要求，开展重大工程建设生态保护专项检查，遏制生态破坏事故发生，并向州领导小组办公室报告工作进展；州发改委负责职能范围内的新建工程项目立项审批，将生态保护理念和措施落实到工程实施方案（可研报告、初步设计、施工图）编制的全过程和各环节；州水利局负责水土保持方案审批，提出细化水土保持的生态保护措施和要求，负责新建水利工程建设生态保护工作的指导、督促、检查，并向州领导小组办公室报告工作进展；州交通局负责新建道路工程建设生态保护工作的指导、督促、检查，并向州领导小组办公室报告工作进展；州住房和城乡建设局负责建筑工程（村舍工程、畜牧设施、构筑设施等）建设生态保护工作的指导、督促、检查，并向州领导小组办公室报告工作进展；州自然资源局负责矿山地质环境保护与修复治理方案、土地复垦方案审批，提出细化矿山地质生态治理、土地复垦的生态保护措施和要求，负责矿山工程、地灾工程建设生态保护工作的指导、督促、检查，并向州领导小组办公室报告工作进展；州能源局负责天然气、石油等线网工程，以及变电架线等工程建设生态保护工作的指导、督促、检查，并向州领导小组办公室报告工作进展；州工业商务和信息化局负责无线电管理基础设施等线网工程建设生态保护工作的指导、督促、检查，并向州领导小组办公室报告工作进展；州文体旅游广电局负责广播电视基础设施等线网工程建设生态保护工作的指导、督促、检查，并向州领导小组办公室报告工作进展；州林草局负责湿地保护与恢复方案审批，提出湿地保护与恢复工程实施过程中生态保护措施与要求，负责林草工程建设生态保护工作的指导、督促、检查，并向州领导小组办公室报告工作进展；州农牧和科技局负责畜牧设施建设生态保护工作的指导、督促、检查，并向州领导小组办公室报告工作进展。

10.2.3.2 工程前期

实行生态保护措施审查制度，按照“小处着手、全员保护”的要求，将生态保护措施落实到项目建议书、可行性研究报告、初步设计方案、施工图等编制审批的全过程与各方面，并作为审查开工的必需条件。在开工报告审批时，要严格审查生态保护措施，严格控制临时工程（临时设施、沙石料场、排土场、弃渣场、施工便道等）设置；对于生态保护措施不符合要求的、临时工程布局不规范的，不得开工。

工程监理单位负责施工过程生态保护工作日常监理，设置生态保护专职监理工程师，对施工单位生态保护工作质量实施过程监控。实施生态保护监理工作制度，包括生态保护的监理例会、专题会议、监理报告、工作记录和档案管理等制度，并将生态保护工作质量与工程验工计价挂钩，保障施工中每个环节的生态保护工作质量。

重视全员参与，对施工单位的技术与管理人员，开展生态保护修复有关法律法规、标准规范、技术政策的培训教育，提高全员生态保护意识。

研究制定各类生态保护技术规范，规范和指导现场生态施工作业，积极推广生态护坡、生态护岸、草甸移植养护、生物多样性保护等生态化施工技术。

10.2.3.3 工程建设

施工单位应当严格保护施工场地周围生态环境，并接受相关行政主管部门的监督；严格执行经批准的生态保护与修复治理方案、土地复垦方案、水土保持方案、湿地保护与恢复方案、环境影响评价报告、防洪影响评价报告等；不得对工程周边生态环境造成新的破坏和污染。

监理单位应加强施工全过程生态保护管理，狠抓各项管理制度落实，将生态保护措施的落实融入施工组织管理中。

州相关部门应加强新建工程建设生态保护的日常性监督检查，对发现的破坏生态行为，应当责令停止施工并依法查处。

充分发挥农牧民群众在生态保护中的主体作用，支持和组织农牧民群众参与当地工程建设，保障当地农牧民的知情权、参与权和监督权。

做好施工期生态保护关键环节：在重要生态敏感区、脆弱区，开展施工区内原生植被移位保护与养护，待主体工程完工后，用于生态护岸、护坡、植草绿化等。施工结束后，对造成植被破坏的主体工程区、营地、施工场地、施工便道、砂石料场、弃渣（排土）场等区域，开展全面生态修复，并确保修复效果与周边自然景观、地形地貌相协调；对可能造成滑塌的陡坡等，鼓励采用工程措施与生物措施相结合的方式进行防护。生态修复应坚持“宜林则林、宜草则草、宜荒则荒”的原则，科学选取生态修复技术，避免“伪生态、真破坏”工程。统筹规划临时工程用地布设，减少施工场地、施工便道、砂石料场、弃渣（排土）场等对周边生态环境的扰动；做好施工期间生活污水垃圾防治，减少周边环境污染。应保障野生动物的正常生活、迁徙和繁衍，建立符合野生动物生活习性、迁移规律的通道；施工期遇到国家珍稀野生动物繁殖迁徙时，施工单位应主动停工为其让道。

10.2.3.4 工程验收

将施工期生态保护措施落实情况作为工程验收的重要组成部分。按照“谁批复、谁验收”的原则，确定生态保护工作验收的主管部门。

根据工程有关方案（报告）批复要求，结合生态保护监理台账，对新建工程建设生态保护工作进行全面检查和验收；对验收不合格的，应提出整改措施，并监督落实；对整改后仍不合格的，应约谈施工单位主要负责人，直至验收通过。

有下列条件之一的，认定初次验收不合格：施工过程中发生过重大生态破坏事故的；施工单位存在野蛮施工、粗放管理，造成周边环境污染或生态破坏，被州级以上主要媒体予以报道的；不注重施工细节，生态修复后的施工场地与周边自然景观不协调，植被覆盖度偏低、地形不平整、废弃料石（垃圾）清理不及时的；其他破坏施工场地周边生态环境的行为。

10.2.3.5 监督检查

海北州人民政府应当对县人民政府新建工程建设生态保护工作进行监督检查。州领导小组及其相关部门，要建立执法巡查制度，分别按照职责权限，对全州新建工程建设生态保护工作进行经常性检查，了解和掌握重点工程实施过程中生态保护措施落实情况，督促建设单位加强生态保护管理，发现问题及时纠正。州领导小组办公室要针对年度重点工程实施，制定年度新建工程生态保护专项执法检查计划，明确相关部门检查对象、检查内容和时间要求等。

每年3月底前，相关部门向州领导小组办公室提交部门专项执法检查报告；每年5月底前，州领导小组办公室汇总各部门专项执法检查报告，向州领导小组报告全州年度新建工程建设生态保护工作情况；“6·5世界环境日”前，有关情况纳入《海北藏族自治州生态环境状况公报》，一并向社会公开。

10.3 项目绩效评价制度

10.3.1 制定背景

山水工程投资以财政资金为主，绩效评价是财政资金全面预算绩效管理的一个重要环节，是优化财政资源配置、提升公共服务质量的关键举措，对预算部门强化支出责任、规范项目管理、提高财政资金使用效益具有重大意义。绩效是涵盖经济性、效率性和效果性的多维概念，既包括活动实施中投入资源与获得效果的对比关系，也包括投入资源的合理性和结果的有效性，涉及行为过程和行为结果两个维度。从现有研究来看，针对矿山生态修复、流域水环境治理、饮用水水源地保护、水土保持等单一治理对象的工程绩效评价较多，但评价指标体系没有统一标准且多侧重于行为结果的评价，较少将山水工程作为整体进行绩效评价研究。目前生态保护修复项目的绩效评价工作中也出现一些问题，如评价内容多以资金使用规范性为主，缺乏对项目产出和社会效益的评价；指标设定“重定性、轻定量”，评价标准不一致，评分结果不具备可比性等。

为做好海北州山水工程绩效评价工作，促进工程实施、规范项目管理，建立科学、合理的项目绩效评价管理体系，提高财政资源配置效率和使用效益，根据《重点生态保护修复治理资金重点绩效评价工作实施方案》（财办资环〔2019〕24号）、《重点生态保护修复治理资金管理办法》（财资环〔2021〕100号）、《青海省祁连山区山水林田湖草生态保护修复试点项目资金管理办法（试行）》、《青海省祁连山区山水林田湖草生态保护修复试点项目绩效管理办法(试行)》等相关文件要求，制定了《海北藏族自治州祁连山区山水林田湖生态保护修复试点项目绩效管理办法》。以支出结果为导向，对项目绩效目标设定、审核与批复、绩效监控、绩效评价及评价结果的反馈应用等全过程进行管理。

10.3.2 总体思路

《海北藏族自治州祁连山区山水林田湖生态保护修复试点项目绩效管理办法》立足海北州州情，通过实施延伸绩效管理，聚焦项目绩效目标设定、审核与批复、绩效监控、绩效评价及评价结果的反馈应用等全过程，建立以支出结果为导向的绩效管理体系，及时掌握资金使用、项目管理情况，客观评价实施成效、绩效目标实现程度等情况，查找问题，分析原因，总结经验教训，提出下一步推进项目实施、完善项目运行机制的建议，改进落实措施，持续提高政策绩效，为海北州山水林田湖生态保护修复提供有力保障。

10.3.3 基本原则

山水工程涉及矿山生态修复、地质灾害防治、流域生态修复、饮用水水源地保护、农村人居环境整治、生物多样性保护等多个类型，与多个行业部门相互交叉，与区域生态环境、人民生活、经济发展相关联，其复杂性决定了在制定绩效评价制度时应遵循以下原则：一是科学规范原则，应当严格执行规定的程序，按照科学可行的要求，采用定量与定性分析相结合的方法；二是公正公开原则，应当符合真实、客观、公正的要求，依法公开并接受监督；三是分级分类原则，应当按不同评价对象分级分类组织实施；四是绩效相关原则，绩效评价应当针对具体支出及其产出绩效进行，评价结果应当清晰反映支出和产出绩效之间的紧密对应关系。

10.3.4 主要内容

10.3.4.1 评价方法

山水工程绩效评价所涉及的项目设计、管理、产出、效果等相关数据，主要通过资料收集、部门座谈、现场调研、群众随访、问卷调查等方式获得，评价方法是利用相关数据获得绩效评价结果的手段，采用比较法、目标评价法、因素分析法、公众评判法等对项目进行评价。

(1)比较法，是指通过绩效目标与实施效果的比较，综合分析绩效目标实现程度，包括项目实际情况与目标情况的比较、实际资金使用管理情况与资金管理规定的比较等。

(2)目标评价法，是指将当期生态效益、社会效益或经济效益水平与其实施方案批复的目标标准进行对比分析的方法，综合分析绩效目标实现程度。

(3)因素分析法，是利用统计指数体系分析现象总变动中各个因素影响程度的一种统计分析，包括综合分析影响绩效目标实现、实施效果的内外因素来评价绩效目标实现程度。

(4)公众评判法，是通过专家评估、公众问卷及抽样调查等方式，得到相关人员和群众对项目实施的真实评价，包括满意度问卷调查等。

10.3.4.2　评价标准

山水工程绩效评价标准包括计划标准、行业标准、历史标准等，用于比较分析项目绩效目标的达成情况。

(1)计划标准，指以预先制定的目标、计划、预算、定额等作为评价标准，如实施方案中的目标、计划等。

(2)行业标准，指参照国家公布的行业指标数据制定的评价标准，如行业统计年鉴、行业发展规划中要求的标准等。

(3)历史标准，指参照历史数据制定的评价标准，如根据历年项目实施情况制定的标准，为体现绩效改进的原则，在可实现的条件下应当确定相对较高的评价标准。

10.3.4.3　评价工作程序

绩效评价工作一般按照以下程序进行。

(1)成立绩效评价工作组。工作组成员应具有相关理论基础和政策水平，精通评价方法，具有较强的专业知识和综合分析判断能力。

(2)下达绩效评价通知。州领导小组办公室下达绩效评价通知书，明确绩效评价任务、目的、依据、时间及相关要求等事项。

(3)制定绩效评价工作方案。评价工作方案应明确评价流程、评价方法、评价指标体系、评价工作计划等内容。

(4)收集绩效评价相关资料并对资料进行审查核实。

(5)综合分析并形成评价结论。

(6)撰写评价报告初稿，征求评价对象意见。

(7)形成并提交评价报告终稿。

10.3.4.4　评价指标体系

(1)指标设定原则

在选取和设计评价指标时应遵循以下原则：一是相关性原则，应当与绩效目标有直接的联系，能够恰当反映目标的实现程度；二是重要性与完整性统一原则，应当选定最具代表性、最能反映评价目的的指标，同时又能全面、真实反映评价对象的现实情况；三是经济性原则，应当通俗易懂、简便易行，数据的获得应当考虑现实条件和可操作性，符合成本效益原则；四是定量与定性相结合原则，应当既有定量指标，通过有关数据反映其绩效水平，又有定性指标，由评价人员根据实地考察和对相关情况的分析进行评判。

(2)指标体系构建

根据《预算绩效评价共性指标体系框架》(财预〔2013〕53 号)、《青海省祁连山区山水林田湖草生态保护修复试点项目绩效管理办法(试行)》等文件，确定海北州山水工程绩效评价指标体系由四级指标构成，其中一级、二级、三级指标以国家财政部颁布的《预算绩效评价共性指标体系框架》(财预〔2013〕53 号)为基础设定，四级指标为个性指标，按评价对象特点分级分类设定。一级指标分为项目设计、项目管理、项目产出、项目效果 4 方面。评分细则是衡量评价指标完成程度的标尺，其制定应根据指标特点，考虑数据的可得性、完备性，公平客观设置。海北州山水工程绩效评价指标见附录 3。

①项目设计。旨在明确项目的基本情况、立项程序规范性、绩效目标合理性和明确性、资金分配科学性等内容，分为项目前期准备、项目方案合理性 2 项二级指标、5 项三级指标，权重占比 20%。

②项目管理。偏重于项目实施中管理制度建设、组织、进度等情况评价，分为资金管理和业务管理 2 项二级指标、7 项三级指标，权重占比 30%。

③项目产出。是对目标可达情况、项目实施情况的综合性评价，包括数量、质量、时效、成本指标完成情况 4 项三级指标，权重占比 30%。

④项目效果。是对项目实施后产生的社会、经济、生态效益及满意度的综合评价，分为生态、社会和经济效益、可持续性、服务对象满意度 3 项三级指标，权重占比 20%。

(3)评价分级

绩效评价结果采取评分与评级相结合的形式。满分为 100 分，评价结果分为“优秀”“良好”“合格”“不合格”四个等级。评分 90 分(含)以上为优秀，80 分(含)至 90 分(不含)为良好，60 分(含)至 80 分(不含)为合格，60 分(不含)以下为不合格。

10.3.4.5 评价结果反馈与应用

绩效评价中发现的问题应及时反馈各有关部门和评价对象，责令限期整改，整改结果应及时报州领导小组办公室。根据绩效评价结果，州领导小组可对较好的予以通报表扬，对较差的通报批评。绩效评价结果应作为以后年度同类项目资金申请、安排、分配以及干部问责、主要领导干部离任审计的重要依据。绩效评价结果按照有关法律规定在适当范围内公开，接受各方监督。

10.4 项目验收制度

10.4.1 制定背景

开展山水工程全面验收，对评价山水工程建设目标任务、建设内容、绩效指标、综合效益等完成情况具有十分重要意义。海北州山水工程是在全国率先践行“山水林田湖草是生命共同体”理念的重要举措，也是积极探索生态文明建设的具体行动，该项目于 2021 年 10 月全部完工，并通过了州、县两级工程业务验收。为切实做好海北州山水工程整体验收工作，进一步细化验收工作任务，明确时间表、路线图，提高验收工作的科学性、规范性、有效性，编制形成了《海北藏族自治州祁连山区山水林田湖生态保护与修复试点项目验收工作方案》。

10.4.2 总体思路

以习近平新时代中国特色社会主义思想为指导，全面贯彻党的二十大和二十届一中、二中全会精神，学习贯彻习近平生态文明思想，牢固树立绿水青山就是金山银山、冰天雪地也是金山银山的理念，深入贯彻落实习近平总书记在青海考察时的系列重要讲话精神，立足于祁连山特殊的生态地位和重大的生态责任，深入践行“山水林田湖草是生命共同体”理念，坚持整体保护、系统修复、综合治理，全面完成海北州山水工程建设任务和绩效目标，确保工程发挥长期效益，为全面提升祁连山区自然生态系统稳定性和生态服务功能、筑牢祁连山生态安全屏障奠定基础。

10.4.3 制定依据

制定依据包括：国家、省关于山水林田湖草生态保护修复的法律法规；国家、行业颁布实施、执行的相关技术标准、规范；国家、省、市（州）关于山水林田湖草生态保护修复的政策文件，包括且不限于：

（1）《财政部关于下达青海省祁连山山水林田湖草生态保护修复工程基础奖补资金预算的通知》（财建〔2017〕236 号）；

（2）《财政部关于印发〈重点生态保护修复治理专项资金管理办法〉的通知》（财建〔2019〕29 号）；

(3)《财政部关于印发〈重点生态保护修复治理资金管理办法〉的通知》(财资环〔2021〕100 号)；

(4)《财政部办公厅 自然资源部办公厅 生态环境部办公厅关于进一步做好山水林田湖草生态保护修复工程试点的通知》(财办资环〔2020〕15 号)；

(5)《青海省财政厅关于下达"山水林田湖草"综合治理试点项目资金的通知》(青财建字〔2017〕1477 号)；

(6)《青海省人民政府关于青海省祁连山区山水林田湖生态保护修复试点项目实施方案的批复》(青政函〔2017〕64 号)；

(7)《青海省祁连山区山水林田湖草生态保护修复试点项目项目管理办法(试行)》；

(8)《青海省祁连山区山水林田湖草生态保护修复试点项目资金管理办法(试行)》；

(9)《青海省祁连山区山水林田湖草生态保护修复试点项目验收管理办法(试行)》；

(10)《青海省祁连山区山水林田湖草生态保护修复试点项目档案管理办法(试行)》；

(11)《青海省祁连山区山水林田湖草生态保护修复试点项目绩效管理办法(试行)》；

(12)《青海省祁连山区山水林田湖生态保护修复试点工作协调小组办公室〈关于海北藏族自治州祁连山区山水林田湖草生态保护与修复试点项目有关验收事宜的函〉》(青祁山水办〔2022〕1 号)；

(13)《青海省祁连山区山水林田湖生态保护修复试点工作协调小组办公室〈关于加快推进海北藏族自治州祁连山区山水林田湖生态保护与修复试点项目有工作的函〉》(青祁山水办〔2022〕2 号)；

(14)《中共海北州委、海北州人民政府〈关于调整祁连山区山水林田湖草生态保护与修复试点项目工作领导小组成员的通知〉》(北委〔2021〕92 号)；

(15)《关于做好海北藏族自治州祁连山区山水林田湖草生态保护与修复试点项目省级验收准备工作有关事宜的通知》(北政办函〔2022〕24 号)；

(16)经批复的项目实施方案、工程设计或经批准的项目调整、设计变更文件等；经质监机构、参检机构、权威部门或第三方机构出具的检查、检验、检测、试验数据、报告等文件资料，以及项目施工资料、监理资料等相关证明材料。

10.4.4 主要内容

10.4.4.1 验收流程

将海北州山水工程验收分为县级验收与自评、州级验收与总结、省级验收与总结三个阶段(图 10-1)。

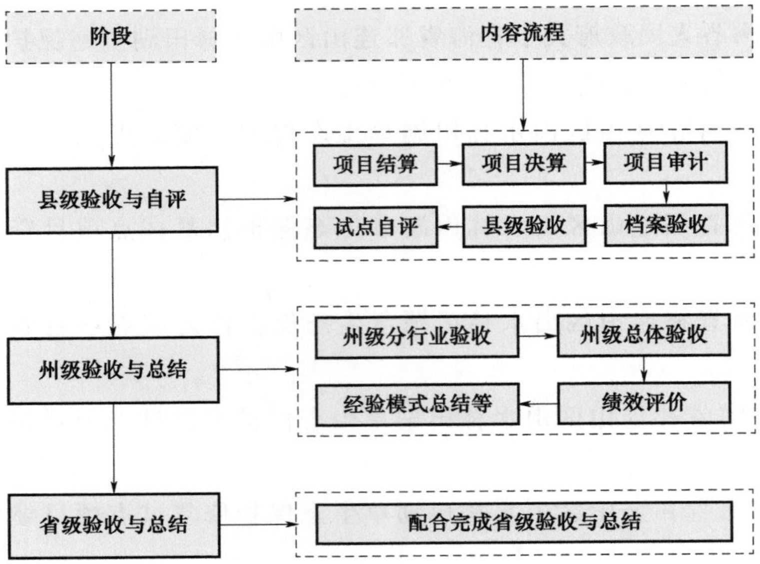

图 10-1 山水工程整体验收阶段流程图

县级验收与自评阶段,责任单位为各县人民政府,需要形成八项成果,包括县级项目执行情况自评价报告、县级项目资金决算报告、县级项目资金审计报告、县级项目招投标情况报告、县级项目监理报告、县级项目档案验收报告、县级项目验收报告、县级绩效自评报告。

州级验收与总结阶段又分为州级分行业验收与总结、州级总体验收与总结两部分。①州级分行业验收与总结责任单位为州自然资源局、州水利局、州农牧和科技局、州住房和城乡建设局、州生态环境局、州林业和草原局、州财政局、州档案局等,按分行业职责分工完成,需要形成七项成果,包括州域分行业项目执行情况自评价报告、州域分行业验收报告、州域分行业经验模式总结报告、州域整体项目资金决算报告、州域整体项目资金审计报告、州域整体项目绩效评价报告、州域整体项目档案验收报告。②州级总体验收与总结责任单位为州项目办,需要形成五项成果,包括州域整体项目执行情况自评价报告、州域整体项目招投标情况报告、州域整体项目监理报告、州域整体验收报告、州域整体经验模式总结报告。

10.4.4.2 验收内容

验收分为财务验收和业务验收两个阶段，财务验收和业务验收可同时进行。

财务验收主要针对项目资金到位情况、项目资金台账建立情况、资金使用合法合规情况以及形成的资产管理情况等进行审查。具体要求：财务验收从项目资金管理的规范性、资金拨付及使用情况、资金科目执行情况、结余经费的金额及形成原因、固定资产管理等方面进行评价，形成独立财务验收意见，给出财务验收结论，填写“财务验收评议表”。

业务验收主要针对项目任务完成情况、绩效目标实现情况以及成果产出数量及质量等进行审查。具体要求：业务验收应在审阅资料、听取汇报、实地考察、观看演示、提问质询等基础上，从项目任务完成情况、绩效指标实现情况、成果产出数量和质量及其应用情况、项目档案管理等方面进行评价，形成独立业务验收意见，给出业务验收结论，填写“业务验收评议表”。

10.4.4.3 验收条件

项目达到以下条件可开展验收工作：一是项目按计划完成项目实施方案、工程设计及相关合同约定的全部内容，并经项目实施单位初验合格；二是项目档案、工程技术档案和施工管理资料齐全并分类立卷；三是项目实施单位提交出具书面工作总结及验收申请书。

其中，项目档案主要包括项目前期准备、项目实施建设、项目后期、项目实施管理监督、项目资金管理等方面材料。项目验收资料主要包括全部项目实施方案、项目前期准备资料、工程设计文件、批复文件、招投标文件、项目/施工合同（招标合同）、监理合同等；完整的项目评审记录、现场施工记录、现场施工监理资料、工程施工及竣工验收备案资料，有关图表、照片、录像等，以及项目实施单位工作总结报告、财务决算报告、监理工作报告、审计报告、自查验收报告等。

10.4.4.4 验收标准

财务验收方面，验收结论分为“通过财务验收”和“不通过财务验收”两种。验收结论为“通过财务验收”的项目，原则上专家评议总分不得低于 85 分（满分为 100 分）。对于认定为“通过财务验收”，同时提出整改意见的项目，项目实施单位应在规定时限内完成整改并修改完善相关验收资料。

业务验收方面，验收结论分为“通过业务验收”和“不通过业务验收”两种。验收结论为“通过业务验收”的项目，原则上专家评议表总分不得低于 85 分（满分为 100 分）。对于认定为“通过业务验收”，同时也提出修改完善意见的项目，项目实施单位应在规定时限内整改并修改完善相关验收资料。

项目总体验收方面，验收结论分为“通过验收”和“不通过验收”。财务验收和业务验收均为“通过验收”的，该项目综合验收结论为“通过验收”，否则为“不通过验收”。由验收专家组依据财务验收结论和业务验收结论，集体讨论并形成统一的项目验收意见和结论，填写“项目综合验收意见表”。负责验收的部门或单位依据验收专家组出具的“项目综合验收意见表”，填写“项目验收结论表”，书面通知项目实施单位。除有保密要求外，可向社会公示。不通过验收的项目，负责验收的部门或单位须对项目实施单位以及项目负责人进行通报，责令其限期整改。项目实施单位应在规定期限内完成整改工作，再次提出验收申请，并按照验收程序进行二次验收。二次验收仍未通过的，验收结果直接报送省领导小组，并按有关规定追究项目实施单位以及项目负责人责任。

10.4.4.5 验收专家组管理

一是专家组组建方式。州级总体验收由州山水林田湖草生态保护与修复试点项目工作领导小组组织，州项目办负责具体实施，州自然资源局、州水利局、州农牧和科技局、州住房和城乡建设局、州生态环境局、州林业和草原局、州财政局、州档案局等单位推荐专家，组建州级验收专家组，以上部门要将推荐的专家简历提交州项目办。

二是专家组成员要求。验收专家组组长应具有生态保护修复方面高级以上（含高级）技术职称，从事相关专业10年以上，参加过相关行业规范、规程、规划编制等工作；验收专家组专业配置要合理，应由项目主管部门、行业专家、财务专家、审计专家等组成。验收专家组总人数不少于7名，其中财务专家不少于3名。

三是专家组工作方式。验收专家组组长均由专家组成员共同推选产生，验收实行专家组组长负责制；验收专家组可根据工作需要，划分为多个专门小组同时开展验收工作；专家组组长负责成员（小组）分工，专家组成员要密切协作。如专家组成员不能胜任工作，专家组组长有权提出更换专家意见，补充专家由相关聘请单位重新遴选。对于专家组成员不履行责任，或在验收中存在违规等问题，可重新选取和更换专家，补充专家由相关聘请单位重新遴选。

在技术支撑海北州山水工程过程中，形成的配套管理制度研究成果见附录4。

第 11 章　山水工程绩效评价

在遵循科学规范、公正公开、分级分类、绩效相关等原则基础上，系统构建了海北州山水工程绩效评价指标体系，并制定了各指标评分标准，分别从项目设计、绩效目标完成、组织管理、资金管理、产出数量、效益分析等方面，进行科学、公正、客观的综合绩效评价，全面分析山水工程绩效目标完成情况、当前存在的问题，并提出下一步整改优化的建议。

11.1　评价思路

山水工程绩效评价是为促进工程实施、规范项目管理、提高资金使用效率而进行的科学、公正、客观的衡量比较和综合评判。为做好海北州山水工程绩效管理工作，根据《重点生态保护修复治理资金重点绩效评价工作实施方案》（财办资环〔2019〕24 号）、《重点生态保护修复治理资金管理办法》（财资环〔2021〕100 号）、《青海省祁连山区山水林田湖草生态保护修复试点项目资金管理办法（试行）》、《青海省祁连山区山水林田湖草生态保护修复试点项目绩效管理办法（试行）》、《海北藏族自治州祁连山区山水林田湖生态保护修复试点项目绩效管理办法》等相关文件要求，在县级绩效自评的基础上，开展了山水工程绩效评价工作，推动项目绩效目标的实现，聚焦项目决策、过程、产出、效益，科学反映项目总体绩效，客观分析资源分配、资金使用和预期效果实现程度，发现存在问题，提出改进和加强项目管理、资金管理的意见建议，提高资金使用的规范性、安全性和有效性。

11.2　评价依据

11.2.1　政策文件

（1）《中共中央、国务院关于全面实施预算绩效管理的意见》；

（2）《财政部关于印发〈重点生态保护修复治理资金管理办法〉的通知》（财建〔2019〕29 号）；

(3)财政部《关于印发〈重点生态保护修复治理资金管理办法〉的通知》(财资环〔2021〕100号);

(4)财政部办公厅《关于印发〈重点生态保护修复治理资金重点绩效评价工作实施方案〉的通知》(财办资环〔2019〕24号);

(5)财政部《关于印发〈项目支出绩效评价管理办法〉的通知》(财预〔2020〕10号);

(6)财政部《关于委托第三方机构参与预算绩效管理的指导意见》(财预字〔2021〕6号);

(7)《青海省人民政府关于青海省祁连山区山水林田湖生态保护修复试点项目实施方案的批复》(青政函〔2017〕64号);

(8)《青海省财政厅关于下达"山水林田湖"综合治理试点项目资金的通知》(青财建资〔2017〕1477号);

(9)《中共青海省委青海省人民政府关于全面实施预算绩效管理的实施意见》(青发〔2019〕11号);

(10)青海省财政厅关于印发《青海省省级部门预算绩效管理办法》的通知(青财绩字〔2019〕1297号);

(11)青海省财政厅关于印发《青海省省级预算支出第三方机构绩效评价工作规程》的通知(青财绩字〔2019〕2096号);

(12)青海省财政厅关于印发《第三方机构参与省级财政评价工作质量考核暂行办法》的通知(青财绩字〔2020〕2075号);

(13)青海省财政厅转发《财政部关于委托第三方机构参与预算绩效管理的指导意见》的通知(青财绩字〔2021〕150号);

(14)《关于做好山水林田湖草生态保护修复试点项目绩效评价工作的通知》(青祁山水办〔2019〕4号);

(15)《青海省祁连山区山水林田湖生态保护修复试点项目管理办法(试行)》;

(16)《青海省祁连山区山水林田湖生态保护修复试点项目绩效管理办法(试行)》;

(17)《海北藏族自治州祁连山区山水林田湖生态保护修复试点项目绩效管理办法》;

(18)《海北藏族自治州祁连山区山水林田湖生态保护修复试点项目资金管理办法》。

11.2.2 试点项目档案资料

(1)批复的项目实施方案、绩效目标、立项文件、工程设计等前期文件资料;

(2)反映项目实施的招标投标、合同、监督检查等过程文件资料;

(3)项目所形成的产出、验收、档案等成果文件资料；

(4)项目财务决算报告、审计报告，以及其他相关财务会计资料；

(5)经监测机构、权威部门或第三方机构出具的反映项目绩效目标实现程度的支撑材料；

(6)项目验收结论及验收资料；

(7)其他相关材料。

11.3 评价内容

海北州山水工程绩效评价内容包括项目设计、管理、产出、效果四个部分。一是项目设计，包括项目前期准备、实施方案合理性、绩效目标明确性、资金分配合理性等；二是项目管理，包括项目业务管理、资金管理等；三是项目产出，包括项目产出完成数量、完成时效、完成质量、完成时效等；四是项目效果，包括项目产生的生态效益、社会效益、经济效益、可持续性、社会公众或服务对象满意度等。绩效评价指标表见附录 3。

11.4 评价过程

11.4.1 资料收集和整理

收集海北州山水工程立项、审批、执行、监督、验收、制度等资料。充分了解项目立项、预算安排、实施内容、组织管理、资金管理、绩效目标设置等内容，提炼海北州山水工程经验及做法，发现存在问题，精确项目评价方向。确定项目绩效评价指标体系和拟采用的评价方法，形成项目绩效评价报告框架。

11.4.2 评价指标分析和评议

对收集的各县基础数据和相关资料进行核实和全面分析，围绕建立和健全制度情况、制度和管理责任落实情况、资金使用情况、项目产出和效果，对数据进行检查和核实。结合各县绩效评价报告，汇总共性问题纳入报告。计算试点项目绩效结果，形成绩效评价初步结论。

11.4.3 评价报告编制

在绩效评价初步结论基础上，全面阐述海北州山水工程的基本情况、评价工作组织实施情况，对项目情况进行综合评价，系统总结项目实施过程中的工作经验、取得成效及存在问题，提出改进工作的相关建议，编制完成绩效评价报告，整理并存档项目相关档案。

11.5 评价指标分析

11.5.1 项目设计

11.5.1.1 项目前期准备

(1)项目策划

祁连山是我国西部重要生态安全屏障、黄河流域重要水源产流地、我国生物多样性保护优先区域，是“一带一路”倡议中的生态保护核心区域之一，生态地位举足轻重。海北州位于青海省东北部，背靠祁连山、怀拥青海湖，是河西走廊内流水系第三大河流石羊河的水源涵养地和发源地，是维系青藏高原东北部和河西走廊生态水系安全、控制西部荒漠化向东蔓延的重要生态安全屏障。党的十八届三中全会上，习近平总书记在《关于〈中共中央关于全面深化改革若干重大问题的决定〉的说明》中指出，“山水林田湖是一个生命共同体，人的命脉在田，田的命脉在水，水的命脉在山，山的命脉在土，土的命脉在树。用途管制和生态修复必须遵循自然规律。”2016 年 8 月，习近平总书记视察青海时提出“四个扎扎实实”的重大要求，特别是要“扎扎实实推进生态环境保护”。同年 9 月，财政部、国土资源部和环境保护部联合印发《关于推进山水林田湖生态保护修复工作的通知》(财建〔2016〕725 号)，指出加快推进山水林田湖草生态修复工程试点工作。同年 12 月，习近平总书记再次对祁连山自然保护作出重要批示，要求“甘肃、青海要坚持生态保护优先，落实生态保护责任，加快传统畜牧业转型发展，加紧解决突出问题，抓好环境违法整治，推进祁连山生态保护与修复，真正筑牢这道西部生态安全屏障”。为贯彻落实习总书记有关重要批示精神，结合财政部等部委开展的山水林田湖草生态保护修复试点工程，青海省组织编制了《青海省祁连山区山水林田湖生态保护修复试点项目实施方案》，2017 年 5 月，国务院批准将青海省祁连山纳入全国山水林田湖草生态保护修复试点范围，同年 6 月，青海省政府正式对试点方案进行了批复。其中海北州山水工程实施范围覆盖刚察县、祁连县、海晏县及门源县四个地区，涉及黑河流域河源区、青海湖北岸汇水区、大通河流域干流区 3 个工程实施区。随后，海北州及四县人民政府分别编制了山水工程实施方案，并向省试点项目工作领导小组办公室进行了备案。海北州山水工程的实施对维护好区域内水源涵养、水源补给输出和生物多样性等生态服务功能，全面提升祁连山区自然生态系统稳定性和生态服务功能，筑牢祁连山生态安全屏障具有重要意义。根据评分细则，本指标分值 2 分，得 2 分。

(2)项目立项规范性

刚察县、祁连县、海晏县、门源县结合《青海省人民政府关于青海省祁连山区山水林田湖生态保护修复试点项目实施方案的批复》(青政函〔2017〕64 号)，从自身实际需求、功能定位及拟解决问题出发，编制了县级山水工程实施方案，并上报海北州项目办履行审批流程。州项目办将各项目县实施方案收集汇总后，经由相关业务主管部门论证通过后报州委、州政府进行审批；州委、州政府审批通过后报省委、省政府审批，经省委、省政府批复后予以立项。绩效目标方面，结合《青海省人民政府关于青海省祁连山区山水林田湖生态保护修复试点项目实施方案的批复》(青政函〔2017〕64 号)中各县试点工程的预期成效和实际成效，在不降低省方案绩效目标的前提下，将省山水工程绩效目标分解落实到各县，并形成海北州山水工程绩效目标。2020 年 6 月 16 日，海北州起草《关于请求审批〈海北藏族自治州祁连山区山水林田湖草生态保护修复试点项目绩效目标分解方案〉的请示》文件，并正式向省祁连山区山水林田湖草生态保护修复试点项目工作领导小组提交申请。尽管海北州对绩效目标及时进行了备案，但未正式获得省试点项目工作领导小组的回复确认。根据评分细则，本指标分值 4 分，得 3 分。

11.5.1.2 项目方案合理性

(1)实施方案合理性

严格按照《青海省人民政府关于青海省祁连山区山水林田湖生态保护修复试点项目实施方案的批复》(青政函〔2017〕64 号)编制要求和立项条件，在四县山水工程实施方案基础上，汇总形成海北州山水工程实施方案。方案中项目技术路线、工程手段，以及相关协调机制、管理机构、管理制度、保障措施等设计较为合理可行。根据评分细则，本指标分值 4 分，得 4 分。

一是方案编制时立足于祁连山特殊的生态地位和重大的生态责任，以“山水林田湖是一个生命共同体”理论为指导，在方案设计思路上，坚持“尊重自然、顺应自然、保护自然”，将山(矿山)、水(流域、湿地)、林(森林系统)、田(农田、草地)、湖(湖泊)按照生态系统耦合原理联通起来，按照祁连山区生态系统的整体性、系统性及其内在规律，从理顺协调自然生态系统、人工生态系统和社会经济系统各相互作用与影响的节点问题入手，分阶段、逐步有序地实施综合治理与生态修复。在治理技术的选取上以可行、有效为首要考虑因素，选取适合祁连山区、成熟科学的技术方法，谨慎使用效果不确定的新技术和新方法，避免造成生态环境的二次破坏。

二是方案中明确海北州作为项目实施的管理主体，成立项目领导机构，负责组织辖区内试点工作的开展，负责项目实施过程中的责任落实、监督管理。四个县级人民政府作为项目实施的主体，要切实按照试点工作所确立的目标任务，成立项目办公室，实行分级领导和分层管理，层层落实责任制，强化有关部门的密切配合，协同推进试点工作新机制新体制的形成，确保山水工程顺利推进。同时，方案中提出要完善项目实施制度体系，建立祁连山区山水林田湖环境综合治理的管理体系，制定项目实施、评估、考核验收等管理办法，加强监测监督、评估考核等内容。

(2)绩效指标明确性

按照《青海省人民政府关于青海省祁连山区山水林田湖生态保护修复试点项目实施方案的批复》(青政函〔2017〕64 号)确定的绩效目标，结合各县试点工程的预期成效和实际成效，海北州制定了州绩效目标分解方案，并初步将绩效目标分解落实到四县。青海省山水工程总体绩效目标、海北州山水工程整体绩效目标(表 11-1)、四县山水工程绩效目标之间紧密相关并构成逻辑上的一致性和整体性。绩效指标设计较为明确且较为具体、量化、可衡量。根据评分细则，本指标分值 4 分，得 4 分。

表 11-1　海北州山水工程绩效目标表

<table>
<tr><td>绩效目标</td><td colspan="3">按照财政部等部委《关于推进山水林田湖生态保护修复工作的通知》中提出的“实现格局优化、系统稳定、功能提升”的目标要求和“真正改变治山、治水、护田各自为战的工作局面”的工作要求，通过 2017 年度山水工程的实施，实现以下绩效目标：
(1)实现“三个全覆盖”，即实现历史遗留矿山综合整治修复全覆盖；实现农村环境综合整治提升全覆盖；实现县、乡、村三级集中式饮用水水源地环境整治和规范化建设全覆盖；
(2)重点打造“四个生态保护修复试点示范区”，即祁连县黑河流域为主的生态功能提升与旅游协调发展的示范；门源县水生态保护与农业协调发展的示范；刚察县沙柳河“水-鱼-鸟-草”共生生态系统构建的示范；门源县生活垃圾减量化、资源化、无害化处置和高温热解处理装置建设的示范</td></tr>
<tr><td rowspan="9">绩效指标</td><td>一级指标</td><td>二级指标</td><td>指标值</td></tr>
<tr><td rowspan="2">产出指标</td><td>开工率</td><td>100%</td></tr>
<tr><td>完工率</td><td>90%</td></tr>
<tr><td rowspan="6">效益指标</td><td>完成 53 处历史遗留无主废弃矿山综合整治，修复废弃地 0.18 万 hm^2</td><td>废弃矿山生态修复区植被盖度提高 25%</td></tr>
<tr><td>州、县、乡镇及农村等饮用水水源地划定和规范化建设</td><td>水源地规范化建设达标率达到 100%</td></tr>
<tr><td>完成项目区农村环境综合整治提升工程</td><td>生活垃圾收集处理率达到 85%以上；生活污水收集处理达到 60%以上</td></tr>
<tr><td>强化水源涵养功能的修复与水环境质量的维护</td><td>水源涵养能力提高 15%；流域河源区水环境质量稳定达到地表水Ⅱ类水质标准</td></tr>
<tr><td>治理修复各类植被约 0.56 万 hm^2</td><td>封山育林，植被覆盖率提高 5.2%</td></tr>
<tr><td>全面提高野生动植物保护和自然保护区管理水平</td><td>景观破碎化指数下降 12%；生物多样性指数提升 5%</td></tr>
</table>

(3)资金分配合理性

一是资金分配具有针对性。在资金分配上主要按照《青海省人民政府关于青海省祁连山区山水林田湖生态保护修复试点项目实施方案的批复》(青政函〔2017〕64 号)、《2017 年度青海省祁连山区山水林田湖生态保护与修复试点项目实施方案》及《海北藏族自治州人民政府〈关于调整 2017 年度山水林田湖项目的通知〉》(北政〔2018〕30 号)文件下达和安排各县资金。专项资金严格按照财政部、国土资源部、环境保护部《关于修订〈重点生态保护修复治理专项资金管理办法〉的通知》(财建〔2017〕735 号)文件要求,围绕祁连山区突出生态环境问题,聚焦生态保护修复最为紧迫、最为必要的项目,进行多次优化调整,确保资金用于解决生态系统突出问题。

从资金支持项目来看,强化"双突出",即突出生态环境功能修复、突出区域经济社会发展定位两个维度密切结合,以流域控制单元为载体,重点选取各项目区内具有典型和代表性的小流域和区域推进项目实施。在祁连县境内,以黑河源区和小八宝河流域为重点,安排实施综合治理项目;在门源县境内,以浩门河县城段为重点,安排实施水生态修复、水资源管理和水污染综合治理等项目;在刚察县境内,以沙柳河全流域为重点,安排实施湖滨湿地修复、水污染综合治理、河岸面源污染控制和河源草地生态系统修复等综合治理工程;在海晏县境内,安排实施废弃矿山生态修复等。

二是资金分配方案与项目内容和规模相匹配。四县编制县级山水工程实施方案时,在进行了必要的可行性论证基础上,结合初步设计结论对项目工程量进行了预估,并根据建设工程相关费用标准,得出项目投资估算值,同时确定每个项目具体支持金额时,以青海省财政投资评审中心出具的财评投资数为依据。按照 2017 年青海省财政厅《关于下达海北藏族自治州重点生态保护修复治理基础奖补资金的通知》(青财建字〔2017〕1477 号)、海北藏族自治州人民政府《关于调整 2017 年度山水林田湖项目的通知》(北政〔2018〕30 号)、海北藏族自治州财政局《关于调整山水林田湖综合治理试点项目资金的通知》(北财〔2017〕869 号),分配并下达海北州中央资金 16.4 亿元。

三是资金拨付较为及时。2017 年 8 月 29 日,青海省财政厅下达海北州山水工程资金,海北州于 2017 年 9 月 11 日下达到四县财政局。随后,四县财政局按项目建设进度、申请额度及时拨付资金到项目单位和共管账户,保证财政资金拨付及时性和有效性。

根据评分细则,本指标分值 6 分,得 6 分。

11.5.2 项目管理

11.5.2.1 资金管理情况

(1)资金管理制度健全性

海北州祁连山区山水林田湖生态保护修复项目资金根据《财政部 国土资源部 环境保护部关于修订〈重点生态保护修复治理专项资金管理办法〉的通知》(财建〔2017〕735号)、财政部《基本建设项目竣工财务决算管理暂行办法》的通知(财建〔2016〕503号)、《基本建设项目建设成本管理规定》的通知(财建〔2016〕504号)和《基本建设财务规则》(中华人民共和国财政部令第81号)等文件,结合该项目实际情况制定《海北藏族自治州祁连山区山水林田湖生态保护修复试点项目资金管理办法》,办法中规定项目资金由项目建设单位、EPC总承包方、银行设立共管账户进行管理。各县也制定了相应的资金管理办法和项目办财务管理制度等文件,进一步细化和明确了项目资金的拨付流程、账户管理、事权划分等事项,如祁连县先后制定了《祁连县山水林田湖生态保护修复项目专项资金管理办法》,祁连山水项目办制定了《祁连县山水林田湖项目管理办公室项目建设资金监督管理办法》《祁连县山水林田湖项目管理办公室财务管理制度》《祁连县"山水林田湖草"项目资金审批拨付制度》《祁连县"山水林田湖草"项目资金下达及审批流程图》等。根据评分细则,本指标分值1分,得1分。

(2)资金监控有效性

根据亿利首建生态科技有限公司、内蒙古金威路桥有限公司、新疆兵团水利水电工程集团有限公司、中国航空规划设计研究总院有限公司的联合体与4县人民政府签订的山水工程EPC工程总承包合同,合同额累计达15.49亿元。按照合同约定,预付款为合同总金额的30%,在合同生效后10日内,一次性拨付给联合体,四县预付款累计4.65亿元。为确保中央重点生态保护修复治理专项资金使用安全,强化资金监管,海北州按照《海北藏族自治州祁连山区山水林田湖生态保护修复试点项目资金管理办法》,建立了三方共管账户。州、县财政局和审计局加大对专项资金的全过程动态监管,不断加强资金跟踪和问效力度,有力提高了资金的使用效能。根据评分细则,本指标分值2分,得2分。

(3)资金使用合规性

四县均实现了专账核算、专款专用、专人管理,资金使用由总承包单位提出申请,经监理审核、行业主管部门及项目办签署意见、财政部门签署意见后,报县项目领导小组签署意见,最终完成拨款,资金拨付使用程序规范。截至评价期,资金使用符合合同规定用途,不存在截留、挤占、挪用、虚列支出等情况。资金使用时,按照批复项目和资金管理办法，每个项目通过财政审核投资总量为控制，在符合开工条件下预付总投资 30％的工程预付款，后期按工程进度完成工程量，资金联合审签实现网银支付，并分期扣回预付款；项目完工后预留 5％的质保金，待 3 年内工程运行正常后据实拨付。但随着山水工程的深入推进，在资金使用方面存在以下问题：①由于 EPC 联合体内部分工不明、项目法人主体未确定、工程前期二类费用未支付、企业间法务纠纷等因素，影响了山水工程资金支付和使用进度，导致项目开工令手续不足、工程进展缓慢等，甚至发生刚察县、祁连县共管账户资金被冻结，门源县共管账户资金被法院强制执行等问题。②部分项目完工后未及时编制竣工财务决算报表，未及时聘请第三方出具工程结算、财务决算审核报告，如门源县实施的“县乡村”三级饮用水水源地保护区划分与规范化建设项目、浩门镇污水处理厂原位提标改造和截污纳管项目、地质灾害治理项目、人居环境综合整治提质增效项目等，以及祁连县实施的部分废弃无主矿山修复项目、水源地规范化建设项目、城乡环境综合整治项目等。③记账凭证后附原始单据不齐全、不完整，存在原始凭证中以银行对账单代替银行回单、部分原始凭证中重要内容未填写或未盖章、发票跨期入账、部分原始单据为复印件等现象，如生态农牧业循环以及旅游观光村项目、林草湿地修复与生物多样性保护宣传项目等。

11.5.2.2 业务管理情况

(1)项目管理制度健全性

一是制定了相关管理办法等管理制度，制度合规、合理。省级层面制定了《青海省祁连山区山水林田湖草生态保护修复试点项目项目管理办法(试行)》等四项配套管理制度。州级层面《海北藏族自治州人民政府办公室〈关于转发祁连山山水林田湖草生态保护修复试点项目八个管理办法的通知〉(北政办〔2017〕201 号)》制定招标投标管理、项目管理、专项资金管理、验收管理、档案管理等五个管理办法。项目建设单位层面，参照国家、工程建设行业有关要求，结合山水工程项目情况，制定了质量管理制度、安全生产管理制度、监理管理办法、农民工管理制度等内控管理制度，对山水工程建设全周期各环节行为活动进行了规范化要求。

二是严格执行项目管理制度。在政府审批环节，实行“一门受理、抄告相关、联合办理、限时办结”的会审审批制度，明确工作规程、部门责任和办结时限，避免项目多层级、多部门审批，提高了审批效率和审批流程公开程度；率先引进房地产、精准脱贫等领域采取的共管账户模式，在四县分别设立试点资金共管账户，确保资金的使用安全。

根据评分细则，本指标分值 1 分，得 1 分。

(2)项目组织有效性

一是明确了牵头单位，建立了各部门分工协作的协调机制。根据《中共海北州委 海北州人民政府〈关于成立海北藏族自治州祁连山山水林田湖草生态保护与修复试点项目工作领导小组的通知〉》(北委〔2018〕75 号)，成立以州委书记、州长为组长，州委、州人大、州政府、州政协相关领导为副组长，四县县委书记、县长、州政府秘书长及州直各相关部门主要负责同志为成员的山水工程工作领导小组，把山水工程作为重要政治任务，以“双组长”责任制推进工作；由州纪委书记任组长的督查巡查工作组，坚持不定期到施工现场督导山水工程的依法合规高效建设；各县参照州试点项目工作领导小组设立做法，组建了县级试点项目工作领导机构，加强山水工程地区乡镇、村级山水工程组织领导机制，明确各级责任和任务，强力推进山水工程。

二是协调机制召开会议，各部门分工明确，项目工作能够及时有效地落实。州领导小组办公室坚持每月召开一次州县领导小组办公室联席会议，认真研究阶段性工作，形成解决问题、推进工作的共识，为州县领导小组决策部署及时提供第一手材料，有效保障了项目工程的有序推进；在州试点项目工作领导小组带领下，构建财政、林业、水务、环保、住建、农牧等多部门协调联动机制，加强行业部门间沟通协调，形成部门合力，着力改变治山、治水、护田各自为战的工作格局，建立纵向到底、横向到边的生态保护修复新机制。

三是开展了有效的媒体宣传工作。2018 年 8 月成功举办了首届以“天地人和·和谐共生·生命共同体”为主题的祁连山山水林田湖草生命共同体高峰论坛，发布了“绿色润兴，我本自然，祁连永泰，屹立中华”的《祁连宣言》，扩大了山水工程的社会影响面和公众知晓度。据统计，州县媒体刊播发宣传报道稿件 50 余篇(条)，州及以上媒体刊播发 20 余篇(条)，网络媒体刊发 60 余篇。

根据评分细则，本指标分值 6 分，得 6 分。

(3)项目进度及内容控制

一是部分项目未如期启动和完成。按 EPC 模式实施的项目严格按照计划如期启动实施，但在具体实施过程中因自然恢复和人工修复关系把握有待提升、与突出生态环境问题关联性有待加强、人为干预措施过度等问题，为贯彻落实“山水”理念，在第三方咨询服务机构全程把关指导下，部分项目设计方案进行了优化调整，历经 4 年完成施工，通过州县两级验收，存在延期开工和实施的问题。结余结转资金新增实施的项目，部门严格按照计划开工，并在规定周期内完成了实施方案规定的建设内容。

二是监理单位开展了山水工程内容及进度的控制。以质量为中心，以作业设计、技术规范为依据，实行“以分项工程为基础、施工工序为重点的全过程”跟踪监理的方法，分事前、事中质量控制，对所有人员、施工方法和施工环境等方面进行了有效监督和控制，确保了项目各方面工作的实行。同时，监理单位对工程进度目标进行了监控，实行分级管理办法。通过对工程总进度计划的跟踪监控，审查承包人提交的施工总进度计划、月度施工作业计划及周作业计划，按逐级分解跟踪对比检查的方法，实现对工程总进度的全面监控。

三是根据州域山水工程验收结果，项目建设内容均达到了实施方案、设计方案中规定的技术要求。2023 年 4 月，海北州项目工作领导小组根据四县人民政府项目验收申请，组织相关行业专家对全州山水工程进行了初步验收，并提出了具体的整改措施和要求。2023 年 5 月，各县先后完成了验收专家提出的整改要求，经州级行业专家组一致同意，海北州山水工程全部通过州级整体验收。

根据评分细则，本指标分值 3 分，得 2 分。

(4)项目管理规范性

一是山水工程招投标工作较为规范。为规范山水林田湖建设工程招投标活动，保证项目顺利实施和各建设项目工程质量，海北州政府根据《中华人民共和国招标投标法》《中华人民共和国招标投标法实施条例》《青海省实施〈中华人民共和国招标投标法〉办法》等有关法律、法规相关要求，结合山水工程实际需求，制定了《海北藏族自治州山水林田湖建设工程招标投标管理办法》，对山水工程实施过程中相关招标、投标、开标、评标和中标、监督检查等方面内容进行了详细说明，海北州严格按照制度规定内容组织实施 EPC 项目总包合同招标工作事宜。

二是山水工程合同管理工作有待加强。山水工程实施中严格按照审批程序执行合同签订工作，但也存在部分问题，四县人民政府与总承包单位之间签署了工程设计与施工合同，但合同内容缺乏对具体工程项目实施足够针对性和约束性，总承包方在工程项目实施过程中的职责分工等基本问题在合同中没有涉及，导致 EPC 单位之间相互推诿，合同的约束管理作为不能有效发挥。部分项目存在部分监理费、设计费超合同价支付现象，如祁连县实施的部分废弃无主矿山修复项目。

三是项目进展报告、监督检查等制度执行较为有效。海北州山水工程管理办法规定，山水工程实行项目进展报告制度，按周期分为月报、季报、半年报和年报(简称“四报”)。报告主要内容包括项目进展、项目质量、资金落实和使用、绩效目标实现程度等情况。四县项目办总体均能够落实上述“四报”的进展报告制度要求，每月上报的项目进展情况表中及时报告项目审批进展、形象进度、资金拨付等进度信息；半年报和年报中全面总结项目实施进展、资金使用、工程质量、主要问题和工作建议等内容。通过进展报告制度，能使各级管理部门能够及时掌握项目实施进展和主要问题。海北州政府制定的《祁连山区山水林田湖生态保护修复试点项目八个管理办法》就山水工程建设全生命周期各环节监督检查工作进行了明确规定。四县参照州山水工程管理办法有关要求对山水工程开展监管工作；建立了县级领导项目推进包抓制度，对督查考核中发现的问题，通过建立台账、跟踪督办等方式督促有关部门、联合体抓好整改落实；同时，四县人大、县政协和纪委监委、财政、审计等部门广泛参与项目事前、事中、事后的监督检查，为项目推进提供了有力保证。四县项目办不定期对山水工程建设进度、相关建设活动规范性情况、资金使用进度等内容进行检查，开展不定期的项目现场巡检，形成巡检工作记录。

四是项目调整报批备案工作较为及时规范。山水工程实行分级分类的项目审批管理制度，项目前期，相关业务主管部门负责项目实施政策和技术方面的指导服务；县级管理部门为项目的业主单位，州级管理部门负责对项目实施方案、初步设计文件进行审批；州、县两级水务部门牵头负责河道整治工程、国土部门牵头负责矿山环境综合整治、生态环境部门牵头负责饮用水水源地工程和农村环境综合整治工程、城建部门牵头负责城乡污水管网和污水处理设施建设等。各类项目实施方案、初步设计、施工图设计、财政投资等不同环节的评审和批复及时完成，项目投资计划及时下达；工程监理单位认真履行工程监理职责，从进度、质量、资金、安全等方面全面促进工程项目实施，“项目法人责任制、建设工程监理制、建设项目招投标制、建设项目合同制”等工程项目建设制度得到了有效落实，有效保障了工程建设有力、有序、有效推进。

五是项目验收组织工作较为规范但推进较为滞后。为确保海北州山水工程质量及投资效益，州政府按照国家有关法律法规，综合考虑山水工程实际情况，制定了《海北藏族自治州山水林田湖生态保护修复项目验收管理办法》，对验收工作具体任务、验收组织管理、验收依据和条件等方面内容进行了明确规定。县级层面，祁连县、海晏县、门源县三县均制定了县级山水工程验收管理办法，刚察县参照州级验收管理办法有关要求组织开展项目验收工作。为加快推进验收工作，海北州政府多次召开推进会议、下发相关文件，如《关于做好海北藏族自治州祁连山区山水林田湖草生态保护与修复试点项目省级验收准备工作有关事宜的通知》（北政办函〔2022〕24 号）、《海北藏族自治州祁连山区山水林田湖草生态保护修复试点项目验收工作方案》（北山〔2023〕4 号）等。但项目验收推进较为滞后，主要原因为：一是验收整改进展缓慢，在四县业务验收和财务专项验收中存在多项问题，如项目总包单位和监理单位在项目实施过程中，部分档案资料不齐全、不规范，内容不完整;图纸会审、变更记录、项目变更签证及技术交底资料等不齐全,签字手续不完备规范等,涉及单位整改进度滞后;二是部分工程建设对下结算争议多发,山水工程实体验收结束后,从 2022 年 4 月起,州、县项目办采取多种结算方式和方法,解决了部分对下工程款结算,减少了对下施工单位的上访问题,但由于 EPC 总承包单位对下结算达不成一致,导致部分企业无法结算,造成验收工作推进缓慢。

根据评分细则,本指标分值 6 分,得 4 分。

11.5.3 项目产出

11.5.3.1 产出数量

海北州山水工程(中央资金项目)共实施了构建生态安全格局、提升水源涵养功能、提高生物多样性和物种丰富度、强化生态环境和自然资源的监管能力 4 大类 107 项子工程,截至 2021 年 10 月已全部完工并通过州、县级工程业务验收,2023 年 6 月完成项目整体验收工作。山水工程较好地完成了绩效指标表中的相关指标要求,其中完成 53 处历史遗留矿山生态修复,矿山治理修复面积达 0.24 万 hm^2,水源地规范化建设达标率达 100%,生活垃圾、污水收集处理率分别达 92.00%、96.18%,治理修复各类植被面积 0.58 万 hm^2(表 11-2)。

表 11-2 海北州山水工程绩效指标完成情况

类别	历史遗留矿山数量/个	矿山治理修复面积/万 hm^2	水源地规范化建设达标率/%	生活垃圾收集处理率/%	生活污水收集处理率/%	治理修复植被面积/万 hm^2
绩效指标值	52	0.18	100	85	60	0.56
实际完成值	53	0.24	100	92	96.18	0.58

根据评分细则,本指标分值 10 分,根据矿山生态修复、地质灾害防治、流域生态修复、饮用水水源地保护、农村人居环境整治、生物多样性保护、示范区建设项目情况,指标分值分别设定为 2 分、1 分、2 分、1 分、2 分、1 分、1 分,共得 10 分,具体说明如下。

(1)矿山生态修复

包括 55 个矿山生态修复子项目,修复矿山 53 处,修复废弃地 36039.49 亩。从县域层面来看,祁连县实施 17 个子项目,修复矿山 15 处(其中,野牛沟乡辽班台沟和默勒镇赛什图河废弃砂金矿生态修复工程包括一期、二期工程,工程数累加,修复矿山处未累计统计),修复废弃地 13975.40 亩;海晏县实施 9 个子项目,修复矿山 9 处,修复废弃地 876.74 亩;刚察县实施 13 个子项目,修复矿山 13 处,修复废弃地 12102.95 亩,地灾修复面积 714.10 亩,围栏封育2.32 km;门源县实施 16

个子项目，修复矿山16处，修复废弃地9084.4亩。本指标分值2分，得2分（表11-3）。

表11-3 矿山生态修复类项目情况

序号	子项目名称	项目所在地	历史遗留矿山数量/处	矿山治理修复面积/亩
1	阿柔乡小八宝大东沟废弃石棉生态修复工程	祁连	1	35.73
2	阿柔乡小八宝小东沟废弃石棉矿生态修复工程	祁连	1	214.95
3	阿柔乡小八宝西沟台矿废弃石棉矿生态修复工程	祁连	1	65.87
4	阿柔乡小八宝废弃石棉尾矿库生态修复工程	祁连	1	430.95
5	峨堡镇羊胸子废弃煤矿生态修复工程	祁连	1	2413.05
6	野牛沟乡油葫芦沟废弃煤矿生态修复工程	祁连	1	28.05
7	野牛沟乡洪水坝废弃砂金矿生态修复工程	祁连	1	454.59
8	野牛沟乡黑土槽废弃煤矿生态修复工程	祁连	1	484.50
9	野牛沟乡红土沟废弃煤矿生态修复工程	祁连	1	348.75
10	柯柯里乡那尕日当废弃煤矿生态修复工程	祁连	1	213.99
11	野牛沟乡川刺沟砂金矿生态修复工程	祁连	1	769.47
12	央隆乡陇孔沟砂金矿生态修复工程	祁连	1	558.75
13	野牛沟乡辽班台沟废弃砂金矿生态修复工程	祁连	1	360.00
14	野牛沟乡辽班台沟废弃砂金矿生态修复工程（二期）	祁连		693.60
15	默勒镇海塔尔垭口废弃煤矿生态修复工程	祁连	1	15.45
16	默勒镇赛什图河废弃砂金矿生态修复工程	祁连	1	2826.15
17	默勒镇赛什图河废弃砂金矿生态修复工程二期	祁连		657.60
18	海晏县青海湖北历史遗留废弃矿山生态恢复治理工程托德公路沿线	海晏	1	16.67
19	海晏县青海湖北历史遗留废弃矿山生态恢复治理工程兰花湖公路沿线	海晏	1	76.92
20	海晏县青海湖北历史遗留废弃矿山生态恢复治理工程二尕线及茶默路沿线	海晏	1	312.63
21	海晏县青海湖北历史遗留废弃矿山生态恢复治理工程省道204沿线	海晏	1	30.19
22	海晏县青海湖北历史遗留废弃矿山生态恢复治理工程青藏铁路沿线	海晏	1	303.75
23	海晏县青海湖北历史遗留废弃矿山生态恢复治理工程青藏铁路沿线弃土场	海晏	1	51.05
24	海晏县青海湖北历史遗留废弃矿山生态恢复治理工程国道315沿线	海晏	1	12.47
25	海晏县青海湖北历史遗留废弃矿山生态恢复治理工程旧国道315沿线	海晏	1	50.43
26	海晏县青海湖北历史遗留废弃矿山生态恢复治理工程热水泉路沿线	海晏	7	22.63

续表

序号	子项目名称	项目所在地	历史遗留矿山数量/处	矿山治理修复面积/亩
27	青藏铁路沿线料坑地质环境恢复治理工程	刚察	1	150.00
28	315 国道及 204 省道料坑地质环境恢复治理工程	刚察	1	1156.47
29	国道 315(甘子河经刚察-鸟岛)及省道 204(海塔尔-热水)料坑地质环境治理工程	刚察	1	351.70
30	县乡公路建设遗留料坑地质环境恢复治理工程	刚察	1	3041.49
31	环湖保护区料坑地质环境恢复治理工程	刚察	1	1249.60
32	刚察县青雅虎废弃煤矿地质环境恢复治理工程	刚察	1	365.20
33	刚察县江仓一井田东侧废弃煤矿地质环境恢复治理工程	刚察	1	1675.20
34	刚察县 2.8 矿坑(东)废弃煤矿地质环境恢复治理工程	刚察	1	936.60
35	刚察县 2.8 矿坑(西)废弃煤矿地质环境恢复治理工程	刚察	1	2057.00
36	刚察县 2.8 西矿山修复遗漏渣山治理工程	刚察	1	362.40
37	柴木铁路沿线料坑地质环境恢复治理工程	刚察	1	246.60
38	热江公路料坑地质环境恢复治理工程	刚察	1	365.69
39	刚油公路料坑地质环境恢复治理工程	刚察	1	145.00
40	门源县寺沟地区砂金矿区治理生态修复工程	门源	1	568.95
41	门源县黑驿北沟砂金矿区治理修复工程	门源	1	694.20
42	门源县中多拉地区砂金矿治理生态修复工程	门源	1	675.30
43	门源县直河地区无主废弃矿山综合治理修复工程	门源	1	265.97
44	门源县卡哇掌地区、宁缠地区无主废弃矿山综合治理与修复工程	门源	1	321.50
45	门源县青分岭(红腰线)地区无主废弃矿山综合治理与修复工程	门源	1	331.10
46	门源县甘沟地区无主废弃矿山综合治理与修复工程	门源	1	90.71
47	门源县一棵树地区无主废弃矿山综合治理与修复工程	门源	1	148.00
48	门源县铁迈煤矿外围地区无主废弃矿山综合治理与修复工程	门源	1	186.59
49	门源县原万桌煤矿地区无主废弃矿山综合治理与修复工程	门源	1	99.40
50	门源县大梁地区砂金矿治理修复工程	门源	1	1156.07
51	门源县铜厂沟地区砂金矿区治理修复工程	门源	1	631.90
52	门源县浩门河两岸无主砂石料场治理修复工程	门源	1	1749.70

续表

序号	子项目名称	项目所在地	历史遗留矿山数量/处	矿山治理修复面积/亩
53	门源县狮子口地区砂金矿区治理修复工程	门源	1	1297.50
54	门源县扎麻图地区砂金矿区治理生态修复工程	门源	1	794.51
55	门源县马堂沟地区无主砂石料场治理修复工程	门源	1	73.00

(2)地质灾害防治

包括10个地质灾害防治子项目，建设内容主要包括削坡回填、坡面防护、植草绿化等，共修复面积804.77亩，围栏封育13.68 km，建设监测站点43处。从县域层面来看，祁连县9个子项目，修复面积791.46亩，围栏封育13.68 km，建设监测站点40处；门源县1个子项目，修复面积13.31亩，建设监测站点3处(表11-4)。本指标分值1分，得1分。

表11-4　地质灾害防治类项目情况

序号	子项目名称	项目所在地	地灾治理修复面积/亩	围栏封育/km	监测站点建设/处
1	东村后湾不稳定斜坡地质灾害修复工程	祁连			24
2	冰沟二尕滑坡群地质灾害修复工程	祁连	7.50	0.09	
3	牛心山北侧刺疙瘩泥石流地质灾害修复工程	祁连	39.45	0.72	
4	营盘台牛心山泥石流地质灾害修复工程	祁连	79.50	2.40	
5	小东索滑坡修复工程	祁连	562.05	8.06	
6	鸽子洞村滑坡地质灾害生态修复工程	祁连	0.18	0.02	
7	多什多新村滑坡地质灾害生态修复工程	祁连	18.75	0.14	16
8	红沟滑坡地质灾害生态修复工程	祁连	31.53	0.75	
9	照壁山滑坡地质灾害生态修复工程	祁连	52.50	1.50	
10	3个村地质灾害治理项目	门源	13.31	0.00	3
合计			804.77	13.68	43

(3)流域生态修复

包括19个流域生态修复子项目，包含河道生态治理、林草恢复、农业面源污染治理等子项目(表11-5)。河道生态治理子项目共12个，其中门源县1个、祁连县8个、刚察县2个、海晏县1个；项目建设内容主要包括流域综合治理、河滨湿地修复等。林草恢复子项目共5个，其中祁连县3个、刚察县1个、海晏县1个；建设内容主要包括林草地恢复、提灌改造、鼠害防治等。农业面源污染治理子项目2个，其中门源县1个、刚察县1个；项目建设内容主要包括生态种植基地建设、有机肥基地建设等。河道生态治理和林草恢复子项目共整治河道217.18 km，河道疏浚

1136278.96 m^3，生态修复 48320.96 亩。其中，祁连县整治河道75.36 km，河道疏浚量 194425.22 m^3，生态修复 13112.10 亩；刚察县整治河道 19.31 km，生态修复 25305.25 亩；海晏县整治河道 6.01 km，河道疏浚 1305.00 m^3，生态修复 143.40 亩；门源县整治河道 116.49 km，河道疏浚 940548.74 m^3，生态修复 9760.21 亩。农业面源污染治理子项目共推广有机肥 34.7 万亩，有机肥年施用量达 4.62 万 t，化肥年减施量达 3.14 万 t，化肥减量化耕地面积达 33.7 万亩。本指标分值 2 分，得 2 分。

表 11-5　流域生态修复类项目情况

序号	子项目名称	项目所在地	河道整治长度/km	河道疏浚量/m^3	生态修复面积/亩
1	托勒河流域综合整治工程	祁连	5.85		525.00
2	冰沟流域综合整治工程	祁连	9.72	54800.00	1020.00
3	拉洞沟流域综合治理工程	祁连	3.21	26820.20	690.00
4	八宝河流域(小八宝河段)综合整治工程	祁连	9.90		1005.00
5	八宝河流域(账房台至草达坂段)综合整治工程	祁连	16.02	45917.19	1005.00
6	小东索河流域综合整治工程	祁连	2.61		645.00
7	扎麻什流域综合整治工程	祁连	17.98		1425.00
8	黑河流域(夏塘桥至棉沙湾段)综合整治工程	祁连	10.08	66887.83	1185.00
9	小八宝河入河口湿地修复与保护治理工程	祁连			2250.00
10	阿柔乡草大坂生态林灌溉配套工程	祁连			879.00
11	扎麻什至小八宝生态护岸林工程	祁连			2483.10
12	刚察县退化草地恢复治理工程	刚察			25000.00
13	沙柳河河道生态治理及湖滨湿地恢复工程	刚察	19.31		87.45
14	沙柳河河道生态治理及湖滨湿地恢复项目配套工程	刚察			217.80
15	海晏县甘子河生态护岸工程	海晏	6.01	1305.00	143.40
16	大通河流域干流段环境整治与生态功能提升工程	门源	61.39	920548.74	9118.05
	大通河流域支流段环境整治与生态功能提升工程(含白水河水环境治理及水生态修复工程)		55.10	20000.00	642.16
17	海晏县鼠害防治项目	海晏			
18	门源县“环保＋农业”循环农牧业示范试点项目	门源			
19	刚察县农业面源污染建设项目	刚察			
合计			217.18	1136278.96	48320.96

(4)饮用水水源地保护

包括 4 个饮用水水源地保护子项目，共规范化建设 223 处水源地，建设防护围栏100.17 km，水源地修复治理面积达 890.52 亩，设置规范化标识标志牌 1856 块(表 11-6)。其中，祁连县、刚察县、海晏县、门源县各实施 1 个子项目，分别建设水源地 55 处、33 处、15 处、120 处，建设防护围栏 23.56 km、18.75 km、7.48 km、50.39 km，分别设置规范化标识标志牌 461 块、286 块、126 块、983 块。本指标分值 1 分，得 1 分。

表 11-6　饮用水水源地保护类项目情况

序号	子项目名称	项目所在地	水源地建设数/处	防护围栏/km	修复面积/亩	标志牌(块)
1	祁连县重点村镇饮用水源地保护及规范化建设工程	祁连	55	23.56	862.48	461
2	刚察县集中式饮用水源地保护区划区及规范化建设工程	刚察	33	18.75		286
3	海晏县饮用水源地环境整治和规范化建设项目	海晏	15	7.47		126
4	门源县“县-乡(镇)-村”三级饮用水水源地保护区划分与规范化建设项目	门源	120	50.39	28.04	983
合计			223	100.17	890.52	1856

(5)农村人居环境整治

包括 18 个农村人居环境整治子项目，包含农村生活污水处理、农村生活垃圾处理、旅游示范村建设等子项目(表 11-7)。农村生活污水处理子项目 12 个，其中门源县 3 个、祁连县 8 个、刚察县 1 个，共建设 18 座污水处理设施、36 座公厕，污水处理规模达 9931 t/d，建设污水管网84.08 km，项目实施区污水收集处理率达 96.18%。农村生活垃圾处理子项目 4 个，其中门源县 2 个、祁连县 1 个、海晏县 1 个，共设置垃圾箱/斗 1768 个，新增垃圾转运(自卸)车 95 辆、垃圾中转站 2 个、垃圾无害化热解站 5 座(包含 2 辆垃圾热解车)，新建垃圾无害化热解处理站处理规模达 80 t/d，项目实施区垃圾收集处理率达 92.00%。旅游示范村建设子项目 2 个，全部在祁连县，建设内容为旅游村改造、公厕建设、民宿建设等，新增建筑面积 1.27 万 m^2、绿化面积 46.05 亩、民宿数量 12 个。本指标分值 2 分，得 2 分。

表 11-7 农村人居环境整治类项目情况

序号	子项目名称	项目所在地	污水收集处理率/%	污水站/座	污水站规模/(t/d)	污水管网/km	公厕/座	垃圾收集处理率/%	垃圾箱(斗)/个	垃圾转运车/辆	垃圾中转站/个	垃圾热解站/座	垃圾热解站规模/(t/d)
1	野牛沟乡污水处理工程	祁连	98.00	1	300	3.50							
2	祁连县污水处理厂提标扩能工程	祁连	98.00	1	2500								
3	县城周边污水管网配套工程	祁连	98.00			31.30							
4	阿柔乡污水处理工程	祁连	98.00	1	300	8.20							
5	峨堡镇污水处理工程	祁连	98.00	1	300	2.71							
6	阿柔乡生活垃圾减量化、无害化、资源化高温热解处理工程	祁连						98.00				1	10
7	白杨沟村污水管网工程	祁连	100.00			5.70							
8	沙柳河镇潘保村污水管网建设工程	刚察	92.00			4.08							
9	海晏县农牧业和生活污染源综合治理工程	海晏						90.00	620	36			
10	默勒镇污水处理工程	祁连	98.00	1	300	3.93							
11	门源县浩门镇污水处理厂原位提标改造和截污纳管项目	门源	95.00	1	5000	2.60							
12	大通河流域门源县农村环境综合整治提升工程项目	门源					36	90.00	740	56		4	70
13	大通河流域浩门镇等 12 个乡镇农村人居环境提升工程	门源						90.00	408	3	2		

续表

序号	子项目名称	项目所在地	污水收集处理率/%	污水站/座	污水站规模/(t/d)	污水管网/km	公厕/座	垃圾收集处理率/%	垃圾箱(斗)/个	垃圾转运车/辆	垃圾中转站/个	垃圾热解站/座	垃圾热解站规模/(t/d)
14	门源县农村牧区生活污水治理示范县建设项目(头塘村、下金巴台2个村)	门源	98.00	11	231	17.86							
15	大通河流域门源县东川镇污水处理厂及配套污水管网建设项目	门源	85.00	1	1000	4.20							
16	祁连县污水站(厂)在线监测系统建设项目	祁连											
17	祁连县八宝镇冰沟村旅游民俗村建设项目	祁连											
18	祁连县“山水林田湖草”拉洞台村、麻拉河村旅游观光示范村建设项目	祁连											
合计			96.18	18	9931	84.08	36	92.00	1768	95	2	5	80

(6)生物多样性保护

一是以山水林田湖草生态保护修复工程为抓手，着力解决祁连山区突出生态环境问题，加强生物多样性保护。重点通过大通河流域、黑河流域、沙柳河流域、青海湖北岸四大片区生态修复措施，极大改善了流域生态环境，加强了流域生物多样性的保护。二是全州依托天然林保护、重点防护林工程、退耕还林工程等全力加强林草生态系统修复工程，对全州生物多样性保护起到了关键性作用。三是加强对全州自然湿地的有效保护，使重要的自然湿地全部得到保护，湿地面积萎缩和功能退化的趋势得到遏制，充实和完善湿地保护体系；加强对祁连山、青海湖两大保护区的建设工程管理，逐步引导可持续利用湿地资源，优化湿地生态系统结构和恢复湿地功能。依托祁连山生态保护与综合治理工程，有效保护了祁连山湿地生态系统。四是加强野生动物保护。围绕拯救恢复珍稀濒危野生动植物资源和改善生态环境，以自然保护区建设为重点，健全保护机构，加强能力建设，完善基础设施，全面提高野生动植物保护和自然保护区管理水平，加强对海北州特有种群、濒危动物的保护。以祁连山国家公园体制试点为契机对祁连山 29 处管护站进行了全面升级改造，并对管护人员配发了巡护设备，全面提升了管护水平。为解决祁连山地区野生鸟类在春季食物短缺的情况，在祁连山地区设置 800 处投食点，购置粮食 1.2 万千克，进行了为期 30 天的投食，有效缓解了春季野生鸟类食物匮乏的问题。在门源县大通河流域引进鱼类 20 万尾，增加大通河鱼类生物种类，有效提升生物物种资源。在刚察县泉吉河增加人工增雨设施，为保障枯水期湟鱼回游产卵增加水量，提高湟鱼洄游产卵率，有效保护湟鱼物质资源。五是在祁连、门源两县布设红外线相机 112 台，有效监测到了雪豹、荒漠猫、猞猁、豺、棕熊等多种珍稀野生动物，为祁连山生物多样性监测提供了重要的依据。据监测，雪豹、荒漠猫等野生动物种群活动明显增加，生物多样性明显提升。六是建立祁连县祁连山区生物多样性宣教体验生态中心，加强生物多样性保护宣传教育，参观人数达 50000 余人(表 11-8)。本指标分值 1 分，得 1 分。

表 11-8　生物多样性保护类项目情况

序号	子工程名称	工程所在地	宣教中心/个	参观人数/人	增殖鱼苗/万尾
1	祁连县祁连山区生物多样性宣教体验生态中心	祁连	1	50000	

(7)示范区建设完成情况

一是祁连县黑河流域生态功能提升与旅游协调发展示范区完成情况。紧盯项目区景观破碎、植被退化、水源涵养能力下降、各类生态服务功能降低等生态环境问题，按照“以点带面、示范引领、整体推进”的工作思路，以提升黑河源区流域生态功能为目标，在黑河及八宝河源头实施以八一冰川为代表的冰川冻土及河源区封育保护，对黑河流域和八宝河实施综合治理、生态修复和基础设施建设工程，稳固提升水源涵养功能，持续改善了县域生态环境质量，人民群众的幸福感和满意度得以提升，实现“美丽祁连、幸福祁连”建设目标。打造了祁连县国家全域旅游示范区，探索了生态良好且经济欠发达地区生态文明建设的新模式，形成了黑河流域生态功能提升与旅游协调发展之路，构建了“生态修复＋全域旅游”绿色低碳循环发展新模式。树立生态治理与产业发展协同实现的新样板，探索生态产品价值实现新路径，使“绿水青山就是金山银山”理念得以体现。

二是门源县水生态保护与农业协调发展示范区完成情况。针对流域生态系统服务降低，草地生态系统退化严重，河流生态遭受破坏和连通性变差，水土流失严重、湿地萎缩，矿山开发导致山体破碎化，农业面源污染形势严峻等问题，按照“以点带面、示范引领、整体推进”的工作思路，立足大通河（门源段）流域在祁连山区的特殊地位和生态功能，统筹考虑水资源、水环境、水生态、水安全、水文化和岸线缓冲带等多方面的有机联动，以提升大通河流域水源涵养生态功能为目标，以农业面源治理协同推进流域水生态保护为突破口，完成浩门河、白水河等流域综合治理，破碎化河道得到整治，天然水域岸线面貌得以恢复。实施 320 hm^2 土地综合整治，开展化肥农药“零增长”行动，农药、化肥施用量分别降低 40％和 30％，有机肥施用量增加 57％，持续降低农业面源污染。统筹推进现代农业示范区、草地生态畜牧业试验区、乡村清洁行动、农牧民脱贫攻坚战等重点工作，从源头系统整体解决了农业绿色发展瓶颈问题，有力提升了大通河流域水环境质量，有效防控了农业面源污染，初步构建了水生态保护与农业协调发展示范区，推动流域水生态保护与农业发展实现“双赢”。

三是刚察县沙柳河“水-鱼-鸟-草”共生生态系统示范区完成情况。着眼生态空间遭受挤占、景观破碎化明显，植被退化严重、水源涵养等生态功能降低，沙柳河连通性下降、生态系统稳定性不足，农村水源地水质受威胁、水源保护区亟待划定等问题，在沙柳河、布哈河、泉吉河等流域开展了生态安全格局构建工程和水源涵养功能提升工程项目建设，整治遏制水患问题的同时，结合鱼类洄游通道建设和封湖育鱼、人工增殖等措施，有效改善流域水岸生境，维护了国际重要鸟类迁徙通道生物圈的完整性，提升了沙柳河流域生态功能，降低景观破碎化指数，着力构筑项目区生态屏障，提升自然生态系统服务功能，促进刚察县沙柳河流域生态保护与区域经济发展“双赢”。项目实施增强了特有物种多样性保护，为野生动植物栖息和繁衍提供了良好的保护体系和生存环境，青海湖裸鲤资源总量恢复到

11.41 万 t，较 2017 年增加 61.11%；青海湖鸟类种类达 226 种，水鸟种类达到 96 种，较 2017 年增加 69.9%，达到 57.1 万只，监测到鸟类新记录种——灰头麦鸡，丰富了区域森林、草地、湿地的生态系统多样性。同时，建立了贫困人员参与的环境整治长效机制，树立了高原生态修复和草畜平衡新样板，探索了生态旅游产品价值实现路径。

四是门源县生活垃圾减量化、资源化、无害化处置和高温热解处理装置建设示范区完成情况。围绕生活垃圾亟待处置难点，以生活垃圾减量化、资源化、无害化为导向，建设农村环境综合整治项目、人居环境综合整治等重点工程，建成了生活垃圾减量化、资源化、无害化处置和高温热解处理装置建设示范区。通过补齐短板、全域治理、技术创新、建立机制、宣传教育等方式，新建热解处理站，购置热解处理车，配套转运车辆和箱斗及器具，创新性构建了"垃圾收集转运（农户分类—村庄收集—乡镇转运）＋无害热解处置＋灰渣减量填埋"模式，统筹推进青海省农村环境拉网式全覆盖连片整治、高原美丽乡村建设、农村人居环境整治和扶贫攻坚等重点工作，在全省率先探索垃圾高温热解处置试点，实现了全县农村生活垃圾日产日清、定期安全处理处置，打造了生活垃圾减量化、资源化、无害化处置和高温热解处理装置建设示范区，彻底解决门源县浩门河沿岸农村和乡镇生活垃圾整治和农村环境卫生问题，农村环境基础设施和整体面貌得到极大提升。

五是海晏县"人·湖"和谐绿色发展示范区完成情况。针对早期矿山开发对周边生态环境损坏较大、甘子河流域生态系统功能退化、农村饮用水水源地存在安全隐患、"人·湖"和谐绿色发展模式有待探索等问题，海晏县通过坚持高位推动、形成部门合力，创新制度建设、规范项目管理，突出生态理念、提高治理效益，完善监督机制、确保项目质量，整合专项资金、提升治理成效，开展综合示范、促进绿色发展等措施，开展并完成了海晏县山水林田湖草生态保护与修复项目，实现了历史遗留无主矿山综合整治修复、山水工程治理范围内的农村环境综合整治提升、"县乡村"三级集中式饮用水水源地环境整治和规范化建设的"三个全覆盖"；有效改善了野生动物栖息地生态环境，强化了生物多样性保护工作，青海湖北岸珍稀动物种群数量不断增加；畜牧业生态化转型取得了新进展，海晏县先后被列为"省级现代农业示范区""国家现代农业示范区""全国畜牧业绿色发展示范县"和"三产融合发展试点县"。本指标分值 1 分，得 1 分。

11.5.3.2 产出质量

山水工程实施质量良好。一是山水工程按照黑河流域河源区、青海湖北岸汇水区、大通河流域三大片区，系统谋划了构建生态安全格局、提升水源涵养功能、提高生物多样性和物种丰富度、强化生态环境和自然资源的监管能力 4 大类 107

个子项目，工程布局合理，统筹考虑自然生态各要素，体现“整体保护修复、综合治理”要求。二是山水工程聚焦生态系统损失、开展修复治理最为迫切的重点地区，着力解决区域景观破碎、植被退化、水源涵养能力下降、各类生态服务功能降低等一系列突出的生态环境问题。三是项目建设期间，要求施工人员严格按照工程质量管理条例进行工程质量管理，对各项工程实行分段承包、责任到人，增强施工人员的工作责任心，树立“高起点、高标准、高要求”的思想，确保各项工程按规划设计要求和相关技术标准施工。四是工程子项目经州、县两级验收时，对存在的问题，责令限期整改，达到工程设计标准，确保后期运行中项目质量安全。五是新华社、《人民日报》等多家媒体机构高度肯定了山水工程完成质量并进行了相关报道。如新华社《青海筑牢祁连山生态屏障》这一报道中提到，仅祁连山青海片区山水林田湖生态保护修复试点就对浩门河、白水河等流域实施干支流综合治理，破碎化河道得到整治，天然水域岸线面貌得以恢复；《人民日报》在《碧水绕青山 美景出祁连(美丽中国·山水工程⑤)》报道中提到，作为青海祁连山区山水林田湖生态保护修复试点项目重点打造的5个试点示范区之一，黑河流域河源区946.3 hm^2的矿山废弃地得到修复治理，区域水源涵养功能和水环境质量进一步提升，满目苍翠的美景已然重现(表11-9)。根据基础数据表统计，竣工验收率为100%。根据评分细则，本指标分值10分，得10分。

表11-9 山水工程竣工验收情况表

项目所在地	项目数	完成竣工验收项目数	竣工验收率	完成质量
门源县	25	25	100%	合格
祁连县	50	50	100%	合格
刚察县	19	19	100%	合格
海晏县	13	13	100%	合格
合计	107	107	100%	合格

11.5.3.3 产出时效

根据基础数据表统计，海北州共规划实施中央资金项目107个，目前已完工项目107个，完工率为100%。其中，按时或提前完工项目56个，未按时完工项目51个(表11-10)。根据评分细则，本指标分值5分，得2分。

表11-10 山水工程完成情况表

项目所在地	项目数	完工数	按时或提前完工数	未按时完工数	完工率
门源县	25	25	6	19	100%
祁连县	50	50	41	9	100%
刚察县	19	19	6	13	100%
海晏县	13	13	3	10	100%
合计	107	107	56	51	100%

11.5.3.4 产出成本

海北州山水工程中央财政重点生态保护修复治理基础奖补资金 16.40 亿元。经省财政投资评审中心的财政评审后，各工程项目的投资概算较实施方案提出的工程投资估算都有不同程度的核减，各项目均未超出项目预算金额，且为国家节省了经费。该项目与同类项目治理成本基本持平（10%以内）。根据评分细则，本指标分值 5 分，得 5 分。

11.5.4 项目效果

11.5.4.1 生态、社会和经济实施效益

一是生态效益方面。海北州基本完成了“三个全覆盖”“四个生态保护修复试点示范区”建设任务，有效推进了项目区生态系统功能的优化和改善。通过生态系统综合治理工程的实施，满足了区域防洪要求，保障了民生安全，促进了水生态系统的良性循环和动态平衡，重新塑造河湖生态岸线，恢复河湖自然生态岸坡，改善了生态环境，增加了空气湿度和水源涵养。提升了祁连县八宝河、黑河流域上下游河畔的生态系统，构造了格局合理、功能完备、水流畅通、环境优美的陆域和水域生态体系，为居民提供了亲水、休闲的聚集地，提高了城市品位与旅游品质，并促进了黑河流域山水林田湖草生态保护的整体效果。推进了大通河流域的生态治理与修复，促进了农村河道治理与新农村建设及乡村振兴，使得当地人民群众看得见山、望得见水、记得住乡愁，变“人在山水画中游”的意境为现实。减轻了青海湖入湖河流水土流失对青海湖生态系统的影响，提高了流域生态环境，结合高原特色旅游，把青海湖生态优势转化为发展盛势，推广水文化，扩大水产品，打造完美的水生态生物链。

二是社会效益方面。①认真贯彻落实习近平生态文明思想，“山水林田湖草是一个生命共同体”的理念深入人心。高标准定位生态环境保护建设工作，按照“党政同责、一岗双责”要求，注重建立工作机制、压实责任，扎扎实实开展生态环境保护建设，扎扎实实解决突出生态环境问题，建立了“大环保”工作格局。2018 年 8 月，举办首届“祁连山山水林田湖草生命共同体高峰论坛”，开展多学科、多领域、多视角的高层次交流研讨，并达成共识，大力推进习近平“山水林田湖草是生命共同体”系统思想“落地生根”“开花结果”。②注重山水工程的宣传报道。自山水工程实施以来，海北州委宣传部高度重视项目宣传工作，先后印发《关于进一步加强生态环境保护和脱贫攻坚舆论引导工作方案》《海北藏族自治州祁连山山水林田湖生态保护修复试点项目宣传报道方案》《祁连山山水林田湖草生命共同体

高峰论坛宣传工作方案》等宣传报道方案，在每年季度宣传安排中突出生态保护和项目宣传报道，进一步统一了干部群众的思想认识，重点生态保护修复治理深入人心，社会认知度不断提升。同时充分发挥报纸、电视、网络等媒体作用，大力宣传报道习近平生态文明思想，项目实施的重大意义、给群众带来的实惠等。《祁连山报》、海北电视台、海北新媒微信公众号及各县媒体开设专题专栏，组织采编人员深入项目现场，采访项目实施情况、经验做法与成效，项目实施以来，州、县媒体刊播发宣传报道稿件50余篇(条)，州及以上媒体刊播发20余篇(条)，网络媒体刊发60余篇。③及时总结“海北模式、青海经验”，为全面践行“山水林田湖草是一个生命共同体”理念，贯彻落实《关于青海省祁连山区山水林田湖草生态保护修复试点项目实施方案的批复》(青政函〔2017〕64号)要求，加强试点工作顶层设计，作出“青海经验、祁连模式”的海北贡献。

三是经济效益方面。海北州山水工程是生态型社会公益性建设项目，项目实施不以营利为目的，其经济效益包括间接经济效益和直接经济效益。①间接经济效益表现为通过海北州祁连山区生态环境保护修复，区域生态环境条件得到明显改善，自然灾害影响明显减弱，水资源、水生态、水景观得到了保障，有效促进了农业生产丰收和其他行业收益的增加。同时，通过改善区域生态环境，提高了地方形象，改善了投资环境，促进了区域物流经济高质量发展。②直接经济效益方面，通过山水工程的建设，大通河等流域沿线农林牧副各行业得到了全面发展，促进了项目区粮食产量的提高，对加快农牧业结构的调整、促进产业化升级起到了重要作用。通过山水工程的实施，门源县等地区建立了生态民管机制，对生态保护区内的全部扶贫村设置林业生态公益管护岗位，人均年报酬达到1.5万元；项目实施带动村民就业，如大通河流域中游地区沿岸7个乡镇35个行政村参与植树造林50余天，造林约1万余亩，吸纳了当地农民工约35257人次，日均882人次，平均按150元/日计算，增收528.86万元；直接采购当地农户种植的青海云杉、杨树等树种约17万株，按政府议定价计算为农户创收约743万元。山水工程的实施一定程度上带动和促进了当地旅游业的发展，如祁连县游客接待数量及门票收入较山水工程实施前均有所涨幅，2017—2019年祁连县游客接待数量年均增长率18.11%，高于2014—2016年游客接待数量年均增长率(14.58%)，2017—2019年门票收入年均增长率37.51%，高于2014—2016年门票收入年均增长率(22.35%)。

根据评分细则，本指标分值12分，得12分。

11.5.4.2 可持续影响

山水工程建设完成后，为确保项目实施效果持续发挥，门源县制定完善了《门源回族自治县森林保护管理条例》《水源地保护区划分方案》《门源县三级饮用水水源地水质动态监测方案》《水源地保护区风险防控方案》和《水源地环境应急预案》，对后续如何管护工作职责分工、具体内容、奖惩等内容进行了明确规定，具备现实可操性，结合现场调研结果，管护工作严格按照有关规定执行；祁连县按照“谁受益、谁管护”的原则，将已修复的矿山、恢复的林草地、治理的河道全部交由当地乡镇属地化管理，按片区、任务分解到水管员、生态管护员，确保责任层层落实到位；在生活污水垃圾治理方面，祁连县政府制定了污水垃圾处理运营实施方案，明确县住建局为责任单位，委托第三方专业机构进行日常运维，县财政每年投入运维资金约 100 万元，同时，祁连县注重全民参与山水工程建设，充分借助新媒体，加强宣传教育力度，同时对当地农牧民开展生态修复保护理论培训和设备设施应用培训，探索流域项目“生态民管”机制、“社区共管共建”机制；为确保山水工程生态效益可持续发展，刚察县制定了青海湖共管社区沟通协调机制、生态补偿机制、生态保护修复长效机制等。但山水工程建成后部分子项目运维管理有待加强，如一些农村水源地保护项目缺乏征地或租地前期手续，加之缺少管护人员和经费等，后期运维管理难度较大，牛羊进入保护区范围现象时有发生；在项目实施区一些村镇污水处理项目管网覆盖率偏低，个别污水处理站试运行成效达不到预期效果；垃圾热解示范项目源头分类较为困难。截至目前，山水工程的维护和管理主要由项目建设单位负责，缺乏管护资金和管护人员，长期跟踪监测和评估能力不足，使得山水工程远期修复效果难以保障。根据评分细则，本指标分值 4 分，得 2 分。

11.5.4.3 服务对象满意度

全州发放满意度测评表 350 份，收回有效满意度测评表 345 份，满意度为 97.36%。门源县发放满意度测评表 30 份，有效满意度测评表 29 份，满意度为 96.67%；祁连县发放满意度测评表 68 份，有效满意度测评表 67 份，满意度为 98.81%；刚察县发放满意度测评表 170 份，有效满意度测评表 166 份，满意度为 95.60%；海晏县发放满意度测评表 82 份，有效满意度测评表 82 份，满意度为 99.02%（表 11-11）。根据评分细则，本指标分值 4 分，得 3.89 分。

表 11-11 服务对象满意度调查统计情况

地区	测评表总份数	测评表有效份数	满意度
门源	30	30	96.00%
祁连	68	67	98.81%
海晏	82	82	99.02%
刚察	170	166	95.60%
总计	350	345	97.36%

11.6 评价结论

11.6.1 总体结论

综上所述，海北州山水工程绩效评价总得分为 88.89 分，评价等级为“良好”。

一是从项目设计来看，山水工程前期准备较为充分，设计符合国家、青海省、海北州生态环境保护政策和规划，与祁连山山水林田湖草生态保护修复工作密切相关，项目立项依据充分，但规范性有待加强。山水工程实施方案技术路线、工程手段、管理机制等设计较为全面合理，绩效指标明确，资金分配合理。项目设计指标分值 20 分，评价得 19 分。

二是从项目管理来看，资金管理制度健全、资金监控较为有效、资金使用较为规范，会计信息资料真实、准确，无截留、挤占、挪用资金情况，未发现重大违纪、违规现象。业务管理制度健全并严格落实执行，项目组织较为有效，项目工作能够及时有效地落实，项目招投标及合同管理、项目调整报批备案、验收组织等管理工作较为规范。产出数量、质量、时效、成本与预期目标较为一致，但存在资金支付和使用进度滞后、账目凭证后附原始单据不完整、发票开具不全、合同管理工作有待加强、验收滞后等问题。项目管理指标分值 30 分，评价得 25 分。

三是从项目产出来看，通过山水工程的实施，“三个全覆盖”和“四个生态保护修复试点示范区”的绩效目标全面完成。山水工程较好地完成了绩效指标表中的相关指标要求，其中完成 53 处历史遗留矿山生态修复，矿山治理修复面积达 0.24 万 hm^2，整治河道 217.18 km，河道疏浚量达 1136278.96 m^3，水源地规范化建设达标率达 100%，生活垃圾、污水收集处理率分别达 92.00%、96.18%，治理修复各类植被面积 0.58 万 hm^2。山水工程实施质量良好，但近一半的子项目未按时完工。项目产出指标分值 30 分，评价得 27 分。

四是从项目效果来看，山水工程采取科学、系统、有效的生态保护修复，流域整体生态系统功能和稳定性得到提高，水源涵养功能得到维护，区域生态系统功能和环境质量得到明显改善，祁连山国家生态安全屏障得到巩固。区域生物多样性保持稳定，动植物种群总体状况更加均衡。以各生态保护修复单元代表性河流水资源、水生态、水环境为表征，项目区河流水质稳中有升，水量丰沛，流域植被覆盖度得到改善，涵养水源、固碳增绿功能得到改善。全面提升了祁连山区自然生态系统稳定性和生态服务功能，促进了区域生态环境保护与经济社会协调发展，取得了良好的环境、社会、经济效益，服务对象满意度达 97.36%。但山水工程建成后部分子项目运维管理有待加强(表 11-12)。项目效果指标分值 20 分,评价得 17.89 分。

表 11-12　绩效评价得分表

一级指标	二级指标	三级指标	分值	得分
项目设计(20 分)	项目前期准备	项目策划	2	2
		项目立项规范性	4	3
	项目方案合理性	实施方案合理性	4	4
		绩效指标明确性	4	4
		资金分配合理性	6	6
项目管理(30 分)	资金管理	资金管理制度健全性	1	1
		资金监控有效性	2	2
		资金使用合规性	11	9
	业务管理	项目管理制度健全性	1	1
		项目组织有效性	6	6
		项目进度及内容控制	3	2
		项目管理规范性	6	4
项目产出(30 分)	项目产出	数量指标完成情况	10	10
		质量指标完成情况	10	10
		时效指标完成情况	5	2
		成本指标完成情况	5	5
项目效果(20 分)	项目效果	生态、社会和经济效益	12	12
		可持续性	4	2
		服务对象满意度	4	3.89
合计			100	88.89

11.6.2　存在问题

自 2017 年 9 月山水工程实施以来,通过州、县相关部门的共同努力,项目推进总体较为顺利,但因山水工程在青海省为首次开展,在实施过程中仍然存在一些困难和问题,具体表现如下。

一是现行标准规范难以适应“生态化”新需求。山水林田湖草生态保护修复项目的整体性和系统性强,要点是对生态理念的落实,重点是项目内容生态化设计实施,难点是久久为功的长效管理。我国现行工程建设标准规范对“生态修复”系统性要求考虑不足,国家现有的生态保护与修复技术标准规范与山水林田湖草生命共同体理念的要求还存在一些不相适应的问题,还未形成有针对性的技术标准与规范,传统工程设计理念难以适应“生态化”新需求,在很大程度上还不能满足指导实施山水林田湖草整体系统保护修复的设计、施工和管理，亟待在国家层面上研究出台统一的标准规范。

二是部分山水工程资金使用规范性有待加强。部分项目完工后未及时编制竣工财务决算报表，未及时聘请第三方出具工程结算、财务决算审核报告。部分项目记账凭证不齐全、不完整，存在原始凭证中以银行对账单代替银行回单、部分原始凭证中重要内容未填写或未盖章、发票跨期入账、部分原始单据为复印件等现象。部分项目发票、施工、监理、技术咨询资料以及会计档案资料不齐全、不完整。

三是工程项目未按时完工和验收。海北州处于高海拔地区，全年施工期较短（一般是每年的 4 月至 10 月），尤其是冬季气温较低，工程项目根本无法施工；部分子项目建设地点偏远，人烟稀少，施工条件（如道路、水、电等）困难；此外，部分子项目实施过程中涉及赔偿、征地等问题协调难度较大，也是导致工程进展缓慢的因素。同时，由于 EPC 项目总承包单位内部管理人员调动频繁、分工不明晰、统筹安排不力等问题，工程量核算不清等经济纠纷问题，法律纠纷导致账户冻结等共管账户管理问题，以及与各县人民政府、行业主管部门、施工队沟通不及时、完税税票提供不足、工程档案资料不全等其他管理问题，导致项目后期结算、决算、验收等工作未如期完成。

四是山水工程建成后管护能力有待加强。山水工程竣工验收后，须加强后期管护监测等工作，充分利用生态系统自我恢复力，实现由人工修复向自我修复的正向演替。目前，山水工程的维护和管理主要由项目建设单位负责，缺乏管护资金和管护人员，长期跟踪监测和评估能力不足，使得山水工程远期修复效果难以保障。个别农村水源地保护项目牛羊进入现象时有发生，后期管护难度大。受温度和海拔等因素影响，个别污水处理站试运行成效达不到预期效果。同时，受垃圾分类设施建设滞后和农牧民垃圾分类意识不强等因素影响，垃圾热解示范项目源头分类有待加强。

11.6.3 有关建议

一是以河道生态整治、地质灾害防治、流域水环境综合治理等为重点领域，建议国家水利部、自然资源部、生态环境部、住建部等，围绕“山水林田湖草生命共同体”理念生根落地，按照各自职能分工，尽快修制订相关工程建设技术标准、技术规范等。

二是建议研究建立多元化生态补偿机制。以大通河中上游流域、祁连山国家公园、青海湖国家公园等地区为重点，研究开展生态综合补偿试点，完善横向生态保护补偿机制。落实《支持引导黄河全流域建立横向生态补偿机制试点实施方案》(财资环〔2020〕20 号),积极申请国家水污染防治资金,建立大通河流域横向生态补偿机制。深入推进祁连山国家公园建设,加快青海湖北岸国家公园建设。积极争取中央财政加大对全州重点生态功能区中的贫困县的转移支付力度,扩大政策实施范围,提高补助标准,完善补助办法。积极争取中央扩大对全州公益林补偿范围,健全各级财政森林生态效益补偿补助标准动态调整机制。全面落实新一轮草原生态保护补助奖励政策。争取中央将全州各类省级以上湿地纳入湿地生态效益补偿范围。

三是建议项目实施单位加强方案设计的科学性和合理性,严格质量审查。在相关治理方案设计上要加强与周边整体生态系统的有机协调,突出山水林田湖草沙一体化保护和修复。坚持保护优先、自然恢复为主、人工修复为辅的原则,针对突出生态环境问题,科学谋划工程项目建设内容,该保护的,坚决不修复,该修复的,要结合实际,遵循自然规律,因地制宜选择生态修复技术模式,宜林则林、宜草则草、宜荒则荒,避免人为工程的过度设计。加强项目方案审查的严肃性、合规性和权威性,强化方案审查专家组成员的专业性和多学科性。方案审查部门要深入对生态系统及其服务功能破坏程度方面的实地调查,对方案编制的内容质量审查进行严格把关。

四是强化项目过程和资金管理。在项目前期立项、可研、招投标阶段应加强部门间的沟通与协作,加快工程项目审批流程,为项目主体工程的实施争取时间。在项目建成后应督促有关责任单位,做好项目收尾工作,尽快开展项目验收工作,使项目尽早、尽快发挥生态环境效益。提高对专项资金管理的重视程度,在落实财政部各项资金管理办法中关于资金分配、使用、管理要求的基础上,应根据本单位的具体情况,建立符合当地项目实际情况的资金使用管理实施细则,并对专项资金的管理主体、申报流程、绩效评价、督导检查等作出明确的规定。加大项目合同管理,做到合同内容完整有效,合同实际履行时严格按照合同具体条款执行,特别是在合同付款方式、结算金额等方面,避免合同形式化,做到有合同可依,有合同必依,执行合同必严,合理防范风险。

五是建立项目长效运维管护机制。围绕矿山生态修复、地质灾害防治、流域生态修复、饮用水水源地保护、农村人居环境整治、生物多样性保护等项目类型,制定完善的项目运行管护制度,明确各山水工程的责任主体和管护主体,制定针对项目实际运行效果的运维单位考核办法与奖惩措施。建立稳定的资金投入机制,通过水管员、护林员等生态公益岗位,调动广大农牧民自觉加入到生态保护与修复中。多方筹措生态管护资金,设立生态保护修复管护专项资金,不断加大资金投入力度，解决饮用水水源地保护、农村污水垃圾治理等后期运行维护的资金空缺。鼓励创新投融资模式，通过政府引导、社会参与、公司化管理、市场化运营，整合吸引社会资本投资，减轻财政资金压力。

六是加强基层项目人员培训工作。调研发现，部分地区基层项目责任人员流动性较大，提高了项目实施、顺利推进的难度。因此，建议针对基层责任单位定期组织项目和财务管理人员认真学习《中华人民共和国政府采购法》《中华人民共和国民法典》《项目支出绩效评价管理办法》等法律法规、文件内容，开展项目管理、资金管理相关培训，正确理解和把握相关要求，规范操作和管理等工作流程，使项目实施更顺利。

七是不断提高农牧民生态环境保护意识。生态保护与生态修复需要全民重视和广泛参与。要把生态保护教育纳入国民教育体系，充分发挥新闻媒体作用，强化自然资源国情宣传，普及相关法规、科学知识等，引导全社会像重视生命一样重视生态，像保护耕地一样保护草原，像重视种树一样重视种草。推动设立“草原保护日”，不断激发全民爱草、护草、种草的情感，形成自觉保护草原的良好社会氛围。对当地农牧民开展生态保护修复相关知识宣传和培训，鼓励当地居民积极参与生态保护修复。

第12章　山水工程整体验收

在县级自验的基础上，州级层面通过现场查验、资料查阅、部门座谈、群众随访等方式，对全州107个子项目进行了州级整体验收，全面掌握了总体目标完成情况、绩效目标完成情况、工程实施的合规合法性、生态修复效果、存在的问题及生态风险、适应性管理和管护监测措施等情况。

12.1　总体目标完成情况

海北州按照整体保护、系统修复、综合治理的系统性和整体性原则，衔接州县国民经济发展、环境保护等规划，围绕祁连山区生态环境保护共同目标，积极整合各领域资金项目，以硬性工程措施和软性管理措施、人工治理修复与自然恢复相结合的方式，通过植被恢复、河湖水系连通、环境综合整治、矿山环境治理恢复等手段，构建了自然生态系统的稳定性、人工生态系统的健康性和经济生态系统的绿色发展互相正向支撑的系统耦合格局，完成了“格局优化、系统稳定、功能提升”的总体目标。采取加强组织领导、完善制度建设、规范项目管理、严格资金使用、强化科技支撑等措施，推动试点取得显著成效，解决了一大批突出生态问题，圆满完成了国家和青海省交办的试点任务。

12.2　绩效目标完成情况

海北州山水工程突出问题导向，将项目区存在的矿山损坏、人居环境、乡村饮水安全隐患等突出问题作为解决的优先项，不断提升试点项目区的生态系统质量和稳定性，进一步筑牢祁连山国家生态安全屏障。基本实现了《实施方案》既定的绩效目标。

一是实现了历史遗留矿山综合整治修复，农村环境综合整治提升，县、乡、村三级集中式饮用水水源地环境整治和规范化建设“三个全覆盖”。二是打造了祁连县黑河流域生态功能提升与旅游协调发展，门源县水生态保护与农业协调发展，刚察县沙柳河“水-鱼-鸟-草”共生生态系统，门源县生活垃圾减量化、资源化、无害化处置和高温热解处理装置建设的“四个生态保护修复试点示范区”。三是通过海北州山水工程的实施，废弃矿山生态修复区植被覆盖度明显提高，各类植被得到有效保护治理，封山育林植被覆盖度提高 5.7%；项目区生活污水、垃圾收集处理率显著上升，水源地规范化建设全部达标，区域水源涵养能力不断增强，流域河源区水环境质量稳定达到地表水Ⅱ类水质标准；项目区景观破碎程度有效降低，景观破碎化指数下降 14%，生物多样性指数提升 6%。

12.3 工程实施的合规合法性

海北州山水工程实施过程中，严格把握政策标准，创新性采用项目管家的方式全过程提供咨询服务，较好地把握了试点项目的合法合规性。按照行业相关要求，依法依规办理了环评、防洪、水保、用地、施工许可、林草地征占等相关手续，各子项目均不涉及占用耕地和永久基本农田，未突破生态保护红线范围，不涉及土地权属调整问题，工程实施符合相关法律法规要求。在项目实施上，严格落实《中华人民共和国预算法》《中华人民共和国招投标法》《中华人民共和国合同法》《中华人民共和国政府采购法》，落实项目法人制、招投标制、合同制、监理制。在勘察设计和项目验收上，依据矿山废弃地植被恢复、生态公益林建设、水源涵养林、退化草地修复等标准规范进行设计和验收。在取费计价上，参照基本建设项目建设成本管理规定，工程勘察设计、水土保持工程等相关概(估)算编制规定和定额，建设工程监理与相关服务，环境影响咨询等收费标准定价取费。在项目实施和验收环节，均委托第三方机构，对项目概算、预算和决算进行审定。

12.4 生态修复效果

12.4.1 流域生态系统功能和稳定性得到提高

海北州以流域为单元统筹谋划，初步探索出祁连山区生态保护修复多要素系统治理新模式。在试点方案编制时，考虑海北州山水工程是在较大空间尺度内实施的规模较大的生态保护修复活动，根据流域内不同自然地理单元和主导生态系统类型，分区治理，部署实施了四大类项目，综合采取构建生态安全格局、提升水源涵养功能、提高生物多样性、强化生态环境监管能力等各类措施，使祁连山区黑河、沙柳河等整体水质得到提升，由 2016 年的Ⅱ类提升为Ⅰ类。在海北州山水工程建设过程中，区分流域、生态系统、场地 3 个尺度，以及规划、设计、实施、管理维护 4 个阶段，在不同尺度上确定不同目标任务、解决不同问题，较好体现了生态修复措施的整体性、系统性、关联性和协同性。如大通河流域（门源段）环境整治与生态功能提升工程的设计和实施，摒弃原有传统河道整治思维，按照防洪安全、生态保护、景观打造的优先次序，统筹水资源、水环境、水生态，将河道整治范围拓展到大通河全流域，构建了从山顶到山谷、河岸到河底的流域生态环境系统治理方法，兼顾山、水、林、田、湖、草各生态要素的特点，有效整合矿山修复、城乡环境整治、乡村绿化、河道整治、水产种质资源保护等工作，改善了大通河流域生态环境，增强了河流连通性和水体自净能力，提高了流域生物多样性保护水平。海北州山水工程实践表明，山水工程需以区域或流域为基本单元，统筹实施山水林田湖草沙生态要素治理需求，一体化实施生态保护修复工程，是整体保护、系统治理、综合治理的关键一招。

12.4.2 生态保护修复科学性和有效性得到提升

海北州坚持问题导向和目标导向相结合，科学确定生态保护修复的目标参照系，按照先消除威胁保生态安全，再修复生态系统组成、结构以提升系统功能，再兼顾景观的次序，依据生态系统恢复力大小，选择自然恢复、人工辅助、人工重建等基于自然的解决方案。在目标参照系方面，综合工程建设规模、自然地理条件、生态系统自然演替规律等，参考受损生态系统历史状态或周边类似生态系统状态，确定一个或若干个环境和自然状况相似的本地原生生态系统或类似生态系统作为参照生态系统。在生态保护修复措施选取方面，坚持“用生态的办法来解决生态的问题，用环保的思维来解决环保问题”，根据现状调查、生态问题识别与诊断结果、生态保护修复目标及标准等，对各类型生态保护修复单元分别采取保护保育、自然恢复、辅助再生或生态重建为主的保护修复技术模式。如在矿山生态恢复方面，聚焦矿山海拔高、气候寒冷、干旱少雨、植被脆弱、土层较薄、客土不便等实际问题，按照保证生态安全、突出生态功能、兼顾生态景观的次序，因地制宜地采取了本土绿化苗种、削坡植草、地形平整、雨水引流等措施，解决了原有设计工程填充量过大、投资过高的问题。在地质灾害治理方面，祁连县坚持预防为主、避让与治理相结合的原则，通过对不稳定斜坡按照削坡复绿、疏通连通自然泄洪渠道、围栏封育林草植被等措施，稳定其现状，核减挡土墙、护坡工程建设，使地质灾害地段与周边地质环境、自然原貌相和谐；对城乡居民区等具有严重威胁的地质灾害段，严格按照地灾防治工程标准要求，有效防范地质灾害。通过海北州山水工程实践表明，山水工程须尊重自然、顺应自然、保护自然，用自然的解决方案去呵护山水林田湖草生命共同体，摒弃目标思维的局限，从关注目标向关注过程转变，从基于技术向基于自然转变，科学选取生态保护修复的技术模式，不断提升山水工程的科学性、针对性和有效性。

12.4.3 祁连山国家生态安全屏障得到巩固

海北州通过生态安全格局构建、水源涵养功能提升、生态修复制度创新等23项工程，有效解决祁连山区“山碎、林退、水减、田瘠、湿(湖)缩”的现实问题，优化了祁连山区的生态安全格局，解决了一大批生态环境突出问题，使得祁连山国家生态安全屏障得到巩固。如祁连县在海北州山水工程设计之初，已充分对接了祁连山国家公园(海北片区)历史遗留矿山恢复、生态移民搬迁等工程需求，将涉及国家公园内的5处历史遗留废弃矿山纳入试点项目，系统开展廊道联通与受损栖息地修复，将生态移民作为国家公园的管护员，强化国家公园内外生态管护，加强生物多样性保护。门源县大通河流域综合治理，全面改善了大通河流域生态环境，增强河流连通性和水体自净能力，实现“水-堤-岸”的生态系统连通。据统计，近年来祁连山区通过野外红外相机布设，先后多次监测到雪豹、沙漠猫、豺等多种珍稀野生动物栖息活动，进一步表明了祁连山区生态网络和生态廊道构建完备，生态系统健康和食物链完整。海北州山水工程实践表明，通过实施山水工程，流域山水林田湖草等生态要素得到有序布局，互联互通的生态廊道体系基本形成，生态安全格局基本建立。

12.4.4 流域水源涵养功能和生物多样性保护得到增强

海北州通过实施流域生态环境综合治理工程，整治河道217.18 km，河道疏浚量达113.63万 m^3，生态修复面积3221.4 hm^2，促进了水生态系统的良性循环和动态平衡，恢复河湖自然岸线，改善了生态环境，水源涵养能力提升超15%。如在沙柳河流域开展河道整治的同时，结合鱼类洄游通道建设和封湖育鱼、人工增殖等措施，建设沙柳河国家湿地公园，有效改善了流域水生生物生境，维护了水产种质资源保护区生态环境，改善青海湖裸鲤自然繁育条件，维护了国际重要鸟类迁徙通道生物圈的完整性。在国道315线、哈尔盖火车站等地实施普氏原羚宣传保护项目，建设普氏原羚特护区保护站等保护工程，为“高原精灵”设置了生命安全通道，普氏原羚等旗舰物种种群数量稳步回升，数量从不足300只的极度濒危状况恢复到3000余只。同时，试点项目保护修复面积0.58万 hm^2，初步折算，相当于每年增加林草碳汇4000 t以上。通过实施海北州山水工程，流域生态系统结构和功能得到显著提升，区域生物多样性保护得到进一步加强，生态系统碳汇量也得到增强，促进了人与自然和谐共生生命体的协同发展。

12.4.5 区域生态系统环境质量明显改善

祁连山区监测站点 2022 年监测结果显示，14 个环境空气质量监测点均达到《环境空气质量标准》(GB 3095—2012)中的一级标准，质量为优；10 个地表水监测断面均达到《地表水环境质量标准》(GB 3838—2002)中的Ⅱ类及以上标准，水质优良；25 个土壤环境质量监测点均达到《土壤环境质量标准》(GB 15618—1995)中三级标准；8 个主要城镇集中式生活饮用水水源地水质监测点位水质均达到《地下水质量标准》(GB/T 14848—2017)Ⅲ类及以上标准，符合集中式生活饮用水源地安全要求。2022 年，祁连山区县域生态环境状况指数介于 36.62～67.71，生态环境状况指数(EI)最大的县域为刚察县，门源县、祁连县生态环境状况等级为“良”，总体来看，祁连山区域生态环境状况基本保持稳定，且稳中向好发展。截至 2022 年底，祁连山区域草地生态系统面积为 35474.79 km^2，森林生态系统面积为 7774.13 km^2，水体与湿地生态系统面积为 4547.33 km^2，与 2016 年相比，面积占比分别增加了 0.31%、0.06%、0.03%。根据归一化植被指数(NDVI)卫星数据反演年平均牧草产量，2021 年祁连山地区平均草地产草量为 198.00 kg/亩，较 2017 年每亩产草量增加 18.44 kg/亩，2021 年可食鲜草总量2550 kg/hm^2，与 2017 年相比上升 479.91 kg/hm^2。海北州山水工程实践表明，自然生态是一个统一有机体，通过系统治理、综合治理、源头治理，打通了自然生命体的堵点和痛点，使得区域或流域生态环境质量得到全面改善。

12.5 适应性管理和管护监测措施落实情况

加强生态系统适应性管理和生态基础设施管护，是持久发挥山水工程生态环境成效的重要举措。海北州在试点推进之初就注重适应性管理和管护监测体系构建，创新公众参与方式，健全生态保护修复长效机制，如为推动造林绿化工程进度，乡镇、村两级党支部发挥战斗堡垒作用，带动周边群众开展春季绿化，仅门源县就动员 35 个行政村、7800 多名群众参与，完成项目区植树 96.7 万株。针对水源地保护、草场保护等缺乏管护人员等问题，探索形成了“村两委＋”“水管员＋”“管护员＋”等多种生态保护修复长效管护机制，全州累计聘用管护员 5402 名。各县试点项目适应性管理和管护监测情况如下。

12.5.1 门源县

为进一步巩固海北州山水工程的生态修复成果，门源县不断加强试点的适应性管理，强化环境基础设施运行维护管理，永续发挥试点生态环境成效。

在生态修复方面，严格落实河(湖)长制和林长制，明确生态保护修复管护资金渠道，将大通河流域生态保护与广大林管员、草管员、水管员等日常工作紧密结合起来，建立生态管护制度，强化生态保护修复成效。

在生活污水方面，维护运营好试点落地建设的农牧区生活污水处理等各类基础设施，按照门源县委、县政府“转观念、勇担当、强管理、创一流”的部署安排，建立健全农村生活污水处理设施长效运维机制，确保已建设施稳定达标排放。依托县域生态环境监测，加强对大通河流域断面水质和空气质量监测，定期公布监测数据。近年来大通河流域出境断面水质提升明显，大通河卡子沟断面水质均达到或优于Ⅱ类。

在生活垃圾方面，门源县围绕生活垃圾亟待处置的难点，通过农村环境综合整治项目、人居环境综合整治等重点工程，各乡镇、各村配备垃圾清扫工具、分类垃圾收集箱、转运设备，修建垃圾转运站、垃圾热解处理站、灰渣填埋场和垃圾移动热解车等，在政府支持和引导下，采用第三方营运的方式，构建了“垃圾收集转运(农户分类—村庄收集—乡镇转运)＋无害热解处置＋灰渣减量填埋”模式，完善城乡一体化生活垃圾收运体系，创建了城乡生活垃圾减量化、资源化、无害化处置和高温热解处理装置建设的试验区和示范区。

在农业面源方面，针对农作物种植过程中普遍存在的使用化肥和农药过度问题，门源县按照“粮油种植—秸秆养畜—畜禽粪便进行有机肥加工—循环回归粮油种植”的循环模式，依托祁连山生态牧场、2个有机肥厂和饲料加工厂，通过收购牲畜粪，加工有机肥，使用有机肥种植小油菜，有效解决了牲畜粪便乱堆、乱弃现象，降低了环境污染风险。通过生物有机肥使用，增加了本地牲畜粪便回收，降低了环境污染风险，增加了当地养殖户收入，形成了当地特色的“农业＋环保”循环农牧业生产模式。

在水源保护方面，对门源县120处饮用水水源地调查评估，完成了《水源地保护区划分方案》，制定完善了《门源县三级饮用水水源地水质动态监测方案》《水源地保护区风险防控方案》和《水源地环境应急预案》，2019年颁布施行了《门源回族自治县饮用水水源保护管理条例》，为进一步做好水源地联合巡查、跟踪检查、巡防执法及对应的追责问责奠定了基础，建立了水源地长效保护机制，切实做到依法合规、风险可控，为人民群众“吃上干净、纯净、甘甜、安全”的水源水质提供了保障。

12.5.2 祁连县

为进一步落实山水林田湖草试点项目管护长效机制，祁连县积极探索“水管员＋”“村两委＋”等社区共管模式，开展常态化项目管护，从根本上解决了“重建轻管”的问题，项目效益得到了最大限度发挥。

矿山修复、林草、河道治理项目管护方面，按照“谁受益、谁管护”的原则，已修复的矿山项目、栽植的林草、实施的河道项目全部交由当地乡镇属地化管理，乡镇再把责任分解到村里，村里再按片区、任务分解到水管员、生态管护员，确保责任层层落实到位。

污水、垃圾处理厂及配套设施运营方面，由祁连县政府制定了污水、垃圾处理运营实施方案，明确县住建局为责任单位，委托第三方专业服务机构进行日常运营管护，县财政拟投入年度管护资金约 100 万元。

水源地保护方面，祁连县按照海北州建立健全“县-乡（镇）-村”三级饮用水水源地生态环境保护建设、运行和维护管理责任机制，明确了相关部门监督管理职责，制定水源地保护相关技术方案和管理办法，建立并落实规范化水源地保护的完整档案管理，建立并逐步完善饮用水水源地环境保护长效管理制度和监管机制。形成较为完整的饮用水水源地水质动态监测方案、水源保护区风险防控方案和水源地环境应急预案等系统的水源地长效保护技术方案措施；建立健全饮用水水源地环境保护的“州-县-乡（镇）-村”四级监督检查管理和逐级报备的长效监管体制，并逐级明确责任，确保饮用水水源安全，颁布实施了《祁连县饮用水源保护管理条例》。

12.5.3 刚察县

进一步强化河（湖）长制工作机制，刚察县全县共落实河（湖）长 58 名，其中，县级河（湖）长 9 名、乡镇级河（湖）长 17 名、村级河长 32 名，设置村级河（湖）管护员 71 名，及时在县政府门户网站公布河（湖）长名录，建立起河湖全覆盖的河（湖）长组织体系。同时，逐级开展河湖流域巡河工作，推进各级河（湖）长履职尽责。累计开展县乡村三级河（湖）长巡河（湖）9128 次，形成了“全域河湖有人管、重点区域常巡检”的工作局面。按照河湖管理权限，结合工作实际，选取至少 1 条河流（河段）或 1 个湖泊进行河湖健康评价，推进河湖健康档案建设。同时，进一步修订完善“一河（湖）一策”方案，持续滚动更新“一河（湖）一档”基础数据，推动河湖系统治理。联合海晏、祁连、天峻、共和四县签订《跨界河流联防联控合作机制》，实现河湖监管联防联动，共同构筑交溪流域良好水生态环境。压紧压实河道采砂管理“四个责任人”，并在县政府门户网站发布河道采砂管理“四个责任人”名单公告，全力落实河道采砂集中治理、入河排污口排查整治、日常执法监管等重点任务，并依托全域无垃圾示范县创建成果巩固工作，强化水域岸线的利用保护和监管，集中整治乱占乱采、乱堆乱建等问题，积极营造河畅、水清、岸绿、景美的水生态环境。制定印发《刚察县村级河湖管护员（村级水管员）增资方案》，为刚察县71名村级水管员每人落实增资财政补助300元/月（其中，州级财政补助200元/月，县级财政再补贴100元/月），既落实了保障，也规范了河湖管护及村级供水工程管护工作。

坚持生态优先，变林（草）长“制”为林（草）长“治”，深入实施生态修复工程，统筹推进“山水林田湖草”一体化保护与修复。刚察县全面建立65名林草长＋500余名网格化管理员的47个县、乡、村“三级”林长责任体系，结合县情实际制定出台《刚察县全面推行林（草）长制工作实施方案》《刚察县林（草）长制工作考核办法》等6个制度，完成3乡2镇1中心1场1公司林（草）长制网格化划分上图工作，真正实现山有人管、林（草）有人造、树（草）有人护、责有人担的林（草）长制改革新机制。坚持生态优先，变林（草）长“制”为林（草）长“治”，刚察县深入实施生态修复工程，统筹推进“山水林田湖草”一体化保护与修复，并累计投资5677万元实施并完成退化草原补播及改良8666.7 hm^2、封山育林1000 hm^2、人工种草1333.3 hm^2、病虫害等防控治理86666.7 hm^2，县域森林覆盖率4.51%，退化草地补播综合植被覆盖度达到70%以上，野生动植物资源多达300余种，草原生态保护修复稳步推进。自林（草）长制工作开展以来，刚察县聚焦“四个高地”和“五个海北”建设，压实各级林长责任，制定完善《刚察县沙柳河国家湿地公园管理办法》《刚察县退耕还林管理和保护办法（试行）》等森林草原保护制度，积极构建林（草）长制体系和工作机制，在“护绿”“增绿”“用绿”“管绿”上下功夫，让绿色成为刚察最美底色。三级林（草）长以重点时期、重要节点、关键区域及森林草原资源问题多发、频发区域为重点，开展全方位巡林巡草千余次。期间，成功救助野生动物多次，累计储备防火物资1.32万套（件），成立专业及半专业扑火队伍47支567人，有效筑牢森林草原防火“人民防线”，真正将巡护责任落实到了“山头、地块、人头”。

12.5.4 海晏县

为进一步巩固试点生态修复成果，维护运营好试点落地建设的农牧区生活垃圾、污水处理等各类基础设施，按照县委、县政府“转观念、敢担当、强管理、创一流”的部署安排，依托国控断面生态环境监测，加强对湟水河流域断面水质监测，空气质量检测，定期公布监测数据。近年来湟水河流域出境断面水质提升明显，断面水质均达到或优于Ⅱ类。同时，海晏县围绕生活垃圾亟待处置的难点，为各乡镇、各村配备垃圾清扫工具、分类垃圾收集箱、转运设备，修建垃圾转运站及垃圾车等措施，以政府倡导、乡镇负责、源头分类、村级收集，建设城乡一体化生活垃圾收运体系。

海晏县按照“粮油种植—秸秆养畜—畜禽粪便进行有机肥加工—循环回归粮油种植”的循环模式，依托有机肥厂和饲料加工厂，通过收购牲畜粪，加工有机肥，使用有机肥种植小油菜、青稞、马铃薯等农作物，有效解决了牲畜粪便乱堆、乱弃现象，降低了环境污染风险。通过生物有机肥使用，增加了本地牲畜粪便回收，降低了环境污染风险，增加了当地养殖户收入。

围绕省方案确定的“三个全覆盖”目标要求，对全县 15 处饮用水水源地调查评估完成了《海晏县水源地保护区划分方案》，制定完善了《海晏县三级饮用水水源地水质动态监测方案》《水源地保护区风险防控方案》《水源地环境应急预案》《海晏县河湖岸线利用与保护规划》《海晏县河湖长巡查工作制度》，为进一步做好水源地联合巡查、跟踪检查、巡防执法及对应的追责问责奠定了基础，建立了水源地长效保护机制，切实做到依法合规、风险可控，为人民群众吃上“干净、卫生、安全”的饮用水水源水质提供了保障。

严格落实河(湖)长制，扎实推进“五员合一”改革试点工作和强化广大人民群众树立水生态、水保护、水文明的思想意识，进一步提升了爱水、用水、护水的目标。

12.6 存在的问题及生态风险

海北州山水工程实施以来，通过州、县相关部门的共同努力，项目推进总体较为顺利，但因海北州山水工程在青海省为首次开展，在实施过程中仍然存在一些困难和问题，具体表现在如下方面。

一是现行标准规范难以适应“生态化”新需求。山水林田湖草生态保护修复项目的整体性和系统性强，要点是对生态理念的落实，重点是项目内容生态化设计实施，难点是久久为功的长效管理。我国现行工程建设标准规范对“生态修复”系统性要求考虑不足，国家现有的生态保护与修复技术标准规范，与山水林田湖草生命共同体理念的要求还存在一些不相适应的问题，还未形成针对性的技术标准与规范，传统工程设计理念难以适应“生态化”新需求，在很大程度上还不能满足指导实施山水林田湖草整体系统保护修复的设计、施工和管理，亟待在国家层面上研究出台统一的标准规范。

二是地方资金筹措能力仍有不足。海北州山水工程项目区幅员面积大、历史欠账多、地方财力弱。从项目实施情况来看，对照工作目标任务，在统筹整合各类专项资金基础上，地方筹措资金能力仍显不足。青海省作为近85%的财政支出依赖中央转移支付的省份，保护治理任务与地方财政状况不相匹配，地方财力对国家重大生态项目的承接能力不足，服务于全国及流域下游省（区、市）的生态保护地位需要更多中央财政支持和地区横向生态补偿支撑。

三是项目建成后管护能力有待加强。海北州山水工程竣工验收后，须加强后期管护监测等工作，充分利用生态系统自我恢复力，实现由人工修复向自我修复的正向演替。目前，海北州山水工程的维护和管理主要由项目建设单位负责，缺乏管护资金和管护人员，长期跟踪监测和评估能力不足，使得项目远期修复效果难以保障。个别农村水源地保护项目牛羊进入现象时有发生，后期管护难度大。受冬季高寒等因素影响，个别污水处理站试运行成效达不到预期效果。同时，受垃圾分类设施建设滞后和农牧民垃圾分类意识不强等因素影响，垃圾热解示范项目源头分类有待加强。

四是海北州山水工程受全球气候变化影响深刻全面。青藏高原是全球气候变化的敏感区和率先响应区，近年来全球气候变化趋势明显，项目区冰川冻土、气温降水受自然扰动强。青海顺应自然选取本地物种开展生态治理，恢复区植被自然演替动态变化，治理成效需要较长时间尺度的检验，也需要适应气候变化和自然规律的演替，项目区短时间内的生态成效需要长时间的自然检验，现有评估手段难以满足需求。

12.7 整体验收结论

为贯彻落实《关于抓紧报送“十三五”时期山水林田湖草生态保护修复工程试点项目整体验收报告的通知》（财办资环〔2023〕9号）、《关于抓紧报送祁连山区山水林田湖生态保护修复试点项目州域整体验收报告工作的通知》（青财资环字〔2023〕216号）等文件精神，海北州组织相关行业专家对海北州山水工程进行了验收。

12.7.1 分行业验收

(1)自然资源项目

海北州山水工程的矿山恢复工程和地质灾害治理工程已按照实施方案建设内容基本完成各项建设任务；验收组听取了项目负责人汇报，查阅档案资料和查勘建设现场，并对相关问题进行了质疑，后期由县级主管部门及时督促总承包单位进行了整改，经充分讨论及评议，形成验收意见：海北藏族自治州祁连山区山水林田湖生态保护与修复试点项目矿山恢复工程和地质灾害治理工程原则通过州级行业验收。

(2)水利项目

海北州山水工程的各水利项目工程已按照实施方案建设内容基本完成各项建设任务;工程投资控制严格,工程施工质量均达到合格等级,工程档案资料基本齐全,工程建设过程中未发生质量和安全事故,工程运行基本正常。原则同意各水利项目工程通过验收,待整改完成后及时交付运行管理单位管理、使用。

(3)住建项目

海北州山水工程的各住建项目通过县住建部门验收并已备案,运行良好,业务验收通过。

(4)农牧项目

验收组听取了项目负责人汇报,查阅档案资料和查勘建设现场,并对相关问题进行了质疑,后期由县级主管部门及时督促总承包单位进行了整改,经充分讨论及评议,形成验收意见:海北州山水工程的各农牧项目原则通过州级农牧行业验收。

(5)环保项目

海北州山水工程的各项环保项目已按照实施方案建设内容基本完成各项建设任务。工程投资控制严格,工程施工质量均达到合格等级,工程档案资料基本齐全,但存在部分缺失,后期对档案资料做进一步完善。工程建设过程中未发生质量和安全事故,工程运行正常。基本同意海北州山水工程的各项环保项目通过验收。

(6)林草项目

海北州山水工程的林草项目已按照实施方案建设内容基本完成各项建设任务;造林种草质量达到验收标准,档案资料须进一步健全完善,建设过程中未发生质量和安全事故,工程运行基本正常。该工程按照上级部门的要求,项目法人组织机构健全,工程的施工、监理、设计等公开招投标手续齐全,真实合法;工程建设方案与实际建设内容虽存在一定的差距,但已完成基本规定的任务目标;同批准的建设方案预期目标相比较,基本达到目标任务。综上所述,通过档案资料、现场等方式对该工程进行自评,认为各项工作到位,程序合法,工程建设有序,能够达到预期的各项效益和目标,综合评估为良好。原则同意海北州山水工程的及时交付运行管理单位管理、使用后通过验收。

(7)财务验收

海北州山水工程共实施 107 个子项目,参与评审的项目均通过财务验收。

(8)档案验收

通过听取汇报、问题质询、实地查看，认为该项目资料形成规范，归档内容较为齐全，整理基本符合相关要求，竣工图表编制完整、准确、清晰、规范，能够真实反映工程完工后的实际尺寸、状态、数量，项目档案能够反映项目建设过程，可以满足项目建设和运行管理需要，档案安全保管条件基本符合档案保管要求和档案利用要求。经州、县验收组全体成员认真讨论，形成结论性意见：海北州山水工程档案基本符合《青海省建设项目(工程)竣工档案资料验收办法》要求，同意海北州山水工程档案通过州级专项验收。

12.7.2 整体验收

州级整体验收组对海北州四县实施的试点项目进行了州级初步验收，并针对县级自验过程中发现的问题，提出了有针对性的整改措施和建议，各县根据州级整体验收专家组提出的整改措施和要求，高质量高标准完成了海北州山水工程整改任务，经州级整体验收组进一步复核，认为海北州山水工程较好地贯彻了习近平总书记“山水林田湖草生命共同体”理念，项目组织严密，各生态保护修复单元内子项目间关联性强、协同度高，选取的生态保护修复模式和措施科学，整体修复效果的综合性和耦合性较高，区域生态胁迫因子得到减缓，先导和跟进工程对试点项目形成支撑，对祁连山区生态系统功能提升和环境改善作用明显，原则同意通过整体验收。

第 13 章　山水工程示范区打造

围绕海北州山水工程打造“四个示范区”的绩效目标，在借鉴不同地区“生态＋农业”“生态＋旅游”“生态＋三产”等模式的基础上，结合海北州各县山水工程的实施特点，按照示范区打造基本思路(附录 5)，凝练总结了各县在山水工程示范区打造方面的经验做法，以期为其他山水工程实施区提供参考借鉴。

13.1　典型案例与启示

13.1.1　“生态＋农业”模式

案例一：陕西省延安市在退耕还林和治沟造地中实现多赢[①]

(1)基本情况

延安是中国革命圣地，地处黄土高原腹地，境内沟壑纵横、地表支离破碎，干旱少雨、植被稀少，曾是黄河中上游地区水土流失最为严重、生态最为脆弱的地区之一。全市有长度 500 m 以上沟道 4.4 万条，1 km 以上沟道 2.09 万条，黄土丘陵沟壑区占到土地面积的 39%。20 世纪末，水土流失面积高达 2.88 万 km^2，占土地总面积的 77.8%，森林覆盖率不到 30%，且耕地分布零散，坡耕地比重较大，绝大多数为中低产田，亟须通过退耕还林和治沟造地全面改善生态环境和耕地立地条件，不断提高耕地综合生产能力和生态建设。

(2)主要做法

1)紧紧围绕“保生态”，综合采取山上退耕还林和山下治沟造地等措施进行综合整治和系统修复

山上采取退耕还林还草生物措施，促进退耕还绿。20 世纪末的延安地区，生态环境脆弱，实施退耕还林前很长一个时期，由于乱垦滥伐和过度放牧，一度陷入“越垦越穷、越穷越垦，越牧越荒、越荒越牧”的恶性循环。延安市积极响应国家政策号召，广泛开展调查研究，结合当地的实际情况和自然发展规律，认真总结历史

① 引自生态环境部“美丽中国先锋榜——陕西延安市在退耕还林和治沟造地中实现多赢”。

经验教训，认识到贫困落后的根源在于生态破坏和生产方式落后，要改变这一面貌，必须走出一条在经济建设中恢复生态、在生态恢复中发展经济的可持续发展之路。

山下采取治沟造地工程措施，促使泥不出沟。治沟造地是针对黄土高原丘陵沟壑地区特殊地貌，集坝系建设、盐碱地改造、荒沟闲置土地开发利用和生态整体修复为一体的一种沟道土地整治新模式，是保生态、增良田、惠民生的系统性工程。2012 年 9 月，原国土资源部、财政部正式批复将延安市治沟造地列入全国土地整治重大工程。项目涉及全市 13 个县(区)、197 个项目，建设规模 50.67 万亩，总投资 48.32 亿元(其中土地整治资金 40.96 亿元)。为推动治沟造地土地整治重大工程加快实现预期目标，在工程实施过程中，延安市不断加强组织领导，科学规划设计，坚持按照“综合配套、先渗后溢、保持水土、防涝防洪防盐碱”的工作思路，采取“以坝控制、节节设防、留足水道、畅通行洪、适度开挖、分级削坡、造林种草、恢复植被”等针对性措施，规范项目管理，确保工程质量，探索总结出了一套行之有效的办法。

2)紧紧围绕“增良田”，采取打坝淤地、梯田修筑等措施，增加耕地数量，提高耕地质量

采取打坝淤地、削坡填沟等，增加耕地数量。为了稳住退耕还林还草成果，必须先让农民拥有足够的“口粮田”。延安市众多沟道蕴藏着丰富的土地资源可供开发利用，沟道造地潜力 150 多万亩。为了解决耕地短缺和粮食问题，子长县 2009 年率先在西山沟开始治沟造地试点，效果明显。在总结子长县经验的基础上，延安市作出了治沟造地的重要决策，得到了中央和陕西省政府的大力支持。2011 年，陕西省政府将子长县、延川县和宝塔区确定为全省治沟造地试点县(区)，并推广到延安市的其余 8 个县。通过大规模治沟造地工程建设，新增耕地 10 万余亩，提高了当地粮食生产保障能力。

通过建设高标准农田，提高耕地质量。为配合退耕还林政策，延安市治沟造地土地整治重大工程通过深入开展修复整治型、配套完善型、开发补充型、综合整治型等四种类型的沟道整治，实施了拦洪坝淤地坝骨干水利工程、土地平整工程、灌溉与排水工程、田间道路工程、农田防护与生态环境保持工程及其他工程措施，修复整治冲垮、废弃坝地和川道地，完善田、坝、渠、路、林等基础设施，完善了田间灌排沟渠及小型集雨蓄水设施、道路等建设，并采取土壤改良、地力培肥等措施，建成了高标准农田 50 多万亩。

3)紧紧围绕“惠民生”，通过改善生产条件，调整农业产业结构，助推乡村振兴

改善生产条件，提高粮食生产能力，保证当地农民“口粮田”。为保证退耕还

林政策顺利推行，确保农村人口人均 2 亩高标准农田，从 2000 年开始，延安市坚持大搞基本农田建设，累计新建或改造基本口粮田 210 万亩，完成治沟造地 50.96 万亩，使全市农民人均基本口粮田达到 2 亩以上。特别是通过治沟造地土地整治重大工程建设后，通过耕地布局集中连片，提高田间道路通达率和机械作业率，改善耕作条件、沟坝地水肥条件以及提高耕地质量等级，实现每造 1 亩沟坝地可退耕 3～5 亩，确保了当地农民的“口粮田”。

创造扶贫条件，促进脱贫攻坚。将退耕还林、治沟造地与美丽乡村建设相结合，按照“小城镇建设、发展现代农业产业和避灾扶贫搬迁”三位一体的工作思路，实施移民搬迁、助力脱贫攻坚。坚持“就镇、就路、就近”的原则，把居住偏僻、交通不便、条件落后的农户，逐步搬迁到“有田、有水、有路”的地方居住，从根本上改善农民的生产条件和居住环境，帮助贫困户尽快形成致富产业，达到“搬得出、稳得住、能致富”。

优化提升农业产业结构，助推乡村振兴战略实施。延安市退耕还林后，2012 年以来，大力推进“43158”优质农产品生产基地建设，即 400 万亩优质苹果生产基地、300 万亩优质粮食生产基地、100 万亩干果基地、50 万亩蔬菜生产基地、800 万头家畜养殖基地，农村经济逐步向设施农业、高效农业和现代化农业转变。同时，大力发展油用牡丹、药材、食用菌种植和林下养殖产业，目前经济林果、棚栽、舍饲养殖已成为延安市的三大农业主导产业。推动蔬果大棚、规模养殖和生态旅游等农业产业化发展，探索形成以旱地改水田实现“一川稻田绿，万顷碧波流”的南泥湾休闲旅游模式，以“专业大户＋农户”发展产业奔小康的“党畔模式”，以大力发展现代农业实现“蔬菜满园四季青，瓜果飘香又一年”的安塞模式等。

(3)主要成效

通过近 20 年的奋斗，全市植被覆盖率由 2000 年的 46.35%提高到 2017 年的 81.3%，年均降雨量平均增加了 100 mm。实现了每造 1 亩沟坝地可退耕 3～5 亩，支撑巩固了退耕还林成果，达到了“退得了、稳得住、不反弹、能致富”的目标。昔日沟壑纵横黄土高坡又成陕北的“好江南”，山川大地逐步实现了由黄变绿的沧桑巨变。

案例二：山东省东营市盐碱地生态修复及生态产品开发经营[①]

(1)基本情况

山东省东营市是黄河三角洲地区的中心城市，盐碱地面积达 340 余万亩，居山东省首位，是滨海盐碱地的典型代表。受地理条件以及淡水资源不足等因素制

① 引自自然资源部“生态产品价值实现典型案例(第四批)”。

约，区域内盐渍化严重，导致部分生态区域和农耕区退化为寸草不生的盐碱地斑块，成为制约东营市经济发展和民生福祉的“痛点”，其生态修复成为当地群众的愁事、难事。

2021年10月，习近平总书记在东营市考察调研时强调“18亿亩耕地红线要守住，5亿亩盐碱地也要充分开发利用”。东营市党委、政府按照习近平总书记指示精神，积极吸引社会资本参与盐碱地改良利用及生态产品开发经营，因地制宜恢复自然林草植被，发展生态循环林下经济，推动形成适度种养、一二三产业融合的复合高效循环产业体系，走出了一条以生态修复促生态产品开发、以生态产品经营促产业发展、以产业发展促“两山”转化的绿色发展之路。

（2）主要做法

一是建设生态林场，推动盐碱地生态修复。建设垦利区胜坨林场、西宋红旗滩林场、河口区义和林场和东营胜利林场四处生态林场，因地制宜、因情施策做好生态修复。尽力保留原本地形地貌，不进行大规模工程措施，遵循自然规律，保护原有自然生态体系，因地制宜开展微型改良。选择耐盐树种构建盐碱地森林生态系统，主要林草种类包括白蜡、榆树、国槐、柳树、柽柳、板蓝根等。在灌溉实践中探索出兼顾林下生产和林木养护的灌溉节水办法，解决盐碱地区生态修复治理一系列关键问题。留出自然植被恢复区域，践行自然恢复为主的修复理念。根据每个林场的地质状况，在水土条件微改善基础上，封育一部分自然林草地。野生甘蒙柽柳、丛生柳及野大豆、罗布麻等原生植物形成自然群落，同时保留大量种质资源，与人工林形成和谐共生的复合系统，丰富了生态风貌。

二是利用良好生态环境，开发林下复合绿色生态产业体系。践行“绿水青山就是金山银山”理念，种树不卖树，留住生态，向生态要效益，把林场打造成没有屋顶的生态工场，创新发展林下生态循环农业。以生态养殖产业为主链，把林地分割成为不同生产单元，畜禽养殖按照“林地生态承载量、经济管理规模、基础设施合理配套”的原则，设置“家庭牧场”单元，穿插分布于林地之间。打造“种、养、加”配套、一二三产融合的盐碱地立体循环的绿色产业体系，畜禽食用就地种植的作物和中草药配方饲料，提升其自然抵抗力；枝条和作物秸秆等林农废弃物粉碎后做基质种植菌类，有效增加盐碱地有机质、土壤菌群，改良土壤；改良后的土壤可以种植中草药和作物，使得作物营养更丰富、质量更高。

三是以黄河口生态特色品牌为引领，促进产业发展。打造特色品牌，开发出“小欢猪”系列猪肉、熟食、肉酱等产品；通过生态养殖，培育不含抗生素、品质好的“板蓝根鸡”“板蓝根鸡蛋”等畜禽热销产品。发展文旅产业，开发观光游、研学游等项目，打造林下赤松茸采摘基地，成为当地近郊游的热门景点，吸引大批科技、园林工作者开展科创项目合作。探索林下经济产业模式，包括林粮模式，以大株行距标准化种植生态林为主，定植成品苗木，林下套种大豆、玉米、小麦等粮食作物和饲料作物；林药模式，选育板蓝根优良品种，配套高效栽培技术，实现规模化、集约化板蓝根生产；林菌模式，在郁闭度达 70%以上的林间进行食用菌种植；林猪模式，采用中草药饲用技术培育优良猪种，在林下建设生猪养殖基地；林禽模式，利用林下空间放养或圈养家禽，使人禽隔离，减少禽类疾病的影响；林草模式，针对盐碱地和林下适生牧草资源，发展资源筛选、特色饲料创新和林草牧产业。

四是构建"科技＋企业＋农户"利益联结机制，参与乡村振兴。探索企业与周边农村合作模式，建立健全"订单农业＋社会化服务＋五统一"的生产、销售合作机制，吸引周边农民参与，形成利益共同体；坚持"企业做两端，老百姓做中间"，企业负责科技研发和终端销售，提供种苗技术指导和园区建设，农户负责种植养殖管理，产品由企业统一收储、加工和销售，实现企业与农户的合作共赢。企业与高校、科研院所紧密联系，推动企业与山东省林科院共同成立产业联盟，与山东省农科院共同建立黄河三角洲林下中草药材示范园区，开展联合攻关、自主研发，在生态修复、产业发展、模式探索等方面集成创新，促进产学研一体化发展。

(3)主要成效

一是增加生态产品供给，提升生态效益。通过持续地生态修复，1 万余亩黄河三角洲盐碱地从生态退化区蜕变成生机盎然的特色生态区，盐碱度从最初的 6‰～8‰降低到 1‰～3‰。生态环境持续向好，河口区义和林场成为南迁候鸟群途中的休憩地，每年 11 月份到此集结、逗留；西宋红旗滩林场紧邻黄河，甘蒙柽柳林既吸引鸟群结队飞来栖息，又保持住黄河沿岸的水土；恢复东营胜利林场 600 多亩的黄河故道湿地，原生植被、人工林参差错落，显现出湿地应有的自然景观；垦利区胜坨林场支持沿黄生态长廊建设，明显改善油田矿区用地生态环境，周边空气质量有所改善，地下水得到净化并有效降低含盐量，生物多样性得到显著提升。资源高效循环利用，借助林下种养机制，产业链中所有产物都作为资源循环利用，不仅可以消化畜禽粪便、生产废弃物，还可以收集消纳周围城市绿化植被废弃物、农田作物秸秆等，促进资源节约集约和高效利用。

二是促进生态产业化，凸显经济效益。通过打造林下生态循环农业新模式，打通了经营性生态产品价值实现的渠道，凸显了文化服务类和物质供给类生态产品的价值。一方面，"小欢猪"品牌成为知名农产品品牌，并远销北京、上海、深圳等地，实现年销售收入 1.2 亿元；观光游、研学游、科研游等文旅项目每年接待游客 5 万余人，年收入实现约 200 万元。另一方面，林下经济产业价值充分显化，一级菇净利润约 1.4 万元/亩，板蓝根种子约 3000 元/亩，饲料桑 6000～8000 元/亩，每年可实现林下经济总产值近 6000 万元。

三是生态产品价值逐渐显化，发挥社会效益。通过积极发展林下赤松茸采摘等生态产业，有效带动周边 10 万余亩的盐碱地实现经济转化，年产值达 2000 万元，村集体每年获得土地承包租金 600 余万元，农民户均年增收 1 万余元，带动周边 15 个村增收致富。

案例三：云南省玉溪市抚仙湖山水林田湖草综合治理[①]

(1)基本情况

云南省玉溪市抚仙湖是珠江源头的第一大湖，也是我国内陆湖中蓄水量最大的深水型淡水湖泊，水资源总量占全国湖泊淡水资源总量的 9.16%，是滇池的 13 倍、洱海的 7 倍、太湖的 4 倍。但是受流域磷矿开发、山地垦殖、人口快速扩张等因素影响，抚仙湖 2002 年局部暴发蓝藻，污染负荷逐步增加，大部分水域水质呈现快速下降的趋势，流域生态退化日趋严重。2017 年开始，抚仙湖地区被纳入全国山水林田湖草生态保护修复工程试点，省、市、县各级党委政府坚持"节约优先、保护优先、自然恢复为主"的方针，围绕突出问题，推动抚仙湖流域整体保护、系统修复和综合治理，探索生态＋农业发展有效模式，取得了积极成效。

(2)具体做法

一是加强流域国土空间格局优化与管控。玉溪市按照"共抓大保护、不搞大开发"的战略导向，坚持以水定城、以水定产、以水定人，在整合原有多项规划的基础上，发挥国土空间规划的引领作用，编制了抚仙湖保护和开发利用总体规划，合理划定生态、生产、生活空间，合理规划抚仙湖流域人口、产业、城市建设等发展水平，构建了以抚仙湖为核心，以山体、河流、湿地和自然保护区等为生态屏障的生态安全空间格局。同时在经济社会发展中坚持"四条红线"，即抚仙湖最高蓄水位沿地表向外水平延伸 110 m 范围内不得建永久性设施，严格控制生活生产取水并严禁取水做景观，污水零排放、垃圾无害化和设施景观化，严禁建设高密度地产项目，加强国土空间管控。

二是推进腾退工程。按照"湖边做减法、城区做加法、减轻湖边负担"的原则，推进抚仙湖流域腾退工程，还自然以宁静。强力推进抚仙湖"四退三还"(退人、退房、退田、退塘，还湖、还水、还湿地)，抚仙湖一级保护区内共退出农田 8400 亩、鱼塘 493 亩，最大限度地减少面源污染。22 家中央和省、市、县属企事业单位，以及 16 家私营企业全部退出抚仙湖一级保护区，退出地块面积 1343.19 亩，拆除建筑面积 22.5 万 m^2。开展抚仙湖径流区餐饮住宿专项整治，共关停 153 户，整改达标

① 引自自然资源部"生态产品价值实现典型案例(第一批)"。

户全部安装油、气、水等处理设备。抚仙湖径流区内退出规模畜禽养殖 1090 户、水产养殖 149 户；全面禁止机动船艇，取缔机动船艇 2000 余艘。同时，实施抚仙湖环湖生态移民搬迁 3 万余人，采取“进城、进镇、进项目”的方式进行集中安置，并按照规划要求，将腾退空间用于还湖、还水、还湿。

三是推动国土空间生态修复工程。通过实施修山扩林工程，加大磷矿山废弃地修复和矿山磷流失控制力度，减少流域磷污染负荷。实施调田节水工程，推广清洁农业、水肥一体化施肥及高效节水灌溉技术，减少施肥量、农田用水量和排水量。实施治湖保水工程，加大对水源涵养林的保护和库塘湿地修复，提高植被覆盖率和保护生物多样性。实施控污治河工程，开展农村截污治污，削减污染负荷和提高水资源利用率。实施生境修复工程，对湖内水体保育和土著鱼类进行保护，通过维护湖内生态系统，提高湖泊水环境质量。

四是探索生态型农业发展。实施抚仙湖径流区耕地休耕轮作和农业种植结构优化，将水、肥、农药需求量大的作物全部替换为低污染农作物，引进种植大户、合作社等新型经营主体，重点发展蓝莓、荷藕等特色农业，建成玉溪庄园、吉花荷藕等生态农业庄园，打造绿色烤烟基地 2 万亩、水稻荷藕种植面积 1.2 万亩、蓝莓种植面积 0.8 万亩。

(3)主要成效

抚仙湖流域生态恶化势头得到根本扭转，仅休耕轮作一项措施，每年削减抚仙湖流域纯氮约 4870 t，削减 88.5%；削减纯磷约 2050 t，削减 89.1%。抚仙湖水质持续保持湖泊Ⅰ类标准，在全国 81 个水质良好湖泊保护绩效考评中名列第一，储备的淡水资源量占国控重点湖泊Ⅰ类水的 91.4%，相当于为每位中国人储备了 15 tⅠ类水。推动农业绿色低碳转型。严格按照农业产业规划布局和种植标准，发展生态苗木、荷藕、蓝莓、水稻、烤烟、小麦、油菜等节水节药节肥型高原特色生态绿色循环农业。

以上案例坚持人与自然和谐共生的基本方针，坚持绿水青山就是金山银山，在修复破损或损毁生态系统的同时，按照生态工程学原理，推广种养结合、生态健康养殖等方式，推进农业资源利用集约化、投入品减量化、废弃物资源化、产业模式生态化，有力有效发展生态农业，带动了当地群众增收致富，创新和发展了“生态＋农业”模式，也为其他类似地区生态保护修复、培育发展生态农业提供了借鉴。例如，注重生态保护修复的系统性，陕西延安采取退耕还林和治沟造地结合的方式进行综合整治和系统修复；山东省东营市建设生态林场推动盐碱地生态修复；玉溪市实施国土空间生态修复工程，取得了较好生态成效。同时案例区因地制宜发展生态农业，延安市挖掘土地生产潜力，提高耕地质量，调整农业结构，转变发展方式;东营市利用良好生态环境,开发林下复合绿色生态产业体系,打造“种、养、加”配套、一二三产融合的盐碱地立体循环的绿色产业体系;玉溪市发展节水节药节肥型高原特色生态绿色循环农业,带动了抚仙湖周边群众增收致富。

13.1.2 “生态+旅游”模式

案例四:山东省威海市华夏城矿坑生态修复+旅游发展①

(1)基本情况

山东省威海市华夏城景区位于里口山脉南端的龙山区域,原有生态环境良好,风光秀丽。20世纪70年代末,龙山区域成为建筑石材集中开采区,先后入驻了26家企业。经过30年左右的开采,区域内矿坑多达44个,被毁山体3767亩,森林植被损毁、粉尘和噪声污染、水土流失、地质灾害等问题突出,导致周边村民无法进行正常的生产生活,区域自然生态系统退化和受损严重。

2003年开始,威海市采取“政府引导、企业参与、多资本融合”的模式,对龙山区域开展生态修复治理,由威海市华夏集团先后投资51.6亿元,持续开展矿坑生态修复和旅游景区建设,探索生态修复、产业发展与生态产品价值实现“一体规划、一体实施、一体见效”。经过十几年的接续努力,龙山区域的矿坑废墟转变为生态良好、风光旖旎的5A级景区,带动了周边村庄和社区的繁荣发展,实现了生态效益、经济效益和社会效益的良性循环。

(2)主要做法

一是明晰产权,明确生态修复和产业发展的实施主体。2003年,威海市委、市政府确立了“生态威海”发展战略,把关停龙山区域采石场和修复矿坑摆在突出位置,将采矿区调整规划为文化旅游控制区,同时引入有修复意愿的威海市华夏集团作为区域修复治理的主体。华夏集团先后投入2400余万元用于获得中心矿区的经营权、采矿企业的搬迁补偿和地上附着物补助等,并租赁了周边村集体荒山荒地2586亩,明确了拟修复区域的自然资源产权。随着生态修复的不断推进,华夏集团将修复与文旅产业、富民兴业相结合,通过市场公开竞争方式取得了223亩国有建设用地使用权,其中150亩用于建设海洋馆、展馆等景区设施,73亩用于建设与景区配套的酒店,为后续生态管护和景区开发奠定了基础。

二是开展矿坑生态修复,将矿坑废墟恢复为绿水青山。华夏集团根据山体受损情况,以达到最佳生态恢复效果为原则,分类开展受损山体综合治理和矿坑生态修复。通过土方回填、修复山体,针对威海市降水较少、矿坑断面高等实际情

① 引自自然资源部“生态产品价值实现典型案例(第一批)”。

况，采用难度大、成本高的“拉土回填”方式填埋矿坑、修复受损山体，最大程度减少发生地质灾害的风险，恢复自然生态原貌。通过修建隧道、改善交通，针对部分山体被双面开采，山体破损极其严重、难以修复的情况，经充分论证，规划建设隧道，隧道上方覆土绿化、恢复植被。通过拦堤筑坝、储蓄水源，对于开采最为严重的矿坑，采用黄泥包底的原始工艺，修筑了 35 个大小塘坝，经天然蓄水、自然渗漏后形成水系，为景区内部分景点和植被灌溉提供了水源，改善了局部生态环境。通过栽植树木、恢复生态，在填土治理矿坑的同时进行绿化，因地制宜地栽植雪松、黑松、刺槐、柳树等各类树木 200 余种，恢复绿水青山、四季有绿的生态原貌。

三是发展文旅产业，将绿水青山变为金山银山。为了解决绿水青山恢复后长期维护的问题，华夏集团积极探索生态产品价值实现模式，将生态修复治理与文化旅游产业相结合，依托修复后的自然生态系统和地形地势，打造不同形态的文化旅游产品，促进绿水青山向金山银山的转化。依托长 210 m、宽 171 m 的矿坑，创新打造 360°旋转行走式的室外演艺《神游传奇》秀，集中展现华夏五千年文明和民族精神，实现自然景观与人文景观的紧密结合；依据山势建设了 1.6 万 m^2 的生态文明展馆，采用“新奇特”技术手段，将观展与体验相结合，集中展现华夏城的生态修复过程和成效，让游客身临其境、亲身感受“绿水青山就是金山银山”的理念。

(3)取得成效

一是生态产品显著增加。截至 2019 年，华夏集团共搬运土方 6456 万 m^3，恢复被毁山体近 4000 亩；栽种各类树木 1189 万株，龙山区域的森林覆盖率由原来的 56%提高到 95%，植被覆盖率由 65%提高到 97%；修筑塘坝所形成的水系，彻底改变了原来矿山无水的状况，吸引了白鹭、野鸭、野鸡等几十种野生鸟类和鹿、野兔等十几种野生动物觅食栖息，成功地将生态废墟建设成为山清水秀的生态景区，恢复了区域内的自然生态系统，为周边 15 万居民和威海市民提供了源源不断的高质量生态产品。

二是打通了生态产品价值实现的路径。华夏集团通过“生态＋文旅产业”的模式，让生态产品的价值得到充分显现。截至 2019 年底，华夏城景区累计接待游客近 2000 万人次，景区年收入达到 2.3 亿元，近 5 年累计缴税 1.16 亿元。随着生态环境的显著改善和华夏城景区的建成开放，带动了周边区域的土地增值，其中住宅用地的市场交易价格从 2011 年最低的 58 万元/亩增长到 2019 年的 494 万元/亩，实现了生态产品价值的外溢。

三是实现了生态、经济和社会等综合效益。生态旅游产业的发展带动了周边地区人员的充分就业和景区配套服务产业的繁荣，华夏城景区共吸纳周边居民 1000 余人就业，人均年收入约 4 万元；带动了周边区域酒店、餐饮和零售业等服务业的快速发展，新增酒店客房约 4170 间，新增餐饮等店铺约 2000 家，吸纳周边居民创业就业1万余人，周边13个村的村集体经济收入年均增长率达到了14.8%，实现了生态效益、经济效益和社会效益的有机统一。

案例五：重庆市铜锣山废弃矿山变网红景区①

(1)基本情况

铜锣山是重庆市"四山"之一，是重要的生态涵养区和生态屏障，是重庆主城"肺叶"，对长江水生态环境安全起着重要作用。20世纪90年代大规模的露天采矿活动造成土地损毁，植被破坏，生态退化严重，安全隐患突出。渝北区深入贯彻落实习近平新时代中国特色社会主义思想，牢固树立"山水林田湖草是生命共同体"理念，全面关闭采石场，将41个集中连片的废弃矿坑及14.87 km^2 影响区统一规划，结合区位优势及周边其他产业布局，将矿业遗迹展示与生态旅游结合，打造矿山文化旅游区。将该区域打造成为山清水秀美丽之地展示区、矿山生态保护修复样板区、生态产品价值实现试点区。

(2)主要做法

1)科学制定生态修复策略

在全面调查基础上，渝北区针对铜锣山重点存在水源涵养能力低、生态产品供给能力低、生物多样性减少、乡村景观质量低等问题，因地制宜明确"全面保护、自然修复、生态系统综合设计、协同共生设计"四大策略，编制形成生态保护修复规划，确定实施生态保育、生态修复、合理利用、科普宣传等工作重点，同步开展国土综合整治、国土绿化、水环境调查及修复等有关工程，全力进行矿山生态修复。

2)合理布局生态修复任务

渝北区秉持"自然修复为主、人工修复为辅"的理念，按照"生态保育区、生态修复区、合理利用区"分区思路，统筹开展"山上""山腰""山下"系统修复。"山上"重点开展环山公路沿线国土绿化、景观步道、生物多样性保护工作；"山腰"重点开展废弃矿山及其影响区、矿坑水体生态修复；"山下"重点开展包括田水路林村等国土综合整治工作，同时统筹开展农村面源污染防治、地下水调查、村庄整治等10个子类工作。目前，该片区生态修复综合效益已显著呈现。

3)持续发力探索试点新举措

近年来，渝北区将生态保护修复工程与乡村振兴、产业发展、民生改善等工作统筹推进，充分整合各部门政策措施，发挥政策组合效应，探索试点新举措。依托铜锣山国土综合整治和矿山生态修复产生的新增耕地指标调剂收益、生态地票收益，建立生态修复专项资金，统筹用于山水林田湖草保护修复，保障生态修复长效

---

① 引自《中国自然资源报》"国土空间生态修复典型案例"。

资金投入。盘活利用闲置集体建设用地。探索农房整宗地收益权收储，积极推进闲置宅基地依法有序盘活利用，拓宽乡村旅游产业项目落地渠道。积极吸引社会资本投入。编制矿山公园总体规划，通过矿山修复预留建设用地配套产业项目等激励政策扩大招商，吸引社会资本积极参与。

(3) 主要成效

截至 2020 年底，完成 1～5 期(10 个矿坑)矿山生态修复 107 hm^2，在建 6～12 期(15 个矿坑)93 hm^2，预计在 2021 年 12 月前完成，新增耕地、林地等农用地 140 余 hm^2，种植树木近 40 万株，消除边坡等安全隐患 54 处，铜锣山矿山生态修复治理率将达到 70%；治理后的矿坑水体全部达到三类水标准以上；完成国土综合整治 5000 亩，道路、水利等农业生产基础设施不断完善；国土绿化营林改造近万亩，既增加了森林覆盖率，同时吸引了猫头鹰、野鸡等野生鸟类和野猪、野兔等野生动物觅食栖息，增加了生物多样性；人居环境整治改善 720 余户村民居住条件，群众人居环境质量不断改善。目前，铜锣山矿山公园首开区约 1800 亩已对外公益开放，游人如织，高峰期日接待高达两万余人，已成为重庆的"网红景点"，有重庆"小九寨"之称，生态产品价值实现效益显著。吸纳周边村民 200 余人就业和创业，人均增收约 2 万元，并通过无偿提供农产品交易区售卖农副产品、农户开设农家乐、集体经济组织通过以地入股与社会投资主体合作办企等多种方式，推动生态价值转化为农户增收。

案例六：江苏省苏州市金庭镇"生态＋农文旅"发展模式①

(1) 基本情况

苏州市吴中区金庭镇地处太湖中心区域，距离苏州主城区约 40 km，拥有中国淡水湖泊中最大的岛屿西山岛，以及 84.22 km^2 的太湖风景名胜区、148 km^2 的太湖水域和 100 多处历史文化古迹，是全国唯一的整岛风景名胜保护区，拥有长三角经济圈中极为稀缺的生态环境和自然人文资源。

近年来，金庭镇坚持生态优先、绿色发展的理念，按照"环太湖生态文旅带"的全域定位，依托丰富的自然资源资产和深厚的历史文化底蕴，积极实施生态环境综合整治，推动传统农业产业转型升级为绿色发展的生态产业，打造"生态＋农文旅"模式，实现了经济价值、社会价值、生态价值、历史价值、文化价值的全面提升。

(2) 主要做法

一是优化空间布局，做好建设"减法"和生态"加法"。金庭镇融合了生态规划、土地利用总体规划、村庄规划、景区详细规划等各类规划，按照"提升生产能

① 引自自然资源部"生态产品价值实现典型案例(第二批)"。

力、扩展生活空间、孕育生态效应”的理念，规划到2024年全镇生产空间规模为128 hm^2，占总面积的1.52%；生活空间规模为1190 hm^2，占比14.14%；生态空间规模为7104 hm^2，占比84.34%，系统优化全镇的生产、生活、生态空间布局。通过以“优化农用地结构保护耕地、优化建设用地空间布局保障发展、优化镇村居住用地布局保障权益”为核心的“三优三保”行动，按照“宜农则农、宜渔则渔、宜林则林、宜耕则耕、宜生态则生态”的原则，通过拆旧复垦、高标准农田建设、生态修复等方式，整治各类低效用地798.2亩，增加了生态空间和农业生产空间，实现了耕地集中连片、建设用地减量提质发展、生态用地比例增加，获得的空间规模、新增建设用地、占补平衡等指标用于全镇公共基础设施建设和吴中区重点开发区域使用，土地增减挂钩收益用于金庭镇生态保护、修复和补齐民生短板。此外，在规划编制和土地资源管理过程中，金庭镇预留了后续发展生态产业所需要的建设用地指标，夯实了生态产品供给和价值实现的基础。

二是聚焦“水陆空”，开展山水林田湖草系统治理。“水”方面，防治与保护“双管齐下”，促进水环境提升。对127条流入太湖的小河实行“河长制”，严格落实主体监管责任，从源头上保护太湖；对太湖沿岸三公里范围内所有养殖池塘进行改造，落实养殖尾水达标排放和循环利用；建立严密的监控体系、实行严格的环保标准，防止水源污染；对宕口底部进行清淤和平整，修建生态驳岸和滚水坝，修复水生态。“陆”方面，以土地综合整治为抓手，推进山水林田湖草系统修复和治理。完成消夏湾近3000亩鱼塘整治和农田复垦，建设高标准农田用于发展现代高效农业和农业观光旅游；对镇区西南部的废弃工矿用地开展生态修复，打造景色怡人的“花海”生态园；系统治理受损的矿坑塌陷区，就近引入水系，加强植被抚育，恢复自然生态系统。“空”方面，开展大气环境整治，关停镇区“散乱污”企业，控制畜禽养殖，减少空气污染源；开展国土绿化行动，增加森林覆盖率，改善空气质量。

三是建立生态补偿机制，推动公共性生态产品价值实现。2010年，苏州市制定了《关于建立生态补偿机制的意见（试行）》，在全国率先建立生态补偿机制。2014年，在全国率先以地方性法规的形式制定了《苏州市生态补偿条例》。2010年至2023年，通过三次调整补偿范围、补偿标准等政策，实现了镇、村等不同产权主体的权益，金庭镇每年的风景名胜区补偿资金和四分之三的生态公益林补偿资金拨付到镇，用于风景名胜区改造和保护修复、公益林管护、森林防火等支出；水稻田、重要湿地、水源地补偿资金和四分之一的生态公益林补偿资金拨付到村民委员会，主要用于村民的森林、农田等股权固定分红、生态产业发展等，极大地激发了镇、村和村民保护生态的积极性。2019年，苏州市选择金庭、东山地区开展苏州生态涵养发展实验区建设，将其定位为环太湖地区重要的生态屏障和水源保护地，市、区两级财政在原有生态补偿政策的基础上，2019—2023 年共安排专项补助资金 20 亿元，重点用于上述区域的生态保护修复和基本公共服务。

四是建立“生态＋农文旅”模式，实现生态产业化经营和市场化价值实现。金庭镇依托特殊的地理区位、丰富的自然资源和深厚的历史文化底蕴，建立“生态＋农文旅”模式，推动生态产业化经营。打造农业发展新模式，促进“特色农品变优质商品”。重点围绕洞庭山碧螺春、青种枇杷、水晶石榴等特色农产品，打造金庭镇特色“农品名片”，将传统历史文化内涵融入特色农产品的宣传销售中，增加产品附加值；通过“互联网＋农产品”销售模式，拓展“特色农品变优质商品”的转化渠道；与顺丰快递签订战略协议，在各个村主要路口设置快递站点，提高鲜果产品运输效率。挖掘“农文旅”产业链，实现“农业劳动变体验活动”。挖掘明月湾、东村 2 个中国历史文化名村及堂里、植里等 6 个传统历史村落的文化底蕴，鼓励村民在传统村落中以自有宅基地和果园、茶园、鱼塘等生态载体发展特色民宿、家庭采摘园等，实现从传统餐饮住宿向农业文化体验活动拓展，形成“吃采看游住购”全产业链。提升生态文化内涵，助推“绿色平台变生态品牌”。积极宣传“消夏渔歌”“十番锣鼓”等非物质文化遗产的传承保护，推进全域生态文化旅游，形成了丽舍、香樟小院等一批精品民宿品牌，通过游客的“进入式消费”实现生态产品的增值溢价。

(3)主要成效

一是绿色发展意识和生态产品供给水平“双提升”。近年来，金庭镇干部群众的绿色发展意识逐渐增强，保护绿水青山、依靠绿水青山、走高质量发展之路，已经成为金庭人的行动自觉，金庭镇的生态空间显著增加，自然生态系统得到全面保护和修复，江南水乡特色、传统历史文化得以传承，生态产品的供给能力显著提升。2019 年，金庭镇建设开发强度降低至 16.65%，同比降低了 13.28 个百分点；森林覆盖率增加至 71%，全镇地表水水质均达到Ⅱ类以上，空气质量达到国内优质标准；生物多样性逐渐增加，区域内植物种类超过 500 种，动物种类超过 200 种，拥有银杏、水杉等多个国家一级、二级保护植物，以及虎纹蛙、鹈鹕、鸳鸯等多种国家、省级保护动物。

二是经济社会发展和民生福祉“双推进”。2019 年，金庭镇国内生产总值达到 24.93 亿元，同比增长 6.10%。其中，服务业占比近 80%，服务业增加值达到 19.75 亿元，同比增长 7%。全镇 2019 年新增就业岗位 647 个，同比增长 39.7%；农民人均年纯收入达到 26573 元，同比增长 6.2%。依托“生态＋农文旅”模式，生态产品价值融入了第一、二、三产业发展中，让农民、政府、投资商三方共赢，实现了经济社会发展和民生福祉的“双推进”。

以上案例表明：坚持山水林田湖草沙一体化保护和系统治理，统筹生态修复和生态惠民，因地制宜发展惠民旅游产业，将生态修复与生态旅游发展相结合，在恢复生态系统功能和增加生态供给的同时，将生态产品的价值附着于旅游产品的价值中，实现百姓富、生态美的有机统一，创新和发展了“生态＋旅游”发展模式。例如，山东省威海市开展矿坑生态修复，将矿坑废墟恢复为绿水青山，又依托修复后的自然生态系统和地形地势，打造不同形态的文化旅游产品，促进绿水青山向金山银山的转化；重庆市渝北区秉持“自然修复为主、人工修复为辅”的理念，统筹开展“山上”“山腰”“山下”系统修复，同时，又将生态保护修复工程与乡村振兴、产业发展、民生改善等工作统筹推进，充分整合各部门政策措施，发挥政策组合效应。将生态保护修复与生态旅游产业发展紧密联系起来，在解决矿山生态破坏、湖泊水体污染等问题的同时，又为生态旅游产业开发提供土地资源、生态环境等产业开发要素支撑，打通了绿水青山不断转化为金山银山的路径。

13.1.3 “生态＋三产”模式

案例七：江西省赣州市寻乌县山生态修复＋发展模式[①]

(1)基本情况

江西省赣州市寻乌县是赣江、东江、韩江三江发源地，属于南方生态屏障的重要组成部分和全国重点生态功能区，也是毛泽东同志1930年开展“寻乌调查”的地方。寻乌县稀土资源丰富，自20世纪70年代末以来稀土开采不断，但由于生产工艺落后和忽视生态环境保护，导致植被破坏、水土流失、水体污染、土地沙化和次生地质灾害频发等一系列严重问题，遗留下面积巨大的“生态伤疤”。

近年来，寻乌县坚持“生态立县，绿色崛起”的发展战略，推进山水林田湖草生态保护修复，先后开展了文峰乡石排、柯树塘及涵水片区3个废弃矿山综合治理与生态修复工程，按照“宜林则林、宜耕则耕、宜工则工、宜水则水”的原则，统筹推进水域保护、矿山治理、土地整治、植被恢复等生态修复治理；在治理过程中坚持“生态＋”理念，因地制宜地推进生态产业发展，促进生态产品价值实现，取得了积极成效。

(2)主要做法

一是坚持全景式规划。寻乌县坚持规划先行、高位推进，编制了《寻乌县山水林田湖草项目修建性详细规划》和《项目实施方案》等指导文件，专门成立了县山水林田湖草项目办公室，确保项目实施有规可依、有章可循。在项目推进上坚持

① 引自自然资源部“生态产品价值实现典型案例(第一批)”。

“抱团攻坚”，打破原来山水林田湖草“碎片化”治理格局，一体化推进区域内“山、水、林、田、湖、草、路、景、村”治理。统筹各类项目资金，在山水林田湖草生态保护修复资金的基础上，整合国家生态功能区转移支付、东江上下游横向生态补偿、低质低效林改造等各类财政资金 7.11 亿元；由县财政出资、联合其他合作银行筹措资金成立生态基金，积极引入社会投资 2.44 亿元，确保项目推进“加速度”。

二是加强系统性治理。在具体工作中，寻乌县创新实践了“三同治”模式：山上山下同治，在山上实施边坡修复、沉沙排水、植被复绿等治理措施，在山下填筑沟壑、兴建生态挡墙、截排水沟，消除矿山崩岗、滑坡等地质灾害隐患，控制水土流失；地上地下同治，地上通过客土置换、增施有机肥等措施改良土壤，平整后开展光伏发电或种植油茶等经济作物，山坡坡面采取穴播、喷播等多种形式恢复植被，地下采用截水墙、高压旋喷桩等工艺将地下污染水体引流至地面生态水塘、人工湿地进行污染治理；流域上下同治，在上游稳沙固土、恢复植被，减少稀土尾沙、水质氨氮等污染源头，在下游建设梯级人工湿地、水终端处理设施等水质综合治理系统，实现水质末端控制和全流域稳定有效治理。同时，对所有项目统一设置了水质、水土流失控制、植被覆盖率、土壤养分及理化性质等 4 项考核标准，对所有施工单位明确了 4 年的后续管护任务，确保治理全覆盖。

三是推进“生态＋”发展模式。寻乌县在推进山水林田湖草综合治理与生态修复的同时，积极探索生态发展道路，促进生态产品价值实现。发展“生态＋工业”，利用治理后的 7000 亩存量工矿废弃地建设工业园区，解决寻乌县工业用地紧张的难题，实现“变废为园”；实施“生态＋光伏”，通过引进社会资本，在石排村、上甲村等治理区建设总装机容量 35 MW 的光伏发电站，实现“变荒为电”；推进“生态＋扶贫”，综合开发矿区周边土地，建设高标准农田 1800 多亩，利用矿区修复土地种植油茶等经济作物 5600 多亩，既改善了生态环境，又促进了农民增收，实现了“变沙为油”；开展“生态＋旅游”，将修复治理区与青龙岩旅游风景区连为一体，新建自行车赛道 14.5 km、步行道 1.2 km，统筹推进矿山遗迹、科普体验、休闲观光、自行车赛事等文旅项目建设，发展生态旅游、体育健身等产业，促进生态效益和经济社会效益相统一，逐步实现“变景为财”。

(3)主要成效

一是让“废弃矿山”重现“绿水青山”，增强了生态产品供给能力。生态修复治理面积达到 14 km^2，项目区水土流失得到有效控制，单位面积水土流失量降低了 90％，强度由“剧烈”降为“轻度”。区域内河流水质逐步改善，水体氨氮含量减少了 89.76％，寻乌县出境断面水质年均值达到了Ⅱ类标准。经过客土置换、增施有机肥和生石灰改良表土后，项目区土壤理化性状得到显著改良，从治理前土壤有机质含量几乎为零、仅有6种草本植物生长的“南方沙漠”，转变为有百余种草灌乔植物适应生长的“绿色景区”，植被覆盖率由10.2%提高至95%，区域空气质量显著改善，生物多样性逐步恢复。

二是践行“绿水青山”就是“金山银山”，实现了生态产品的综合效益。利用综合整治后的存量工业用地，建成了寻乌县工业用地平台，引进入驻企业30家，新增就业岗位3371个，直接经济效益1.05亿元以上。通过“生态+光伏”，实现项目年发电量3875万kW·h，年经营收入达3970万元，项目区贫困户通过土地流转、务工就业等获益。通过“生态+扶贫”，建设高标准农田1800多亩，利用修复后的5600多亩土地种植油茶树、百香果等经济作物，极大地改善了当地居民的生活环境和耕种环境，年经济收入达到2300万元。通过促进“生态+旅游”，实现“绿”“游”融合发展，年接待游客约10万人次，经营收入超过1000万元，带动了周边村民收入增长，推动生态产品价值实现。

案例八：内蒙古杭锦旗发展沙漠生态循环经济①

(1)基本情况

库布其沙漠，蒙古语中意为“弓上之弦”，是中国第七大沙漠，总面积约为1.86万km^2。30年前，库布其沙漠腹地寸草不生、荒无人烟，风蚀沙埋十分严重，被喻为生命禁区、不可治理的“死亡之海”。库布其沙漠是内蒙古乃至全国沙漠化和水土流失较为严重的地区之一。库布其的生态状况不仅关系本地区发展，也关系华北、西北乃至全国的生态安全。库布其恶劣的生态环境制约着地区经济社会发展，更是当地农牧民贫困的根源，沙区既是生态脆弱区，又是深度贫困地区，既是生态建设主战场，也是脱贫攻坚的重点难点地区，改善生态与发展经济的任务十分繁重。

(2)主要做法

1)坚持党委政府主导，不断构筑沙漠治理支持性政策体系

党的十八大以来，荒漠化治理工作进入新的阶段。当地始终坚持生态优先、保护优先、自然修复为主的方针和山水林田湖草沙是生命共同体的系统思想，扎实推进重点区域的生态修复与治理，依托国家重点生态工程，大力发展地方生态工程，统筹推进水土保持、国土、水利等工程，形成了国家和地方各类工程多轮驱动促进沙区生态持续改善的局面，不断提高沙区生态承载力。在原有政策的基础上，先后出台一系列政策措施，在发展沙产业、生态移民、禁牧休牧、林权流转、生态基础设施建设方面给予了企业和群众直接支持，有效促进了资金、技术、劳动力

① 引自生态环境部“美丽中国先锋榜——内蒙古杭锦旗库布其沙漠治理创新实践”。

等生产要素向生态领域聚集，实现了“三个转变”，即防沙治沙主体由国家和集体为主向全社会参与、多元化投资转变，由注重生态保护与建设工程向科技创新支撑综合防治转变，由单纯注重生态效益向生态效益、经济效益、社会效益协同共进转变。

2)坚持产业化经营，着力构建沙漠治理多元化投入机制

立足于解决生态治理的可持续性问题，不断探索沙漠治理新路子，引入社会企业资本，用产业化的思路指导生态建设，把防沙治沙与产业发展有机结合起来，解决了“钱从哪里来”“利从哪里得”“如何可持续”的问题。同时在库布其沙漠生态治理中，彻底转变了“撒胡椒面”式的投入模式，注重打好资金投入的组合拳，建立了“多渠道进水、一个龙头放水”的项目整合机制和“各炒一盘菜、共办一桌席”的政府、银行、企业协作机制。采取项目带动，统筹捆绑涉农涉牧项目，实施林业生态项目 404.41 万亩、草原生态建设项目 170 万亩、河湖连通项目向库布其沙漠引入黄河凌汛水6300 万 m^3，治理面积 5.4 万亩，累计实施生态建设治理面积 579.81 万亩，投资 10.4 亿元。引入社会资本，依托国家和地方生态工程，在开展系统化、规模化、产业化沙漠治理的基础上，大力发展沙漠生态产业，逐步创造出生态修复、生态牧业、生态健康、生态旅游、生态光伏、生态工业“六位一体”与一、二、三产业融合发展的生态产业体系。

3)强化共同治理理念，充分调动农牧民市场化参与沙漠治理积极性

当地党委、政府深入践行全社会共同建设美丽中国的全民行动观，积极鼓励引导广大农牧民通过植树造林、发展特色种植养殖项目等渠道，融入治沙和生态产业链条，实现在治沙中致富、在致富中治沙。通过建立多方位、多渠道利益联结机制，积极推广“农户＋基地＋龙头企业”的林沙产业发展模式，充分调动广大农牧民特别是贫困农牧民治沙致富的积极性和主动性；在“平台＋插头”的沙漠生态产业链上，农牧民拥有了“沙地业主、产业股东、旅游小老板、民工联队长、产业工人、生态工人、新式农牧民”7 种新身份，带动库布其沙区及周边 3.6 万名农牧民实现脱贫致富，带动周边 1303 户农牧民发展起家庭旅馆、餐饮、民族手工业、沙漠越野等，户均年收入 10 万多元，人均超过 3 万元，517 户农牧民实行标准化养殖和规模化种植，人均年收入达到 2 万元，累计引导农牧民投入 5000 万元左右，完成林草种植 20 万亩，让广大群众共享沙漠生态改善和绿色经济发展成果，获得治沙增绿和民生改善的“双实效”；在库布其东部区域，通过打造循环经济产业链，直接与间接带动了 1 万名贫困人口就业创业，创新性地提出并实施了“无土移民”战略，将生活在沙区与不适宜人类生存发展环境中的群众搬迁到园区创业发展，使 6000 多户 10000 多人进得来、稳得住、能致富；通过建立沙柳种植保护让利的补偿机

制，使周边贫困人口人均增收2000元。

4)注重治沙科技创新，不断提升沙漠科学治理水平

当地坚持尊重科学、顺应自然，运用现代化手段提高生态治理成效，不断开展科技攻关、技术引导，根据库布其沙漠沙化土地类型和自然、社会、经济条件，坚持“先易后难、由近及远、锁边切割、分区治理、整体推进”的治理原则，采取“南围北堵中切割”的治理措施，对库布其沙漠南、北两个边缘，一方面，结合农牧业经济“三区”发展规划，在生态严重退化、不具备农牧业生产条件的区域，实施人口集中转移、退耕、禁牧、封育等措施，增强生态自我修复能力；另一方面，在立地条件较好的区域，采取人工造林、飞播造林等方式，建设乔、灌、草结合的锁边林带，形成生物阻隔带。对库布其沙漠中部，在沙漠腹地水土条件较好的丘间低地和湖库周边，采取点缀治理的方式，开展人工造林种草，建设沙漠绿岛；在充分利用沟川的水分条件，营造护堤林、护岸林、阻沙林带；在库布其沙漠境内修建了多条穿沙公路，将沙漠切割成块状进行分区治理，通过在公路两侧设置沙障、人工种树种草等措施，建成一道道绿色生态屏障，有效控制了沙漠扩展趋势。

(3)主要成效

当地党委、政府将生态建设作为全旗最大的基础建设和民生工程来抓，大力推进祖国北疆生态安全屏障建设，库布其沙漠区域生态环境明显改善，生态资源逐步恢复，沙区经济不断发展，治理面积达6000多km^2，绿化面积达3200多km^2，1/3的沙漠得到治理，实现了由“沙逼人退”到“绿进沙退”的历史性转变。全旗植被覆盖度由2002年的16.2%增加到2018年的53%。杭锦旗党委、政府倾力支持企业规模化、系统化、产业化治沙绿化，发展沙漠生态工业、生态光伏、生态健康、生态旅游和生态农牧业等沙漠生态循环经济产业，通过生态产业的导入带动沙区农牧民创业就业、脱贫致富，沙区贫困人口年均收入从不到400元增长到目前的1.4万元。逐步走出了一条“产业与扶贫”“生态与生意”互促共赢的新路子，孕育并形成了“守望相助、百折不挠、科学创新、绿富同兴”的“库布其精神”，实现了生态效益、经济效益和社会效益的有机统一，被联合国确认为“全球生态经济示范区”。

案例九：甘肃省张掖市推进绿色生态产业高质量发展①

(1)基本情况

张掖市位于中国甘肃省西北部，河西走廊中段，面积40874 km^2，辖甘州区、临泽县、高台县、山丹县、民乐县、肃南裕固族自治县六个县(区)。截至2017年末，常住人口122.93万人。有汉、回、藏、裕固等38个民族，其中裕固族是中国唯一集

① 引自中国甘肃网“张掖推进国家生态文明建设示范市工作纪实”。

中居住在张掖的一个少数民族。张掖市是国家历史文化名城、古丝绸之路重镇、新亚欧大陆桥的要道、中国优秀旅游城市，全国第二大内陆河黑河贯穿全境，是甘肃省商品粮基地，自古有“金张掖、银武威”美誉。张掖拥有亚洲最大的军马场，国务院批准建设的国家级湿地保护区，以及被美国《国家地理》杂志评为世界十大神奇地理奇观的张掖国家地质公园。2019 年 11 月 16 日，中国生态文明论坛年会在湖北省十堰市召开。会上，生态环境部命名表彰了全国 84 个第三批国家生态文明建设示范市县和 23 个第三批“绿水青山就是金山银山”实践创新基地，张掖市被授予第三批国家生态文明建设示范市称号。

(2)主要做法

一是完善制度，科学推进生态文明建设。积极推进重点生态功能区产业负面清单，建立健全国土空间用途管制制度，对祁连山和黑河湿地保护区、水源地一级保护区等国家级、省级禁止开发区域以及其他各类保护地划入生态保护红线范围，采取分区域管控，分类别审批的环境准入制度，构筑起国土空间布局体系的“骨架”和“底盘”，最大限度保护重要生态空间。同时，建立健全生态环境保护长效机制，实行生态文明绩效评价考核“一票否决”制度，成立多部门联动执法机制，健全完善联席会议、会商处置和案件移送制度，实行最严格的生态环保执法监管。

二是狠抓整改，全面改善生态环境质量。全面启动祁连山、黑河湿地两个国家级自然保护区“两转四退四增强”行动计划，实施矿山环境治理恢复、黑河沿岸防护林、黑臭水体治理等 56 项工程。深入开展以控煤控烟控尘、改炕改灶改暖为重点的大气污染专项治理，以消除城市黑臭水体为重点的水污染专项治理，以实现达标排放为目标的企业污染专项治理，以农药、化肥、塑料薄膜减量化为重点的土壤污染专项治理行动，全面实行“河长制”“湖长制”，扎实开展全域无垃圾示范创建工作。建立节能管理制度体系，加大“六大领域”节能管理。

三是优化结构，推进生态产业高质量发展。始终坚持绿色发展、循环发展、低碳发展理念，深入推进绿色生态产业高质量发展，着力构建节能生态产业体系。大力发展绿色生态产业，加快建设总面积 12.7 万亩的戈壁农业产业带。大力推广“三元双向”农业循环模式，促进种植业、养殖业、菌业产生的废料在三个产业间双向转化。重点实施一批生态工业项目，以 2 个省级高新技术产业开发区、4 个省级工业园区的“2＋4”园区为基本载体，加快发展以水电、风电、光电等为重点的新能源产业，以钨钼合金、复合建筑材料等为重点的新材料产业。巩固提升“双创示范”成果。着力推动旅游与文化、体育、医养等相关产业深度融合。坚持以创建全省旅游文化体育医养融合发展示范区为目标，做靓做响“五张名片”，着力打造丝绸之路黄金旅游线重要旅游目的地、中国西部区域游客集散中心和国际特色休闲度假名城。

(3)主要成效

目前,张掖市生态环境质量不断改善,全市环境空气优良天数比例逐年增加,空气质量连续三年排名全省前列,达到国家二类环境空气质量标准。地表水环境质量水质类别均为Ⅱ类,城市集中式饮用水水质达标率100%,水质持续保持良好。在全省生态文明建设年度评价中,张掖绿色发展指数、生态保护指数和公共满意程度均位居全省第三。已累计创建国家级生态乡镇21个、国家级生态村3个、省级生态乡镇53个、省级生态村21个,位居全省第一。

以上案例表明:将生态保护修复与乡村振兴战略紧密关联起来,加强生态保护修复,持续改善农村人居环境,把生态治理和发展特色产业有机结合起来,做大做强有机农产品生产、乡村旅游、休闲农业等产业,拓宽绿水青山转化金山银山的路径,实现生态"含金量"和发展"含绿量"同步提升,是一条高品质生态环境支撑高质量发展的有效路径。例如,江西省赣州市寻乌县推进山水林田湖草生态保护修复,积极探索生态发展道路,促进生态产品价值实现,发展"生态+工业""生态+光伏""生态+旅游"等三产融合发展模式;内蒙古杭锦旗持续开展沙化治理,为产业发展增加了生态环境承载力,引入社会企业资本,把防沙治沙与产业发展有机结合起来,大力发展沙漠生态产业,逐步创造出生态修复、生态牧业、生态健康、生态旅游、生态光伏、生态工业"六位一体"与一、二、三产业融合发展的生态产业体系。以上案例结合本地特色生态资源,在不断巩固提升生态环境质量的同时,着力推进三产融合发展,打出绿色发展的"组合牌",不仅改善了本地区的生态环境,更推进地区产业发展整体迈入更高的台阶,实现了环境效益和经济效益的"双赢"。

13.2 祁连县黑河流域生态保护与旅游发展示范区

自海北州山水工程实施以来,祁连县围绕"美丽祁连、幸福祁连"建设目标,按照"以点带面、示范引领、整体推进"的工作思路,以提升黑河源区流域生态功能为目标,以黑河流域山水林田湖生态保护与修复试点为抓手,以体制机制改革创新为核心,持续改善县域生态环境质量,统筹推进祁连县国家全域旅游示范区、乡村振兴战略、农牧民脱贫攻坚战等重点工作,构建"生态修复+全域旅游"绿色低碳循环发展新模式,探索祁连山地区生态产品价值实现路径,打造了黑河流域生态保护与旅游发展示范区。

13.2.1 县情概况

祁连县因地处巍峨挺拔、绵延千里的祁连山腹地而得名，位于青海省东北、海北藏族自治州西北部。县域总面积 13886 km^2，境内平均海拔 3500 m 以上，属典型的高原大陆性气候，年均降水量 406.7 mm，是一个以牧为主，兼营小块农业的县份。全县辖八宝镇、峨堡镇、默勒镇、阿柔乡、扎麻什乡、野牛沟乡和央隆乡 3 镇 4 乡 45 个行政村 5 个社区；总人口 5.3 万人，少数民族人口占总人口的 81.51%，有汉、藏、蒙古、回、撒拉、裕固等 17 个民族。该县 2021 年完成地区生产总值 20.43 亿元，较 2019 年增长 11.6%，第一、二、三产业占比分别为 40.1∶14.5∶45.4，经济社会发展稳定向好。祁连县境内交通便利，旅游资源丰富，有中国百大避暑名山牛心山、中国最美的六大草原之一祁连山草原、世界第三大峡谷黑河大峡谷等旅游景点，有着“天境祁连”“东方瑞士”的美誉。同时也是全国重要的生态安全屏障，中国第二大内陆河黑河、黄河一级支流大通河及甘肃嘉峪关市母亲河托勒河发源于此，属“三河之源”，是河西走廊最重要的水源地，也是黄河上游重要的水源涵养地和甘蒙西部地区重要的生态屏障，亦是高寒生物物种的“基因库”，具有不可替代的生态地位和生态功能。

13.2.2 工程概况

13.2.2.1 主要目标

祁连县山水林田湖草生态保护与修复试点主要目标如下。

(1)实现“三个全覆盖”，即历史遗留矿山综合整治修复实现全覆盖，农村环境综合整治提升实现全覆盖，县、乡、村三级集中式饮用水水源地环境整治和规范化建设实现全覆盖。

(2)重点打造祁连县黑河流域生态功能提升与旅游协调发展示范区。

13.2.2.2 存在问题

由于受过去传统理念制约、自然资源利用方式粗放和经济社会活动加快等因素影响，导致了区域景观破碎、河道淤积、植被退化等一系列突出问题，生态安全格局遭到破坏，原有良好的生态格局日益破碎。黑河年出境水量为 16.79 亿 m^3，占祁连山水系总径流量的 52%。流域内河流纵横，湿地广布，水资源调蓄、水源涵养、水土保持和水量供给的生态服务功能显著，是祁连山区重要的水源涵养生态功能区。近年来，由于降水量减少、气候干旱，加上重牧、滥牧、矿产资源开发等人为活动的影响，对林草的生长造成了不利的影响，部分地区水源涵养功能大大下降，水土流失严重，河道调蓄功能下降。

13.2.2.3 建设内容及投资

祁连县“山水林田湖草”生态保护修复项目总投资6.13亿元。项目布局八宝河流域县城周边、峨堡—阿柔段和黑河流域油葫芦沟—黄藏寺出境段、河源—油葫芦沟段四大生态保护修复区，涵盖水利、林业、环保、农村环境整治、废弃矿山整治、地质灾害、旅游示范等50项。

13.2.3 主要做法

13.2.3.1 坚持高位推动，强化目标责任落实

一是县委、县政府高度重视试点项目工作，成立了以县委书记为组长、县长为第一副组长、县委副书记、副县长为第二副组长，发改、财政、环林、水利、国土、农牧、住建等单位负责人为成员的“山水林田湖草”生态产业发展领导小组，全面负责项目总体建设。抽调8名专职工作人员成立项目管理办公室，负责项目组织、协调和管理。二是充分发挥试点项目实施主体的责任，强化项目区间和多部门间联动与工作合力的形成，建立了“党政一把手亲自抓，分管领导具体抓，牵头单位协调抓”一级抓一级，层层抓落实的良好工作格局。召开祁连县创建国家全域旅游示范区工作动员会、工作推进会、联席会议及领导小组工作会议等，全面部署国家全域旅游示范区创建目标任务。三是严格按照相关法律法规和规范要求，紧盯项目设计、工程质量、资金使用、绩效目标管理和竣工验收等关键环节，通过召开专题会议部署工作、研究分析难题、找准问题症结，采取专题汇报、现场办公、督办约谈、建立工期倒排等措施和制度推进项目建设工作，确定了时间节点，明确了任务，为生态修复工程顺利实施提供了坚实组织保证。

13.2.3.2 创新制度建设，规范工程项目管理

一是祁连县人民政府制定了《祁连县山水林田湖生态保护修复项目专项资金管理办法》，县项目办先后制定了《祁连县山水林田湖项目管理办公室项目建设资金监督管理办法》《祁连县山水林田湖项目管理办公室财务管理制度》《祁连县“山水林田湖草”项目资金审批拨付制度》《祁连县“山水林田湖草”项目资金下达及审批流程图》。通过资金管理办法，突出针对性和操作性，形成一套结构健全的专项资金使用管理体系。二是以制度建设为保障，制定印发了《项目管理办法》《项目验收管理办法》《项目巡检制度》《项目安全生产管理办法》《项目档案管理办法》《管理办公室人员廉洁自律制度》等6个文件，形成了以制度管人、管事的管理机制。三是整合各类专项资金，提高生态保护修复整体成效。以黑河流域河源区河

道整治与生态安全格局构建工程实施范围为重点，统筹整合祁连山生态保护与建设综合治理、退化草地保护与治理、湿地保护与恢复、森林生态系统修复等重点工程资金，聚焦生态保护修复最核心、最为紧迫的关键地区，整体推进祁连山生态系统稳定和功能提升。四是围绕试点项目的实施，积极探索"水管员＋""村两委＋"等社区共管模式。祁连县采取"打捆委托"的方式将其辖区内的水源地巡查和小型水利工程简单维修工作委托给乡镇进行运行管护，强化了饮水安全保障能力。积极与野牛沟乡边麻村、扎麻什乡郭米村、阿柔乡日旭村、野牛沟乡大泉村、八宝镇麻拉河村两委对接，通过群众通俗易懂的设计风格采用图文结合方式打造生态文化宣传长廊、宣传橱窗和生态保护理念的知识墙，采用传统民族风俗的则柔、斗曲等表演形式广泛宣传。

13.2.3.3 突出生态理念，提高生态治理效益

一是举办"祁连山山水林田湖草生命共同体高峰论坛"，邀请了全国五位院士和多名专家开展了多学科、多领域、多视角的高层次交流研讨，进一步凝聚培育"山水林田湖草"生命共同体更广泛的共识和力量。同时通过项目实施引导、鼓励广大农牧民在生产和生活中保护生态、减少污染，改善山区人居环境，打造绿色人居环境，树立尊重自然、保护自然、顺应自然的科学理念，形成全社会共建生态文明的格局。二是以生态化理念开展河道整治。采用拟自然的手法修复受损河床，尽可能恢复河床原有地貌；利用宾格石笼生态柔性护岸措施，统筹结合防洪、生态、水资源的需要，有针对性地开展河道生态整治。三是以流域范围为边界全域开展生态修复。通过地形平整、裸露地块绿化，分单元、分片区进行覆土绿化，新增绿化面积 2512 亩，换土 10 万余 m^3，封育网围栏累计约 58000 m。四是按照预防为主的思路，以避让搬迁与工程治理相结合抓好地质灾害隐患地段修复。逐项针对祁连县多处地质灾害修复地段的实际情况，坚持一切按实际出发，将不涉及群众生命财产安全隐患的滑坡山体、不稳定斜坡按照削坡复绿、疏通连通自然泄洪渠道、围栏封育林草植被等措施，稳定其现状，核减挡土墙、护坡工程建设，使地质灾害地段与周边地质环境、自然原貌相和谐。五是因地制宜，积极采取生态修复为主的办法治理废弃矿山，针对历史遗留无主矿山多处海拔 4000 m 以上的高寒、干旱山地，植被难以恢复的难题和植被恢复缺乏土源，客土运距远和巨大矿坑填充工程量过大、投资过高的实际问题，根据实际地貌地形及周边植被种类，"宜乔则乔、宜灌则灌、宜草则草"，优化施工设计方案，采用穴坑带土球种植、直接洒播草籽的办法，以与现场生态植被相一致的林草种类进行复绿，并通过整理地形、雨水引流、围栏育草等措施帮助其自然恢复。六是针对个别项目生态理念落实不到位的问题，顶住项目进展压力、保持历史定力和耐心，不断完善和优化项目设计

方案。结合各类督查检查工作，重点对祁连阿咪东索泥石流治理、小八宝石棉矿治理等项目设计方案进行完善和优化。

13.2.3.4 坚持整体推进，助力国家公园建设

一是注重祁连山国家公园内外整体的保护修复，将试点工作历史遗留矿山环境整治、地质灾害区国土整治工程与祁连山自然保护区管理和国家公园体制改革整治相结合，对照试点工作《总体实施方案》任务要求，在工程设计、治理措施和整治模式方面进行了进一步的优化，注重在解决历史遗留问题的基础上，积极探索矿山开发区生态环境恢复与整治的可靠模式。将涉及祁连山国家公园内的5处历史遗留废弃矿山纳入了“山水林田湖草”生态保护与修复试点工程。二是以山水林田湖草生态保护修复试点项目为重点，统筹推进天然林保护、退耕还林还草、退牧还草、黑土滩治理、水土保持、野生动植物保护及自然保护区建设、湿地保护与恢复等生态保护与修复工程，实行整体保护、系统修复、综合治理。三是围绕试点项目的建设，不断加强野生动物监测调查，持续4年积极配合开展雪豹监测工作，在祁连县范围布设红外相机200台，在油葫芦地区设置监控平台（含红外探头）5座，覆盖面积达90%以上，增设监测栅格50个；同时开展了野生动植物本底调查及豺、黑颈鹤和荒漠猫专项调查，为国家公园保护管理工作提供坚实的科学依据。四是依托项目区多样性的自然景观、丰富的物种资源和生物基因资源，建设了祁连山区生物多样性保护科普教育基地、生态体验中心，营造祁连山生物多样性保护全民参与、社区共管格局。按照“填平补齐”的原则，配备必要的监管仪器设备，进一步有效优化完善项目区各地生物多样性保护监管能力。

13.2.3.5 提升旅游环境，推进全域生态旅游

一是以试点项目为契机，开展县城周边及农村生活整治项目和生态农牧业循环以及旅游观光村项目，推进拉洞台村、麻拉河村旅游观光示范村建设工程和祁连县八宝镇冰沟村旅游民俗村建设工程，同时结合生态保护及城乡垃圾、污水治理工程，落实生态管护岗位，拓宽就业渠道，积极开展无垃圾示范县创建、“河长制”、城乡道路综合整治等工程，为全域旅游示范区创建打下了良好的环境基础。二是建立了以党政一把手挂帅，各乡镇、各部门负责人为成员的国家全域旅游示范区创建工作领导小组和卓尔山·阿咪东索旅游区国家5A级景区领导创建工作小组。三是坚持城乡一体和全域旅游发展理念，依托森林、水利资源优势，完成一批公共服务园林绿地建设项目，规划建设黄藏寺水库、纳子峡水库等水利风景区，探索发展林下经济、水上娱乐等旅游业态，不断提升完善旅游吸引物。四是把生态保护贯穿全域旅游全过程。实行“多规合一”，通过山水林田湖草生态保护修复

试点项目，切实保障区域和国家生态安全，推动林业生态建设提质扩面工作，构建“一核一轴两区五带”森林环城格局；推进八宝河周边水系连通综合治理工程，先后建成二寺滩、龙鳞等一批生态公园，实施滨河路森林休闲步道、沿街休闲微景观、森林公园氧吧等绿地提升工程，形成“一路一景”“一街一品”的城镇园林景观格局。

13.2.3.6 注重协同发展，打通“两山”转化路径

一是将试点工作中的农村环境综合整治提升工程和饮用水水源地保护及规范化建设工程与乡村振兴战略和农村人居环境三年整治行动相结合，在注重农村牧区环境基础设施建设和饮用水安全保障工程建设，在解决城乡间环境设施不平衡、不均衡矛盾的同时，更加注重环境公共服务不均等、长效机制不健全等问题的解决。二是立足长远发展转变生产方式。通过核定载畜量，建立优质饲草基地、饲料加工厂，转变养殖模式、加快出栏等方式有效实现了禁牧减畜、草畜平衡的目标。积极争取落实禁牧群众的饲草料补助项目。严禁在涉及祁连县的 67.4 万亩草场内开展砍伐、放牧、狩猎等活动，切实形成了转方式、稳当前、保长远的工作格局。三是依托祁连优势资源，因地制宜，在各乡镇发展特色化种植、特色化养殖等产业，实行“龙头企业＋合作社＋基地＋直销店”的销售模式，各农牧业专业合作社通过调整生产结构，正向着连片种植、规模养殖、板块推进、订单生产、对接市场、保底收购的方向发展。四是将全域旅游理念融入全县经济、文化、社会、生态建设各方面，依托独特的地理优势和丰富的文化旅游资源，积极融入“一带一路”建设，主动谋划、创新载体，打造独具特色的全域旅游目的地。不断加大旅游整体形象宣传和营销力度，全力打造“天境祁连”旅游品牌，积极打造拉洞台、麻拉河、郭米、冰沟、白杨沟等乡村旅游示范村，完善农牧家乐、花海、骑射娱乐等旅游业态，打造民族特色突出的文化旅游产品。

13.2.4 取得成效

13.2.4.1 着力解决一批突出生态环境问题

通过试点项目的实施，实现了历史遗留无主矿山综合整治修复、试点项目治理范围内的农村环境综合整治提升、县乡村三级集中式饮用水水源地环境整治和规范化建设“三个全覆盖”。

一是通过开展废弃无主矿山修复工程，解决了洪水坝砂金矿、陇孔沟砂金矿、红土沟煤矿等 15 处废弃无主矿山存在的占压草场、弃料及采坑遍布、原有的自然景观遭到严重破坏等问题，通过疏覆坑整平 370 万 m^3、河道疏浚 19.4 万 m^3、栽植

苗木198.46万株、封育围栏14.6万m等措施，重建了14652.45亩草场，使矿区周边及下游地区的生态环境得到明显改善，有效推进了生态系统的良性循环。

二是通过实施城乡环境综合整治项目，新建5座乡镇污水处理站和1座生活垃圾处理站、铺设55 km污水管网等设施，从根本上解决了县城及4个乡镇的2.33万人污水直排、面源污染等问题，全面提升了祁连县城周边地区生态环境标准，黑河水质得到明显改善，实现了农村环境综合整治全覆盖的绩效目标。

三是通过开展水源地规范化建设项目，划定了水源保护区，安装了461块标志牌和23559 m的安全防护围栏，建设生物隔离带2200 m^2，恢复植被16500 m^2，有效降低了水源地环境污染风险，解决了7个乡镇48个行政村共4.9万人的饮水安全隐患问题，实现了祁连县现有饮用水水源地的水源保护区划分全覆盖，环境保护规范化建设达标率100%，水源水质达标率100%，水源地水源涵养功能得到明显提升。同时也打造了祁连县“县、乡、村”三级饮用水水源地环境保护和规范化管理的示范性样板模式，为全州及全省实施饮用水水源地环境保护，尤其是乡镇和农村饮用水水源地的长效保护和监管工作提供了可靠的借鉴经验。

13.2.4.2 助推祁连山国家公园建设取得新进展

试点项目整体推动了国家公园内外生态保护修复。一是祁连县通过将涉及国家公园内的5处历史遗留废弃矿山纳入了“山水林田湖草”生态保护与修复试点工程，开展廊道联通与受损栖息地修复。12家企业已完成生产生活设施拆除和设备退出工作，矿业权全部停止勘查开发活动并有序进行恢复治理，涉及保护区矿业权全部注销，全部退出并全面拆除。结合试点项目的布局，开展了综合执法专项行动和“回头看”工作，对涉及祁连县祁连山国家公园试点区域内现有探采矿点、水电站、养殖点、禁牧减畜等重点领域进行了现场检查。

二是通过生态治理修复项目有序实施，国家保护设施建设不断强化，园区内设立五个管护中心(林场)、改扩建管护站18处，率先完成887块界碑、界桩及标识牌设置工作，相关配套设施已完成，现已投入使用。青甘共牧区禁牧全面加强，建立联防联治工作机制，发布严格管理通告。国家公园生态管护能力显著增强，18个标准化管护站以及智能巡护管控系统投入运行，累计为全县生态管护员配备手持终端1800多台，建立管护系统月通报制度，管护质量和效率大幅提升，进一步加强了祁连山国家公园试点区域自然资源保护，切实筑牢了祁连山生态安全屏障。同时，祁连山国家公园核心区生态搬迁安置取得阶段性进展，完成了核心区第一批自愿搬迁户数55户193人移民搬迁协议签订工作。同时，积极争取资金1000万元用于移民安置楼建设，落实生态管护员60名。

13.2.4.3 推动全域生态旅游发展迈上新台阶

一是试点项目涵盖了县城周边及农村生活整治项目和生态农牧业循环以及旅游观光村项目，通过开展县城周边污水管网配套、垃圾治理以及拉洞台村、麻拉河村旅游观光示范村建设工程和祁连县八宝镇冰沟村旅游民俗村建设等工程，在提升黑河源头流域生态系统服务功能的同时，有效解决了乡村生态旅游景点"脏乱差"问题，为居民提供了亲水、休闲的聚集地，显著提升了景点影响力和知名度，为全域旅游示范区创建打下了良好环境基础。以拉洞台村为例，近年来，随着山水林田湖草项目的实施，人居环境整治力度逐年提升，旅游收入占拉洞台村民总收入的 85%，乡村旅游收入达到了每户 1.05 万元。

二是祁连县依托全国全域旅游示范区创建的有利时机，让旅游业在生态保护、脱贫攻坚、乡村振兴等工作中挑重担、唱主角，让人民群众分享旅游发展带来的红利。围绕卓尔山·阿咪东索核心景区，着力打造拉洞台、麻拉河、郭米、冰沟、白杨沟 5 个乡村旅游示范点，完善农牧家乐、花海、骑射娱乐等业态，带动周边社区村镇旅游经济飞速发展。"十三五"期间，累计接待旅游人次达 1054.9 万，旅游收入 46.194 亿元，旅游增加值占本地 GDP 比重达 15%。全县旅游从业人员达 11800 人，旅游从业人员占本地人口就业数量的 20%以上。同时通过各项文体旅游活动的开展，进一步加大了"天境祁连"的知名度、美誉度，获得了省内外游客们的一致好评，丰富了各族干部群众的业余文化生活和旅游文化内涵，展示了各族干部群众积极向上的精神面貌。

13.2.4.4 带动周边农牧民增收致富展新颜

一是试点项目的实施，有效提升了草场生态产品供给能力，促进了全国草地生态畜牧业试验区重点县的建设，通过采取"封、围、育、种、管"等综合措施，逐步将治理好的部分"黑土滩"变成了天然优良草场和草原原生植物种子制种基地，同时以生态畜牧业规范化建设为主线，不断整合资源，深化股份制经营，积极厚植发展内生动力，大大提高了农牧民生产的积极性。截至 2021 年底，先后组建 10 个股份制生态畜牧业试点合作社，入社牧户 343 户，整合草场 65.34 万亩、牲畜 70883 头(只)；入股资金 5436.6 万元，入社贫困户 68 户 194 人，2021 年合作社总收入 2570 万元，分红资金达 821 万元，人均分红达 0.68 万元，基地生产效益初步显现，农牧民收入大幅提高。

二是生态旅游产业规模进一步扩大。目前，全县乡村旅游从业人员达 11800 人，旅游从业人员占本地人口就业数量的 20%以上。通过"公司＋贫困户"的产业化经营组织形式、"530"小额信贷扶持及"旅游＋山水田园＋特色餐饮""旅游＋特色风情小镇＋特色民宿”“旅游＋技能培训”等形式发展乡村旅游业，盘活乡村特色旅游资源，帮助建档立卡贫困户通过参与旅游脱贫致富。近年来，祁连县农牧民收入显著提高，农牧民人均可支配收入从2018年的14700元增长到2020年的17354元。

13.2.4.5 树立了青藏高原区生态经济新样板

一是通过试点项目的开展，祁连山地区水生态环境发生了明显变化，保障了民生安全，促进了水生态系统的良性循环和动态平衡、恢复河湖自然生态岸坡、改善了生态环境、增加了空气湿度和水源涵养。提升了祁连县八宝河、黑河流域上下游河畔的生态系统，构造了格局合理、功能完备、水流畅通、环境优美的陆域和水域生态体系。围绕试点项目，祁连县协同推进国土绿化提速、“万亩造林”、水土保持与水生态修复等重大生态保护工程，累计完成义务植树和国土绿化3.53万亩、高标准人工造林1.87万亩、封山育林20万亩、森林抚育14.5万亩、森林质量精准提升3.5万亩、重点湿地保护105万亩，有效保护天然林、公益林330.61万亩，全县生态环境持续向好，森林覆盖率达15.98%。

二是试点项目的开展有效推动了祁连县全域旅游发展，助推旅游发展由景点旅游模式向全域旅游模式转变，由小旅游向大旅游格局转变，走出了一条符合祁连实际、具有祁连特色的全域旅游发展之路。2019年9月，祁连县被文旅部认定为国家全域旅游示范区，也是青海省唯一一个国家全域旅游示范区。2020年12月青海省海北藏族自治州阿咪东索景区被国家文旅部评为5A级旅游区。峨堡古城遗址公园、祁连鹿场被认定为国家3A级旅游景区。

三是试点项目的推进进一步打响了祁连县绿色有机农产品品牌。祁连藏羊肉、牦牛肉顺利通过了国家绿色有机产品以及农业部农产品地理标志认证，牦牛藏羊系列产品、祁连黄菇入选全省绿色有机农畜产品百佳优品名单，先后获评全国休闲农业和乡村旅游示范县、全国有机畜牧业示范基地，顺利确定为祁连藏羊中国特色农产品优势区。

通过试点项目的实施，祁连县积极探索黑河流域生态功能提升与旅游协调发展之路，构建“生态修复＋全域旅游”绿色低碳循环发展新模式，探索生态良好而经济欠发达地区生态文明建设的新模式，建成了黑河流域生态功能提升与旅游协调发展示范区，树立了生态治理与产业发展协同实现的新样板，探索了生态产品价值实现有效路径，为青藏高原地区打通“绿水青山”转化“金山银山”路径提供了参考借鉴。

13.3 门源县水生态保护与绿色农业示范区

自海北州山水工程实施以来，门源县牢固树立“山水林田湖草生命共同体”的系统观，按照“以点带面、示范引领、整体推进”的工作思路，立足大通河（门源段）流域在祁连山区的特殊地位和生态功能，以提升大通河流域水源涵养生态功能为目标，以山水林田湖草生态保护修复试点项目为抓手，以农业面源治理协同推进流域水生态保护为突破口，统筹推进现代农业示范区、草地生态畜牧业试验区、乡村清洁行动、农牧民脱贫攻坚战等重点工作，从源头上系统整体解决农业绿色发展瓶颈问题，打造大通河流域（门源段）水生态保护与绿色农业示范区。

13.3.1 县情概况

门源县位于青海省东北部、祁连山脉东段，东北与河西走廊中部的甘肃省天祝、肃南、山丹县接壤，南接本省大通、互助县，西与本州祁连、海晏县毗邻，是古丝绸之路的辅道和新“丝绸之路经济带”的重要节点，是青海省的“北大门”，是一个典型的以农为主、农牧结合的少数民族地区。县境东西长 156.24 km，南北宽 103.99 km，海拔高度在 2388～5254 m，属高原寒温湿润性气候。辖区总面积 6902.26 km^2，其中林地 1858.13 km^2、草地 2923.2 km^2、水域湿地 133.10 km^2，主要有农牧、水能、矿产、动植物、旅游五大资源。水资源特别丰富，境内仅流域面积 50 km^2以上的河流有 31 条，水能理论蕴藏量 56 万 kW。黄河二级支流大通河境内流程河长 175.8 km，其南北两岸 22 条较大支流汇入，多年平均流量为 49.14 m^3/s，径流量 15.50 亿 m^3。全县辖 4 镇 8 乡 109 个行政村，省属单位有浩门农场、门源种马场。地区人口 16.27 万人，其中农牧民 12.57 万人，占 77.3%；有回、汉、藏、蒙古等 22 个民族，少数民族 10.43 万人，其中回族 7.73 万人，分别占总人口的 64.1%和 47.5%。

13.3.2 工程概况

13.3.2.1 主要目标

门源县山水林田湖草生态保护与修复试点项目主要目标如下。

（1）实现“三个全覆盖”，即历史遗留矿山综合整治修复实现全覆盖，实现农村环境综合整治提升实现全覆盖，实现县、乡、村三级集中式饮用水水源地环境整治和规范化建设全覆盖。

（2）重点打造门源县水生态保护与农业协调发展示范区。

13.3.2.2 存在问题

由于以往自然资源的无序利用，过度放牧、矿山资源开采等因素，森林生态系统、草原生态系统、湿地生态系统退化趋势明显，导致自然生态系统的水源涵养、水土保持等生态服务功能下降。草地生态系统退化、河流生态遭受破坏和连通性变差、水土流失加剧、湿地萎缩加快、山体破碎化明显、面源污染形势严峻等问题突出。

13.3.2.3 建设内容及投资

2017 年，门源县纳入了青海省“山水林田湖草”生态保护与修复工程试点，按照省《青海省祁连山区山水林田湖草生态保护修复实施方案》，编制了《2017 年度青海省祁连山区大通河流域（门源段）山水林田湖生态保护与修复试点项目实施方案》。2017 年 8 月，由海北藏族自治州人民政府立项批复，计划投资 6.24 亿元，实际到位中央专项资金 6.06 亿元，占全州“山水林田湖草”项目到位资金的 37%。

门源县大通河流域（门源段）环境整治与生态功能提升试点工程涉及废弃矿山生态修复、流域环境整治与功能提升、农村环境综合整治、地质灾害治理、饮用水水源地保护等 5 大类 23 小项建设内容，切实解决流域内水系连通性较差、河道景观破碎化严重、矿山生态破坏、森林草原退化、农村农业面源污染较重等突出生态环境问题，打造自然生态系统的稳定性、人工生态系统的健康性和经济生态系统的绿色性互相正向支撑的系统耦合格局，提升祁连山区大通河流域水源涵养、生物多样性维育等生态系统服务功能。

13.3.3 主要做法

13.3.3.1 加强组织领导，建立“一体化”工作机制

成立了以县委书记、县长为双组长，主管副县长为副组长，县政府分管领导及各相关部门负责人为成员的“山水林田湖草”工程推进工作领导小组，抽调各行业精英组建山水林田湖草工程推进工作领导小组办公室，统筹协调项目管理。制定出台了项目管理、资金管理、项目公示、验收办法和监督管理等管理办法，建立了工程项目月报、考核、报备和动态监管等制度，强化试点项目全过程监督管理。创新体制机制，变“九龙治水”为“攥指成拳”，县级领导分工负责，形成部门具体抓、一级抓一级、层层抓落实的良好工作格局，使项目谋在细处、管在深处、干在实处。为试点工作的顺利开展奠定了坚实的组织保障。

13.3.3.2 加强顶层设计，编制“一体化”实施方案

坚持规划先行，高位推进，以“加快山水林田湖生态保护修复，实现格局优化、系统稳定、功能提升”为核心，全面提升大通河流域水源涵养功能为重点，严格按

照《青海省祁连山区山水林田湖生态保护修复试点项目实施方案》编制要求和立项条件，编制了《2017 年度祁连山区大通河流域(门源段)山水林田湖生态保护与修复试点项目实施方案》，作为全县山水林田湖草生态保护修复试点的指导性文件，做到项目实施“有章可循”“有法可依”，确保试点工作不跑偏、不走样。在项目推进中，大胆革新，统筹全局推进，致力打破原来山水林田湖草“碎片化”治理格局，打破行业壁垒，按照“宜林则林、宜草则草、宜水则水”治理原则，统筹推进水域保护、矿山治理、环境整治、植被恢复等工程，实现治理区域内“山、水、林、田、湖、草、路、景、村”一体化治理。

13.3.3.3 加强全域治理，形成“一体化”推进方式

大通河流域(门源段)环境整治与生态功能提升工程的设计和实施，摒弃了原有传统河道整治思维，按照防洪安全、生态保护、景观打造的优先次序，统筹水资源、水生态、水环境三者之间的关系，将河道整治范围拓展到大通河全流域，构建了从山顶到山谷、河岸到河底的流域生态环境系统治理方法，兼顾山、水、林、田、湖、草各生态要素的特点，有效整合矿山修复、城乡环境整治、乡村绿化、河道整治、水产种质资源保护等工作，改善了大通河流域生态环境，增强了河流连通性和水体自净能力，提高了流域生物多样性保护水平，提升了流域生态系统功能和稳定性，初步形成了人与自然和谐共生新局面。

13.3.3.4 加强示范引领，探索“一体化”生态产业

按照“粮油种植—秸秆养畜—粪肥还田—循环种植”的农业生态循环低碳模式，依托祁连山生态牧场、2 个有机肥厂和饲料加工厂，示范种植推广有机肥种植油菜 2 万亩，减少了化肥施用量，有效防控了种植业面源污染，降低了农业面源污染对大通河流域水体污染负荷，促进了大通河流水水质持续改善。以乡村生态振兴为目标，以实施“环保＋农业”循环农牧业示范试点项目为抓手，通过完善畜禽粪便无害化处理、化肥减量化使用等措施，实现流域范围内种养结合、清洁生产，推动县域农文旅产业深度融合，示范带动全县农牧业向有机农业、有机产品、有机餐饮推进，培育和壮大高原特色生态观光休闲农牧业和有机产品加工业，进一步扩大高原农牧业观光体验、有机产品、有机肥料品牌效应。

13.3.3.5 加强过程管理，构建“一体化”监管制度

利用自治县立法优势，推动依法实施试点项目，形成强大合力，重新修订了《门源回族自治县森林管护条例》，制定印发《门源县县乡村三级饮用水水源地保护区管理条例》《门源回族自治县城镇市容和环境卫生管理条例》。针对试点工程领域广、内容杂、涉及部门多等特点，积极探索，大胆创新，在州级部门的主导下实

行了“一门受理、抄告相关、联合办理、限时办结”的会审审批制度，避免了项目多层级、多部门审批，提高了审批效率和审批流程公开程度。全面推行“一周一研判、半月一督查、一月一汇报”制度和县级领导分工督查制，深入检查调研，定期听取进展汇报，召开会议逐项研究解决项目建设中的突出问题。建立县级领导项目推进包抓制度，对督查考核中发现的问题，通过建立台账、跟踪督办等方式督促有关部门、联合体抓好整改落实。同时，县人大、县政协和纪委监委、财政、审计等部门广泛参与项目事前、事中、事后的监督检查，为项目推进提供了有力保证。强化资金监管，严格按照《门源县“山水林田湖草”工程资金管理暂行办法》，建立了三方共管账户，通过联合审批、分批拨付、网银结算的方式，保证了项目资金安全有效供给。县财政局、审计局加大对专项资金的全过程动态监管，不断加强资金跟踪和问效力度，有力提高了资金的使用效能。

13.3.3.6 加强基层党建，形成“一体化”工作合力

在项目实施中，聚焦“不忘初心、牢记使命”主题教育，统筹谋划生态大局，全县合力攻坚，党政率先垂范，基层全民参与，党组织为堡垒的生态绿化前沿主战场在党旗下掀起了“撸起袖子加油干”的造林热潮，大通河流域沿岸 7 个乡镇 35 个行政村参与植树造林 50 余天，造林约 1 万余亩，吸纳当地农民工约 35257 人次，日均 882 人次，平均按 150 元/日计算，增收 528.86 万元。直接采购当地农户种植的青海云杉、杨树等树种约 17 万株，按政府议定价计算约为农户创收 743 万元；两项累计带动当地群众增收 1271.86 万元，实现了“双赢”。大通河流域周边荒滩荒坡、遗留沙坑、土洼地块通过拟自然的手法还自然原貌，再现了大通河往日的绿荫。通过报刊、电视、微信公众号等媒体开设专题专栏，组织采编人员深入项目现场，采访项目实施情况、经验做法与成效，州、县媒体刊播宣传报道稿件 50 余篇（条），州及以上媒体刊播 20 余篇（条），网络媒体刊发 60 余篇。同时利用省级报刊、社会广告宣传牌、项目现场宣传牌等不同方式宣传“山水林田湖草是一个生命共同体”的理念，宣传项目实施的重大意义、给群众带来的实惠等方面的内容，使得生态文明思想更加深入人心，构建和谐、联通的复合生态系统，促进区域绿色化发展，实现生态良好、生活富裕和生产发展已成为项目区和全县广大干部群众的共识和行动，全民知晓率和满意度大大提升。

13.3.4 取得成效

13.3.4.1 提升了大通河流域水源涵养功能

通过实施水安全、水保障、水生态、水景观、水文明等工程措施，大通河流域及

周边地区 174 km^2的生态环境得到全面提升，流域河道水系连通性增强，降低了景观破碎化指数，增强了径流补给功能，水土流失治理度提高了 6 个百分点，达到了 99%，渣土防护率提高了 6 个百分点，达到了 98%。河两岸及河心岛生态绿化，林草植被恢复率增加了 3 个百分点，达到了 98%，林草覆盖率提高 29.58%，达到 51.58%，有效提升了区域水源涵养能力和生物多样性保护功能，构筑了生态屏障，提升了自然生态系统服务功能，出境断面水质提升明显，大通河卡子沟断面水质均达到或优于Ⅱ类。落实河长制、林业管护和草管员，建立管护制度和强化广大人民群众树立水生态、水保护、水文明的思想意识，进一步提升了爱水、用水、护水的目标。

13.3.4.2 推动了农牧业绿色低碳循环发展

“环保＋农业”示范试点项目通过拓宽建设融资渠道，促进政府职能加快转变，完善财政投入及管理方式，采用政府和社会资本合作模式，建立的一种长期合作关系。通过对农作物废弃秸秆、畜禽粪便废弃物再利用的研究开发和示范推广绿色低碳循环农业模式，有效打通了生产—加工—再利用的闭路循环链条通道，最大限度地减少或消除农牧业生产过程的环境污染风险，年内全县化肥施用量较实施前减少 30%以上，近 5 年内全县有机肥施用面积累积到达了 33.7 万亩，施用量达到 42818.05 t，使废弃物得以生态化处理、资源化利用并获得良好的经济效益。为当地生态良好与生产稳步发展良性耦合的循环农牧业发展起到了示范作用。同时，通过政府和社会资本合作模式，有效拓宽了项目建设融资渠道，形成多元化、可持续的资金投入机制，有利于整合社会资源，盘活社会存量资本，激发民间投资活力，拓展企业发展空间，提升经济增长动力，促进经济结构调整和转型升级。

13.3.4.3 实现了生活垃圾减量化、资源化、无害化

门源县随着城镇化进程加快和人民生活水平的提高，生活垃圾明显递增，目前门源县城镇在垃圾收集后进行填埋，农村生活垃圾收集率不高，群众只能通过填埋、堆肥、焚烧(露天焚烧和焖烧)等方式进行处理。填埋处置存在有机物、病原性微生物严重污染水环境，占用大量土地资源等问题；堆肥处置存在发酵时间长、效率低，空气污染严重等问题；焚烧(露天焚烧和焖烧)存在因热值低、不完全焚烧、运行成本高、投资大、产生二噁英等问题。对此，通过农村环境综合整治提升工程，建立“村收集、乡转运、县处理”的城乡一体化处理模式，城乡生活垃圾收集率达以上，比 2017 年垃圾收集率提高了 9%。积极推行高温无害化垃圾热解系统，采用智能化连续热解气化消纳工艺，对分拣后的可燃性垃圾送入热解气化

消纳系统内进行处理，产生的灰渣填埋，高温热解产生的烟气通过净化系统，减少了二噁英、重金属、氮氧化物等酸性气体的排放，确保烟气处理达标排放，避免造成大气环境污染。实现了生活垃圾无害化处理零的突破，垃圾无害化处理率达40%。实现了垃圾的减量化、无害化处置要求，有效消除祁连山下生态环境造成的污染，改善周边自然生态环境和居民生活环境。

13.3.4.4 确保了县乡村饮用水水源安全

通过水源地保护区划定、边界标志设立、环境问题整治等重点工作，科学划定县、乡、村三级饮用水水源保护区，并按饮用水水源地规范化建设的要求在水源地一级保护区边界都建设了围栏，重点区域安装了监控，全面整治水源地及周边环境卫生、清理垃圾、拆除废弃牛羊圈窝，使县、乡、村三级集中式饮用水水源地问题环境风险隐患基本排除，环境问题清理整治工作效果明显，县级集中式饮用水水源地及地表水水质达标率均达到100%，饮用水水源地风险防控能力明显增强，有效降低了水源地环境污染风险，消除了水源安全隐患。同时，颁布施行的《门源回族自治县饮用水水源保护管理条例》等法律条例和制度，为人民群众吃上“干净、纯净、甘甜、安全”的水源水质提供了保障，切切实实地提高了人民群众幸福感、获得感。

13.3.4.5 消除了矿山地质灾害隐患

始终遵循“山水林田湖草是一个生命共同体”的生态理念，按照尊重自然、保护自然的要求，以系统修复的思路，按照“一矿一策、一坑一策”原则，通过种树、植草、固土、定沙、洁水、净流等生态工程和自然恢复措施，完成废弃矿山覆坑平整、疏浚河道、种植绿化及围栏封育修复面积1.89万亩，做到源头截污、系统治污，减少水土流失及地质灾害的发生，降低了景观破碎化指数，增强了径流补给功能，为发展生态文化旅游产业、打造山美水清的祁连山国家公园奠定了良好的生态基础。

13.3.4.6 促进了生态富民产业快速发展

通过“环保＋农业”项目的实施，大力发展有机青稞、油菜等节水节药节肥型高原特色生态绿色循环农业，在减少农业面源污染的同时，也增加了当地群众经济收入。通过建立生态民管机制，对生态保护区内的扶贫村全部设置林业生态公益管护岗位，人均年报酬达到1.5万元。依托大通河丰富的冷水资源进行虹鳟鱼、金鳟鱼等优质冷水鱼养殖，截至2023年，销售三文鱼鱼苗735万尾，已成为西北地区最大的鲑鳟鱼鱼苗供应基地。依托优良生态环境和特色旅游资源，大力推动休闲农业发展，推动生态产业化、产业生态化，截至2023年，发展各种休闲农牧业经营主体422个，带动农牧户3.5万户，季节性（5—9月）务工人员的人均收入为 1.64 万元左右。同时,“十三五”期间“金色门源”知名度和影响力大幅提升,3 个村庄入选国家级乡村旅游重点村、5 个村庄入围省级乡村旅游示范村行列,先后入围全国休闲农业和乡村旅游示范县、中国十佳最美乡村、中国美丽田园,门源荣登“2020 年中国最美县域”榜单。

13.4 刚察县沙柳河“水鱼鸟草”共生生态系统示范区

自海北州山水工程实施以来,刚察县始终以习近平生态文明思想为指导,牢固树立“绿水青山就是金山银山”的发展观,按照“以点带面、示范引领、整体推进”的工作思路,以沙柳河流域突出水生态环境问题为导向,以山水林田湖草生态保护修复试点项目为抓手,协同推进沙柳河水生态环境保护、青海湖生物多样性保护、高原草地保护与修复、生态旅游发展、牧民增收致富等重点工作,全面提升青海湖北岸沙柳河流域生态系统的稳定性和生态服务功能,进一步彰显“鱼鸟天堂,藏城刚察”旅游影响力,打造了“水鱼鸟草”共生生态系统示范区。

13.4.1 县情概况

刚察县位于青海省东北部,海北藏族自治州西南部,青海湖北岸,因史称“环湖八族”的藏族首领部落“刚察族”而得名。县境东西长 113.8 km,南北宽 122.2 km,总面积 8138.07 km^2。全县平均海拔 3300 m,属高原大陆性气候,年平均气温 −0.6～5.7 ℃,年均降水量 324.5～522.3 mm。县城距省会西宁市 188 km,距州府西海镇 88 km。青藏铁路、315 国道穿越县境,乡村路网四通八达,是承接环湖体育圈、旅游圈、文化圈和生态圈的重要连接点。2021 年,全县地区生产总值 20.25 亿元,同比增长 3.1%,三次产业结构比为 35.8∶19.1∶45.1,全县经济稳步恢复、稳中向好。辖哈尔盖镇、沙柳河镇、伊克乌兰乡、泉吉乡、吉尔孟乡、黄玉农场等 3 乡 2 镇 1 场,共 31 个行政村、8 个社区。总人口 4.06 万人,其中藏族人口占总人口的 74%,是一个以藏族为主的少数民族聚集区,居住着藏族、汉族、蒙古族、回族等 14 个民族。全县旅游资源富集,有青海湖、鸟岛、五世达赖泉祭海台等自然景观旅游景区,以及五月观鸟爱鸟节、六月观鱼放生节、七月草原佤顿节、八月青海湖情歌节、九月金秋圣水沐浴节等传统节庆。

13.4.2 工程概况

13.4.2.1 主要目标

刚察县山水林田湖草生态保护与修复试点项目主要目标如下。

(1)通过山水林田湖草生态保护修复试点项目的实施,实现“三个全覆盖”,即历史遗留矿山综合整治修复实现全覆盖,实现农村环境综合整治提升实现全覆盖,实现县、乡、村三级集中式饮用水水源地环境整治和规范化建设全覆盖。

(2)重点打造“一个生态保护修复试点示范区”,即刚察县沙柳河“水鱼鸟草”共生生态系统示范区。

13.4.2.2 存在问题

由于历史矿山开采,导致生态系统完整性受损,景观破碎化现象严重。植被退化严重,水源涵养等生态功能降低。由于超载放牧、鼠害等的影响,草场退化普遍,全县草地资源中度以上退化面积达 40%。沙柳河连通性下降,生态系统稳定性不足。沙柳河沟道两岸容易坍塌,河床逐年变宽,两岸草场受到破坏,同时沙柳河下游的湖滨湿地面积逐年减少,水源涵养功能逐渐下降。受人为因素影响,水源地水质安全构成威胁。沙柳河流域内的水源地没有隔离保护设施,保护区域内人畜活动频繁,对水源地的水质安全构成潜在威胁。

13.4.2.3 建设内容及投资

刚察县山水林田湖草生态保护与修复项目分为生态安全格局构建工程、水源涵养功能提升工程和生态监管与基础支撑三大类,共 19 个子项目。其中,生态安全格局构建工程 11 项(沙柳河道生态治理及湖滨湿地恢复工程 2 项、集中式饮用水水源地保护区划区及规范化建设工程 1 项、沙柳河镇潘保村污水管网建设工程 1 项、退化草地治理项目 1 项、各沿线废弃料坑地质环境恢复 6 项);水源涵养功能提升工程 7 项(均为废弃矿山地质环境恢复治理工程)。项目批复总投资 3.8 亿元,实际到位资金 3.75 亿元。

13.4.3 主要做法

13.4.3.1 加强组织领导,凝聚工作合力

一是根据中央和省、州相关会议精神,刚察县第一时间成立了由县委县政府主要责任人任双组长、县四大班子分管负责人任副组长,县财政、发改、环保、国土、农牧、林业、水利、住建、扶贫、旅游等相关部门主要负责人为成员的工作领导小组,下设领导小组办公室,由县财政局具体负责联系协调开展工作,全面落实领导小组各成员单位具体工作职责及任务,确保项目编制、申报、实施等各项工作有序推进,形成了党政一把手负总责、分管领导亲自抓、牵头单位具体抓的多级联动工作格局和层层抓落实责任体系。二是进一步明确工作职责,严格按照省、州提出的空间布局、重点任务和试点目标,明确时限要求,在及时修编完成了实施方案

的同时，进一步明确环保、国土、水利、住建、农牧等相关部门工作职责，严格按照部门职能分工，科学谋划、强化措施，细化项目投资概算、项目计划、工程进度等基础工作，全力推进生态修复项目建设工作。三是紧抓项目建设。在项目完成招投标程序后，及时抽调相关部门人员成立项目管理办公室，对项目资金、进度及协调进行专人专干动态管理，任命 1 名科级领导干部专职负责对项目资金、进度及协调进行专人专干动态管理，确保了项目安全、规范、有序运行。

13.4.3.2 注重项目管理，强化试点成效

一是进一步加强项目的建设管理工作。2018 年 9 月县人民政府印发《刚察县山水林田湖生态保护修复项目专项资金管理办法》，2018 年 10 月制定了《刚察县山水林田湖财务管理制度》，全面推进项目建设顺利实施。二是按照州项目办设定共管账户的要求，刚察县人民政府制定了《刚察县山水林田湖项目管理办公室项目建设资金监督管理办法》《刚察县“山水林田湖草”项目资金用款申请制度》《刚察县“山水林田湖草”项目资金管理流程图》。三是结合山水林田湖草生态保护和修复试点工作要求，根据省、州出台的一系列的规章制度，进一步规范了试点工作的项目管理、资金管理和项目建设程序。并采取项目资金共管账户管理模式，对每一项开支做到财政、项目办、监理、建设方四方联合签字后支付使用，确保资金的使用安全。

13.4.3.3 树立生态理念，开展系统治理

一是进一步明确生态修复内容，准确掌握国家投资重点，找准国家政策与县情对接点，以废弃矿山生态修复为主，按照境内河湖流域安排部署生态修复项目，将生态修复理念贯穿到各类项目建设始终，着力通过植被恢复、河湖水系连通、环境综合整治、矿山环境治理恢复、生物多样性保护等生态修复，形成自然生态系统的稳定性、人工生态系统的健康性和经济生态系统的绿色发展相互支撑的系统耦合格局，使青海湖北岸流域生态得到修复与稳定，农牧民生产生活得到发展。二是针对项目区现状，利用现有研究成果的基础上，应用受损生态系统恢复与重建的规律和技术，在人为的干预下，以植被恢复为核心，使受损生态系统得到恢复、重建，大幅度提高治理后植被覆盖度、生产力、水分涵养、水土保持能力，有效遏制土地荒漠化进程，减少水土流失，对加快区域生态保护和建设步伐、生态系统的良性循环起到积极的作用。三是协同推进重点工程，刚察县坚持保护优先、源头控制、综合治理，在实施山水林田湖草生态保护与修复试点项目的同时，推进封湖育鱼、生物多样性保护等重点生态工程，加强水源涵养区、饮用水源区的保护和建设，加大湿地生态系统保护和修复力度，统筹推进仙女湾湿地生态教育基地建设

及周边生态环境保护工作，全面提升自然生态系统稳定性和生态服务功能，沙柳河湿地公园通过国家级验收，生态环境质量持续向好。

13.4.3.4 强化监督管理，保障项目推进

一是县委、县政府主要负责人把项目建设作为重大政治任务来抓，深入项目点检查调研，定期听取项目进展情况汇报，召开专题会议研究解决实际问题，并不定期在县委常委会议和政府常务会议上专题听取项目进展情况，分析研判存在问题，对下一步工作作出安排部署。同时，领导小组组长、副组长实行项目联点责任制，确保每月在联系项目点督查不少于 1 次，现场督促指导，对具体问题跟踪督办，切实保障了项目顺利推进。二是认真制定措施，严格落实整改。严格落实州委第 47 次常委会议精神，针对项目工作中存在的实际问题，制定下发了《督办通知》，明确了办结时限，做到了责任到人。抓好安全施工，责成各施工单位制订了安全生产计划，完善施工现场安全防护措施，指派专职安全员到施工现场做好安全管理工作，基本配齐了作业人员防护用品。三是充实队伍，落实达到资格条件的监理人员 8 人，到位监理人员严格按照监理规则，认真履行监理职能，要求总承包单位增派业务强、懂管理的专业技术人员和管理人员 110 人，管理人员基本信息和组织机构等资料向行业主管部门、项目办和监理公司正式行文进行了备案。

13.4.3.5 加强资金整合，协同推进治理

一是积极争取国家湿地公园建设资金。青海刚察沙柳河国家湿地公园 2021 年第一批中央林业改革发展资金湿地保护与恢复项目总投资 300 万元，全部为中央财政林业改革发展湿地补助资金。二是统筹生物多样性保护项目资金。刚察县 2019 年第二批林业改革发展资金珍稀濒危野生动植物（普氏原羚）保护措施项目总投资金额为 45.9 万元，提前安排部署、积极采取措施，为普氏原羚打通觅食通道。三是开展国土空间绿化工程，丰富刚察县林草资源，全面完成国土绿化三年行动计划任务。

13.4.3.6 坚持多措并举，加强生物多样性保护

一是加强保护宣传教育工作，增强保护意识，结合“爱鸟周”“世界野生动植物日”“国际生物多样性日”等宣传教育活动。通过发放宣传册、悬挂横幅、科普讲解等形式普及生物多样性保护法律法规、科学知识，推动公众支持和参与生物多样性保护工作。二是实施重大工程，加大保护力度，以地区特有物种保护为重点，实施沙柳河国家湿地公园、普氏原羚特护区保护站等重大保护工程，推进青海湖重要湿地、青海湖裸鲤、普氏原羚等珍稀濒危野生动植物的保护工作。三是加强疫情监测，突出防控重点。开展实施普氏原羚宣传保护项目，总投资 20 万元，分别

在国道 315 线、哈尔盖火车站公路、哈热公路及察拉村等地设置警示牌，为“高原精灵”设置了生命安全通道。四是加大对各类建设工程使用林草地建设项目的监管力度，并充分发挥生态管护员职能，安排林业生态管护员 266 名和草原生态管护员 191 名进行巡护工作，有效地防止林草资源的流失和开展生物多样性的保护。

13.4.4 取得成效

13.4.4.1 解决了一批突出生态环境问题

通过试点项目的实施，实现了历史遗留无主矿山综合整治修复、试点项目治理范围内的农村环境综合整治提升、县乡村三级集中式饮用水源地环境整治和规范化建设“三个全覆盖”。完成 13 处历史遗留无主废弃矿山综合整治，修复废弃地 1.2 万亩，实现历史遗留无主矿山综合整治修复全覆盖；实施沙柳河镇潘保村污水管网建设工程，推进刚察县农业面源污染防治，31 个行政村完成农村环境综合整治全覆盖；实施刚察县“县—乡（镇）—村”级饮用水水源地保护工程、刚察县县城第一水源地一级保护区保护工程、刚察县县城第二水源地保护工程，通过建设防护围栏、警示牌、标示牌、界碑、监控设备等设施，实现刚察县 5 个乡镇 31 个行政村的 33 处饮用水源地环境保护规范化建设全覆盖。

13.4.4.2 提升了沙柳河流域生态功能

通过实施沙柳河流域生态护岸工程、边坡破碎化生态治理、湖滨湿地绿化等项目，从河道治理、湿地保护与恢复、水土流失防治等方面具体工程实施，降低景观破碎化指数，着力构筑项目区生态屏障，提升自然生态系统服务功能，优化投资环境，促进刚察县沙柳河流域生态保护与区域经济发展“双赢”。2020 年，国家重点生态功能区县域重点河流断面（沙柳河、哈尔盖河）水质均达到国家三类或优于三类标准率为 100%。

13.4.4.3 增强了特有物种多样性保护

通过试点项目的实施，珍稀濒危物种得以抢救保护，为野生动植物栖息和繁衍提供良好的保护体系和生存环境，进一步丰富区域森林、草地、湿地生态系统的多样性。普氏原羚数量 2017—2019 年增加量近 150 余只，占整个青海湖周边普氏原羚数量的 60%左右，2017 年 7 月被授予“中国普氏原羚之乡”的称号。连续举办十二届增殖放流活动，共放流放生湟鱼鱼苗 13838 万尾，其中 2019 年放流鱼苗 1200 万尾。湟鱼资源蕴藏量 2017—2019 年平均年增长量约 8 万 t，为保护初期的 35 倍之多。

13.4.4.4 建立了贫困人员参与的环境整治长效机制

为确保全县农牧区人居环境整治工作实现常态化的管理，设置公益性岗位345个，并将年度375万元的运行经费纳入县级财政预算，在31个行政村建档立卡贫困人口中自主择优聘用，组建成立了231名村级扶贫保洁队伍，将村级保洁经费列入财政预算予以保障，并将全县294名草原管护员、266名林管员在管护草原、森林的同时，增加了村级保洁的工作任务，不仅进一步壮大了村级保洁队伍，还带动了项目周边农牧民增收致富。

13.4.4.5 树立了高原生态修复和草畜平衡新样板

为解决好超载过牧、草场退化等问题，刚察县坚持源头治理、草畜平衡，全力推进“农牧耦合、草畜联动”绿色发展，实施畜牧业转型升级行动，创建生态家庭牧场、生态畜牧业合作社，各类规模化养殖场、藏羊标准化养殖基地、生态牧场数量持续增加，着力打造绿色有机农畜产品输出地，拓宽了当地群众创收的渠道，增强了当地群众的技术技能，形成了集生态修复、草畜平衡、群众增收于一体的绿色农畜发展新模式。

13.4.4.6 探索了生态旅游产品价值实现路径

通过试点项目的实施，提升了湟鱼家园景区周边生态环境，改善湟鱼生存和繁殖条件，保护了生物多样性，促进了乡村生态旅游的发展。依托湟鱼洄游这一独特的旅游资源，成功创建了高原海滨藏城国家4A级旅游景区。2019年，全县共接待游客184.33万人次，实现旅游收入4.10亿元，湟鱼家园景区共接待游客2.6万余人次，同比增长39.3%，门票收入17万元，同比增长173.8%。实施了生态旅游扶贫项目，直接带动贫困户204户556人，年户均增收1350元；同时辐射带动景区周边农户发展农家乐、家庭宾馆、土特产品销售等产业，实现户均增收1500余元。同时安置就业岗位35个，实现人均月增收2000元。

13.5 门源县生活垃圾高温热解处理示范区

自海北州山水工程实施以来，门源县以生活垃圾减量化、资源化、无害化为导向，以实施农村环境综合整治提升工程试点为抓手，创新性构建了“垃圾收集转运(农户分类—村庄收集—乡镇转运)＋无害热解处置＋灰渣减量填埋”模式，统筹推进青海省农村环境拉网式全覆盖连片整治、高原美丽乡村建设、农村人居环境整治和扶贫攻坚等重点工作，实现了全县农村生活垃圾日产日清、定期安全处理处置，探索打造了生活垃圾减量化、资源化、无害化处置和高温热解处理装置建设示范区。

13.5.1 县情概况

门源县位于海北藏族自治州东北部，地理坐标为东经 100°55′28″—102°41′26″，北纬 37°03′11″—37°59′28″，总面积 6902.26 km^2。境内山地面积占 80%以上，平均海拔 2866 m，多年平均气温 0.5℃，年平均降水量 520 mm，属高原寒温湿润性气候。门源县以农业为主、农牧结合，多民族聚居，现辖浩门、青石嘴、泉口、东川 4 个镇和皇城、苏吉滩、北山、西滩、阴田、麻莲、仙米、珠固 8 个乡，共有 109 个行政村。全县人口 16.27 万，其中农牧民 12.57 万人，占将近 80%。截至 2016 年，大部分村庄已开展农村环境连片整治工作，但仍有 36 个村尚未开展，经测算，每年约有 15000 t 生活垃圾无法得到有效处理。

13.5.2 工程概况

13.5.2.1 主要目标

试点项目主要目标如下。

(1)实现农村环境综合整治提升实现全覆盖。

(2)重点打造门源县水生态保护与农业协调发展示范区。

13.5.2.2 存在问题

2009—2016 年期间，门源县在全县 12 个乡镇的 73 个村分年度实施了农村环境连片整治，但仍有 36 个村尚未实施农村环境连片整治，缺乏农村环保基础设施，未设置生活垃圾收集、转运等设施和工具，且无垃圾处置处理设施和集中规范化灰渣处置场。全县仅有 2 座垃圾填埋场，其他地区均无生活垃圾填埋场，农村垃圾多为在房前屋后、沟渠或低洼坑道处随意倾倒。农村生活垃圾污染问题严重影响了浩门河沿岸的生态环境，尤其是对大通河流域浩门河断面的水质安全造成了极大隐患，同时也严重影响了其周边的人居环境和生态景观。

13.5.2.3 建设内容及投资

项目包括门源县农村环境综合整治提升工程和浩门镇等 13 个乡镇农村人居环境提升工程。其中，门源县农村环境综合整治提升工程，计划投资 13185 万元；浩门镇等 13 个乡镇农村人居环境提升工程，计划投资 1183.5 万元，其中山水林田湖草试点项目投资 883.5 万元，整合其他配套资金 300 万元。主要建设包括农村垃圾规范化分类收储整治、农村公共卫生厕所建设、垃圾转运设施配置、农村垃圾无害化处理工程等。

13.5.3 主要做法

13.5.3.1 补齐设施短板，实现农村生活垃圾治理全覆盖

通过对尚未实施农村环境连片整治村镇的垃圾收储转运投放配备和部分已实施但农村设施尚不齐全的设施完善补充，完成全县农牧区垃圾收集转运设施全覆盖，形成稳定运行的垃圾收集转运体系，同时按照农村环境整治全覆盖要求补齐农村公共卫生厕所建设，实现大通河流域门源县农村环境综合整治的全面提升。实施建成 10 个乡镇 36 个村公共卫生厕所 36 座，配置垃圾箱、垃圾斗、清扫保洁工具等各 360 个，垃圾自卸车 38 辆，配置环卫车辆 20 辆。新建泉口镇黄田 40 t/日固定式垃圾无害化热解站及库容为 60 万 m^3 灰渣处置场 1 座，青石嘴镇泉尔湾 20 t/日固定式垃圾无害化热解站 1 座。仙米乡、珠固乡配置移动式垃圾无害化热解车 2 辆，修建垃圾收储点各 1 处。通过该项目的实施，实现了农村环境综合整治全覆盖，建立了"户分类、村收集、乡处理"的一体化处理模式，实现了垃圾分类、收集、转运、热解一体化处理，改善了农村人居环境。

13.5.3.2 强化全域治理，打好生态环保督查整改战

试点项目以解决中央生态环保督察和青海省生态环境保护督察反馈意见问题为核心，持续发挥"山水林田湖草"生态保护修复试点项目综合成效，深入开展村庄清洁行动，聚焦交通沿线、村庄内外和乡村旅游景区等重点，采取有效措施、积极组织推进，开展覆盖全县的村庄清洁春季、夏季行动，不断健全长效保洁机制，美化提升村容村貌，加快推动村庄环境从干净整洁向美丽宜居迈进，擦亮了村庄清洁底色，筑牢了美丽村庄根基，维护了村庄清洁面貌，努力营造出干净整洁美丽的新农村，不断提高农牧民的幸福感和获得感。

13.5.3.3 加强技术创新，率先推行高温无害化垃圾热解系统

门源县生活垃圾高温热解处理站采用的"生活垃圾智能化连续处理系统"是新一代的小型生活垃圾高温热解处理成套装置，是在广泛吸收国内外先进技术的基础上，基于青藏高原农牧区高寒缺氧的实际条件，研发制造出模块化设计、高度自动化、易于操作与管理的生活垃圾智能化连续处理系统。通过采用新型"垃圾无害化热解智能处理系统＋减量化热解灰渣处置场"模式，结合规范化收集、分类分拣、转运，对门源县各乡镇农村生活垃圾进行辐射式连片集中规范化处理处置，实现全县农村生活垃圾无害化和减量化处理处置，形成稳定运行的垃圾无害化处理和填埋处置体系。

13.5.3.4 建立市场机制，探索第三方运营处理运行方式

建立垃圾减量化、资源化、无害化处置和高温热解化处理的多元化、多渠道、多层次的融资模式。积极争取国家、省级和州级资金投入，加大县级财政投入力度，调整优化财政支出结构，将生活垃圾处理处置资金纳入财政预算，配套专项资金 628.8 万元，加强门源县全域生活垃圾减量化、资源化、无害化处理。探索政府和社会资本合作模式，与青海皓然生态环境科技有限公司合作，拓宽社会资本参与生活垃圾减量化、资源化、无害化处置领域和范围，建立有效付费机制，积极引导社会力量参与，加快门源县全域生活垃圾减量化、资源化处理处置。

13.5.3.5 完善管护制度，建立生活垃圾长效运维管护机制

为全面开展人居环境集中专项排查整治工作，印发了《门源县人居环境集中整治“百日攻坚”行动实施方案》《生活垃圾处理场(站)运营绩效考核办法(试行)》《门源县城镇市容和环境卫生管理条例》《门源县打赢蓝天保卫战三年行动任务分工方案》等相关环境整治文件，持续推进生活垃圾减量化、资源化、无害化处理。通过制定规范的生活垃圾收储转运和处理处置运营制度，建立和完善全县垃圾管理体系，彻底解决农村垃圾无法处置、污染大通河流域水体和周边环境的问题，同时营造沿岸美丽高原乡村和优美生态环境。

13.5.3.6 加强宣传引导，引导公众参与垃圾分类

在项目实施中借助海北新媒、金门源等自媒体平台等多种宣传形式，展示生活垃圾无害化处理工作成效，有计划地推进生活垃圾无害化处理设施向公众开放工作，加大宣传引导力度，营造公众参与、共同监督、全民支持的舆论氛围，为做好生活垃圾无害化处理设施建设运营工作提供良好的群众基础。同时，引导农牧民主动参与垃圾分类，倡导垃圾分类回收资源再利用，将“源头减量、应收尽收、变废为宝、循环利用”的绿色生活理念融入千家万户。

13.5.4 取得成效

13.5.4.1 实现了生活垃圾减量化、资源化和无害化处置

农村环境综合整治提升工程建成后，标志着门源县生活垃圾填埋历史的结束，废渣直接填埋至灰渣处置场，大大减小了垃圾体积，解决了生活垃圾处理处置“老大难”的“瓶颈”问题，实现门源县农村生活垃圾日产日清、定期安全处理处置，彻底解决门源县城乡生活垃圾难以处理问题，同时，为附近农牧民提供了就业岗位，改善了区域内环境生态，为乡村振兴奠定了基础。2021 年全县高温热解处理垃圾 5983.83 t，分拣不可焚烧垃圾 1014.7 t，焚烧后灰渣量449.27 t；其中，青石嘴垃圾

热解站年处理垃圾 1614.22 t，分拣不可焚烧垃圾 418.11 t，焚烧后灰渣量 118.36 t；泉口镇黄田垃圾热解站 2021 年年处理垃圾 4369.61 t，分拣不可焚烧垃圾 596.59 t，焚烧后灰渣量 330.91 t。2021 年，门源县获得全国村庄清洁行动先进县称号。

13.5.4.2 提升了大通河流域人居环境和水环境质量

通过完善大通河门源段沿岸农村生活垃圾整治基础设施，实现农村垃圾有序收储转运和无害化处理，有效治理沿岸农村生活垃圾污染问题，改善和保护农村人居环境与大通河沿岸生态环境，实现门源县农村环境连片整治全覆盖。最大幅度降低或消除大通河门源河段沿岸入河污染物，使沿岸农村生活型污染源得到有效控制，保障了大通河及其汇水河流地表水水质，稳定达到《地表水环境质量标准》(GB 3838—2002) Ⅰ类标准或以上，实现区域河流水环境安全，保证水质状况优良，提升大通河流域整体生态系统服务。

13.5.4.3 打造了青藏高原农牧区生活垃圾高温热解处置新样板

生活垃圾高温热解站的建设克服了高海拔地区高寒缺氧的不利条件，采用了区域化收集、就地高温减量无害化处理的全新模式，解决了原有填埋处理取土覆土困难、破坏草场、填埋渗滤液处理难的问题；同时垃圾就地高温处理，避免了转运过程中可能存在的二次污染，极大减少了垃圾转运的运距，节约了垃圾处理的运输费用。产品自动化程度高，操作人员与垃圾完全隔离，无需接触垃圾即可完成处理工作，作业环境非常安全健康。垃圾中的大量可回收资源通过操作人员配合机械分选给料装置在高温处理前已完成资源化回收，创造了可观的经济效益。这种生活垃圾减量化、资源化、无害化的成功新模式，为青藏高原农牧区探索生活垃圾处置提供了“门源样板”。

13.5.4.4 助力了县域生态旅游发展和高原美丽乡村建设

通过试点项目农村环境综合整治提升工程的实施，彻底解决门源县浩门河沿岸农村生活垃圾和环境卫生问题，改善了大通河沿岸生态环境，为全域生态旅游产业发展奠定了优良生态基础，也促进了生态旅游业的快速发展。截至 2023 年，发展各种休闲农牧业经营主体 422 个，带动农牧户 3.5 万户，季节性(5—9 月)务工人员的人均收入为 1.64 万元左右。“十三五”期间“金色门源”知名度和影响力大幅提升，3 个村庄入选国家级乡村旅游重点村、5 个村庄入围省级乡村旅游示范村行列，先后入围全国休闲农业和乡村旅游示范县、中国十佳最美乡村、中国美丽田园，门源荣登“2020 年中国最美县域”榜单。同时，高温热解处理装置的建设，在新冠疫情期间为处理海北藏族自治州医疗废物作出了突出贡献，为门源打赢疫情攻坚战奠定了基础。

13.6 海晏县“人·湖”和谐绿色发展示范区

自海北州山水工程实施以来，海晏县以推动经济社会全面绿色转型、促进人与自然和谐共生为目标，以山水林田湖草生态保护修复试点项目为抓手，加强青海湖北岸（海晏县）生态保护与修复，同步推进现代生态畜牧业、全域旅游等重点工作，推动全县产业生态化、生态产业化，实现百姓富、生态美的有机相统一，探索构建青藏高原“人·湖”和谐生态优先发展的示范区。

13.6.1 县情概况

海晏县位于青海省东北部、中国最大咸水湖——青海湖北畔，是海北藏族自治州政治、文化中心。全县总面积 4853 km^2，平均海拔 3000 m 以上，属高原内陆型气候，年均气温 1.7 ℃，年降水量 499 mm。2021 年，完成地区生产总值 22.67 亿元，同比增长 3%，城乡居民人均可支配收入 2.83 万元，同比增长 9.8%。全县辖西海镇、三角城镇、金滩乡、青海湖乡、哈勒景蒙古族乡、甘子河乡等 4 乡 2 镇 29 个行政村，总人口 3.6 万，少数民族占全县总人口的 48%，其中藏族人口占总人口的 20%。近年来，海晏县先后成功列入全国防沙治沙综合示范区、第三批国家现代农业示范区、全国草地生态畜牧业示范区建设试点、国家农村产业融合发展试点示范县、环青海湖国家体育产业基地、第三批国家新型城镇化综合试点地区、第四批全国民族团结进步创建活动示范单位。

13.6.2 工程概况

13.6.2.1 主要目标

通过山水林田湖草生态保护修复试点项目的实施，努力实现“三个全覆盖”，即实现历史遗留无主矿山综合整治修复全覆盖，实现试点项目治理范围内农村环境综合整治提升全覆盖，实现县、乡、村三级集中式饮用水水源地环境整治和规范化建设全覆盖。

13.6.2.2 存在问题

早期由于缺乏生态环境保护措施，历史遗留矿山恢复区域地形地貌、土地资源及植被遭到严重破坏，水土流失严重，与周围环境形成明显反差。甘子河河道采砂乱挖、沙滩裸露，砂坑、沙堆零星分布，破坏了河道原有的生态环境，影响了汛期行洪。受草场鼠害等影响，草场不断退化，生态遭到破坏的同时，当地农牧民的草场面积逐年减少，草原的承载力逐渐降低。流域内的水源地没有隔离保护设施，保护区域内人畜活动频繁，破坏了水源地的植被，对水源地的水质安全构成潜在威胁。全县城乡环境和旅游公共卫生设施建设滞后，草场退化、水土流失等问题突出，生态系统服务功能有待进一步提升。

13.6.2.3 建设内容及投资

按照省政府三个全覆盖绩效考核要求及省、州方案批复内容，结合海晏县实际需求，海晏县确定为农牧业和生活污染源综合治理、青海湖北岸废弃矿山治理与生态修复、甘子河及其支流擦拉河小流域环境治理与生态修复 3 个项目，包括 13 个子项目，共计投资 4500 万元，其中，甘子河生态护岸工程投资 1988.26 万元，海晏县饮水水源地环境整治和规范化建设项目投资概算为 324.19 万元，海晏县青海湖北岸历史遗留废弃矿山生态恢复治理工程投资 1377.4 万元，海晏县农牧业和生活污染源综合治理工程投资 500.77 万元，鼠害防治项目投资 309.38 万元。

13.6.3 主要做法

13.6.3.1 坚持高位推动，形成部门合力

一是县委、县政府高度重视，以海晏县农牧水利科技和乡村振兴局为总项目法人单位，并成立海晏县山水工程领导小组，并明确了各试点项目责任清单，自然资源局主要负责废弃矿山整治、鼠害防治，水利部门负责河道整治，生态环境部门负责水源地保护以及环境污染源整治。二是明确了各项目实施主体与措施，使得工作有序开展。采取分级管理，每个项目要按照项目类型，由行业部门与联合体中具有相关资质的行业单位签订相关合同，部门分工明确。三是按照行业要求和规范，由行业部门负责签发、整理、装订，项目管理办公室对每个项目资料的真实性、完整性、准确性进行审核，报项目办公室进行存档管理，项目办公室工作人员做好各项目对应工程的各类报表的填报、信息报送及监督检查等工作。

13.6.3.2 创新制度建设，规范项目管理

一是制定了相关管理办法等管理制度。海晏县制定印发试点项目的公示制管理、监理管理、安全生产、档案管理、项目验收、招标投标、资金管理等八个管理办法，进一步加强管理制度建设。二是县委、县政府将“山水林田湖草”项目作为年度重点工程，严格落实党委政府主要领导第一责任人责任，针对项目中存在的实际问题，多次召开专题会议进行安排部署，及时研究解决项目推进中存在的突出问题，确保项目有序推进。三是严格执行项目管理制度。在政府审批环节，实行“一门受理、抄告相关、联合办理、限时办结”的会审审批制度，明确工作规程、部

门责任和办结时限，避免项目多层级、多部门审批，提高了审批效率和审批流程公开程度；海晏县设立试点资金共管账户，对每一项开支做到县政府、县财政、项目办、监理多方联合签字后支付使用，确保资金的使用安全。

13.6.3.3 突出生态理念，提高治理效益

一是以生态化理念开展海晏县甘子河河道整治。按照青海湖北岸汇水区甘子河流域生态系统的整体性、系统性及其内在规律，从理顺协调自然生态系统、人工生态系统和社会经济系统各相互作用与影响的节点问题入手，统筹自然、社会、经济各要素，通过体制、机制的改革创新，真正改变了治山、治水、护田、育林各自为战的工作局面，实施海晏县山水林田湖草的整体保护、系统修复、综合治理，增强生态系统循环能力，切实维护好区域内水源涵养、水源补给输出和生物多样性等生态服务功能，全面提升青海湖北岸汇水区海晏县甘子河流域自然生态系统稳定性和生态服务功能，筑牢青海湖北岸汇水区海晏县甘子河流域生态安全屏障。二是以生态化理念对历史遗留矿山进行恢复。对于历史遗留废弃砂石料场治理项目通过削坡、平整、覆土、生态袋堆坡、种草、围栏封育等措施，一定程度上恢复了破坏草场，增强了矿山土壤保持和水源涵养功能。针对县内两处矿坑自然恢复效果不理想、生态恢复情况与周边环境差异较大等实际情况，县财政先后投入资金 132 万元，开展矿山生态恢复治理，累计完成治理面积 20 万 m^2，回填土方近 4 万 m^3。三是以生态化理念进行草原鼠害防治工作。在重点防控季节，严格实行 24 h 值班制度和零报告制度，及时发布预警信息，确保了防治信息渠道畅通。在治理前期，及时召开动员大会，对草原鼠虫害防治工作进行了专题部署，全面启动了鼠害防治工作，做到了“早动员、早部署、早防控”，确保了防控工作有力、有序、有效开展。同时推进专业防治。加强对草原鼠害专业化防治工作的研究，特别是在鼠害防治工作开展前，加强对参与防治工作群众的技术指导，领学投放饵料的技术要领，派相应专业技术人员统一分发防鼠饵料，蹲点驻扎提供技术指导，有效提高了防治效率和效果。

13.6.3.4 完善监督机制，确保项目质量

一是强化督查督办。根据省、州多次会议要求和领办任务，县委、县政府主要领导亲自抓，多次深入甘子河等地，实地就施工单位施工资质、工程进展、制度落实、资料整理等情况进行检查，坚决防止工程不达标、违法转包等问题发生。责成各施工单位制订了安全生产计划，完善施工现场安全防护措施，指派专职安全员到施工现场做好安全管理工作。二是开展了项目实施全程监督监管。在督导检查方面，县委、县政府领导多次督导检查，先后多次召开全县项目推进会解决问

题,全面督导检查。实施方案及时报备,严格执行定期报告制度,按时报送工程进度情况。三是加强试点项目全过程管理与咨询,通过政府采购的方式,聘请了第三方咨询服务机构全程把关指导,协助解决项目建设中出现的技术、管理等方面的难题,确保项目按计划进度推进。

13.6.3.5 整合专项资金,提升治理成效

一是以山水试点项目实施区为重点,依托林草天然林保护、公益林、草原生态管护等项目建设支撑,整合各类资金 1030.26 万元,重点用于资源管护及生态补偿,全县 20.97 万亩的天然林、65.04 万亩的生态公益林、1.5 万亩的退耕还林地、448.3 万亩的天然牧草地得到有效保护,森林覆盖率达 11.72%,草原综合覆盖率稳定在 72.3%。二是整合实施退牧还草和退牧还湿项目。通过实施休牧围栏建设,使项目区退化草地得到休养生息,草场得到科学利用,恢复草原自然调节功能。通过划区轮牧围栏建设,加强草原合理化利用,完善放牧制度,进一步优化草蓄平衡。2019—2021 年,对甘子河乡那卡片区 6.94 万亩的草场,发放退牧还湿一次性生态补偿资金 579.8 万元。三是着力提升野生动物保护水平。通过修建机井、饮水槽等救助设施,不定期投放青饲料,确保冬季枯草期普氏原羚正常越冬。在普氏原羚活动集中区域安装种群高空瞭望系统,实现普氏原羚种群日常活动实时监测、受伤个体预警。联合州、县两级森林警察联合开展巡山巡护工作,建立野生动物保护联席会议制度,全力摸排破坏生态资源、非法猎捕野生动物、非法盗挖经营运输野生动植物等违法犯罪线索,引导广大群众积极举报捕猎违法犯罪行为。

13.6.3.6 开展综合示范,促进绿色发展

一是开展高原现代生态畜牧业示范。通过试点项目实施,提升了草地生态系统服务功能,也为绿色有机农畜产品输出奠定了良好生态基础。以畜牧业生态转型升级为契机,采取控量提质、生态循环、探索资源化利用和促进草原保护利用等措施,狠抓落实,创新机制,农牧业工作成效明显,初步形成了“高原现代循环畜牧业”的框架体系模式。二是助力县域生态旅游发展。海晏县以“创建国家级全域旅游示范区和中国原子城创建国家 5A 级旅游景区”为目标导向,积极整合旅游资源,努力培育旅游精品,不断丰富旅游业态。合力打造了文迦牧场、达玉温泉景区、西海星墅等多种业态的乡村旅游产品,融合民族特色与流行元素,策划系列活动,推动文旅活动多彩化。

13.6.4 取得成效

13.6.4.1 项目区生态保护修复实现“三个全覆盖”

通过试点项目的实施，实现了历史遗留无主矿山综合整治修复、试点项目治理范围内的农村环境综合整治提升、县乡村三级集中式饮用水源地环境整治和规范化建设的“三个全覆盖”。完成 9 处历史遗留矿山综合治理面积 58.45 hm^2；完成甘子河乡 6 个行政村和青海湖乡 2 个行政村共计 15 处饮用水源地(17 个取水口)保护区规范化建设；购置 18 t 垃圾收集压缩车 2 辆(乡村合用，每乡各 1 辆)，18 t 垃圾收集压缩车专用垃圾斗(3.5 m) 60 个(按村分配)，摆臂式垃圾箱 60 个等。实现了试点项目治理范围内的农村环境综合整治提升全覆盖。

13.6.4.2 青海湖(海晏片区)生物多样性保护成效显著

通过试点项目实施，有效改善了野生动物栖息地生态环境，强化了生物多样性保护工作，青海湖北岸珍稀动物种群数量不断增加。监测结果显示，在环湖周边包括切吉乡 6 个分布区 15 个监测样区共计 490.39 km^2的范围内监测到普氏原羚 2969 只，10 年间种群数量增加近 4 倍，海晏县被授予“中国普氏原羚之乡”。监测记录到黑颈鹤 88 只，黑颈鹤分布点 20 个，较 2021 年增加 2 个。水鸟全年统计总量 60.6 万余只，较 2021 年增加 3.6 万余只，2016 年至 2022 年，青海湖水鸟数量年平均增加 5 万余只，水鸟统计总量年均保持在 41 万余只。据监测结果显示，记录到水鸟 6 目 12 科 59 种，维管植物 47 科 125 属 222 种，猛禽 8 种 106 只。

13.6.4.3 畜牧业生态化转型取得新进展

海晏县按照创建绿色有机农畜产品示范省的总体要求，聚焦畜禽粪污资源利用、草场永续利用等领域，积极推进畜牧业生态化转型工作。依托青海环友科技有限公司等 5 家以畜禽粪便为原料的有机肥加工企业，面向全县规模养殖场实行畜禽排泄物“统一收集、统一利用”，由公司定期收集畜禽排泄物，生产有机肥，实现“粪便收集—有机肥生产—种植业利用”的大循环，年收集畜禽排泄物 10 万 t，着力构建了生态循环养殖模式。大力发展饲草产业，饲草料种植面积达到了 3.6 万亩，使载畜量趋于合理，极大地缓解了天然草场放牧压力。近年来，海晏县先后被列为“省级现代农业示范区”“国家现代农业示范区”“全国畜牧业绿色发展示范县”和“三产融合发展试点县”。

13.6.4.4 全域生态旅游惠及当地群众

按照山水林田湖草一体化保护与系统治理的要求，统筹实施青海湖北岸生态保护与生态富民工程。实施青海湖水位上涨受灾农牧民移民搬迁项目，支持青海湖水位上涨农牧民移民搬迁安置点建设。实施乡村振兴示范村建设项目，选择3～5个村支持特色种养殖、乡村旅游等村集体经济发展，改善基础设施，整治村容村貌，打造宜居美丽环境。在试点项目实施基础上，全县29个行政村实施省级高原美丽乡村建设项目，村容村貌得到明显改观，为全域生态旅游打下生态环境基础。深入实施“旅游＋”行动，稳步推进金银滩—原子城5A级景区创建，加快打造5个旅游示范村。全县近五年累计实现旅游收入46.4亿元。

第 14 章　山水工程经验总结

自 2017 年海北州山水工程实施以来，海北州以贯彻落实“山水林田湖草生命共同体”理念和习近平关于祁连山生态保护修复重要批示指示精神为主线，以祁连山山水林田湖草生态保护修复项目和国家公园体制改革两项国家试点为抓手，以突出抓好“三个全覆盖”绩效目标为核心，扎实推进污染防治攻坚战、生态产业发展、脱贫攻坚、乡村振兴四项重点任务，坚持高点站位、改革创新、整体推进、生态理念、综合示范，推动山水林田湖草沙冰保护和系统治理与减污降碳协同增效，促进经济社会发展全面绿色转型，走出一条生态友好、绿色低碳、具有高原特色的高质量发展之路，探索构建了以“五新”为特征的祁连山山水林田湖草生态保护修复“海北模式、青海经验”，为加快推进人与自然和谐共生的现代化提供“海北智慧”和“海北方案”。

14.1　坚持高点站位，争创全国生态保护修复新标杆

海北州山水工程是习近平总书记和党中央交给海北的重大政治任务。对海北来说，就是贯彻落实习近平生态文明思想的历史机遇，就是改变以往治山、治水、护田等“各自为战”局面转而打造山水林田湖草生命共同体的先行实践，就是为民造福、打造生态产业、发展绿色经济的新起点。一是牢记总书记殷切嘱托。以甘肃祁连山生态破坏和秦岭违建别墅事件为镜鉴，切实把贯彻落实习近平总书记重要指示批示和党中央有关决策部署作为拥护“两个确立”、增强“四个意识”、坚定“四个自信”、做到“两个维护”的具体行动，不断提高政治站位，践行“绿水青山就是金山银山”理念，坚持人与自然和谐共生的基本方针，统筹推进“山水林田湖草沙冰”系统治理，以最高标准、最实举措、最硬作风、最严问责的方式，抓实抓细中央环保督察问题整改工作，着力解决突出生态环境问题，不断提升祁连山生态系统自我修复能力和稳定性，进一步筑牢西部这道生态安全屏障。二是高位推动试点工作。必须坚持和加强党的全面领导，不断增强责任感、使命感，不折不扣贯彻落实党中央决策部署。州委州政府高度重视试点工作，主要领导亲自谋划、亲自部署、亲自推动，成立了党政一把手为“双组长”的试点项目领导小组，指导各

县、各部门推进试点项目。各县参照州试点项目工作领导小组的设立，组建了县级试点项目工作领导机构。相关部门要认真落实生态文明建设责任清单，强化分工负责，加强协调联动，逐步形成了党委领导、政府主导、部门联动、齐抓共管的工作合力。三是强化试点顶层设计。积极落实省委省政府有关试点项目决策部署，研究编制了《关于打造祁连山山水林田湖草生态保护修复"海北模式、青海经验"的工作方案》，通过强化理论学习、采用 EPC 模式、建立共管账户、聘请环保管家、举办论坛、发布宣言等措施，全面加强试点项目的顶层设计。以试点项目为支撑，全面推动生态文明建设，在全省率先践行省委"一优两高"战略，严守生态保护红线，扎实推进祁连山国家公园（海北片区）改革试点，推动有机绿色畜牧业转型升级，开展全域生态旅游示范州建设，扩大优质生态产品供给，探索我国青藏高原高寒地区生态保护与修复之路，打造青海省乃至全国山水林田湖草沙冰一体化保护和系统治理示范新标杆。

14.2　坚持改革创新，构建现代生态保护修复新体系

改革创新、完善制度是国家工程试点的职责所在、使命所系。按照理论与实践相结合的方法，统筹各领域资源，汇聚各方面力量，打好法治、市场、科技、政策"组合拳"，强化立法支撑，推进体制改革，完善修复制度，加强过程监管，建立长效机制，探索构建现代生态系统治理体系。一是强化地方立法支撑。充分利用民族自治州地方立法权，《海北藏族自治州生态环境保护与修复条例（草案）》通过州人大常委会十五届四次会议审议，公布实施了《海北藏族自治州全域旅游促进条例》，修订了《海北藏族自治州水资源管理条例》，研究制定了《海北藏族自治州新建工程生态保护规定（试行）》等文件，不断强化生态保护修复的立法支撑。二是推进国家公园体制改革试点。以国家公园建设示范省为契机，全面推进祁连山国家公园体制试点各项工作；组织召开工作推进会，明确部门职责，制作宣传片和标识牌；深入企业实地摸排，建立问题台账，按照"谁违规、谁整改，谁破坏、谁治理"的要求，督促企业落实生态修复主体责任，制定生态修复方案，积极推进生态修复工作。三是完善生态保护修复制度。研究制定了试点项目的招标投标、项目管理、资金管理、监理管理、验收管理、档案管理、公示制管理、安全生产管理等八个办法。创新政府审批流程，实行"一门受理、抄告相关、联合办理、限时办结"的会审审批制度。在生态修复领域率先采用 EPC 新生模式，有利于试点项目的统筹规划和协同运作，有效解决设计与施工的衔接问题；引入精准脱贫等领域采用的共管账户模式，确保资金使用安全。2018 年，举办了全国首届祁连山山水林田湖草

生命共同体高峰论坛,发布《祁连宣言》,强化“山水林田湖草生命共同体”理念宣贯。四是加强工程全生命周期监管。通过政府采购的方式,聘请第三方咨询服务机构全程把关指导,协助解决项目建设中出现的技术、管理等难题。以开工令为抓手,倒逼勘察设计、方案编制、项目审批等前期手续加快完成。以督察帮扶为抓手,州委、州政府领导多次督导检查,先后 30 多次召开项目推进会,重点对项目设计优化、问题协调解决等进行现场指导帮扶。以阶段性工程报验为抓手,不定期组织开展专项监督检查,及时解决发现的问题和困难,确保工程进度和质量。五是健全生态保护修复长效机制。创新公众参与方式,鉴于试点项目造林绿化时间紧、任务重的困难,以乡镇为单位,以村镇两级党支部为战斗堡垒,将党旗插在大通河两岸施工场地上,发动周边群众开展春季绿化,仅门源县就动员 35 个行政村的 7800 多名群众参与,完成项目区植树 96.7 万株。探索形成了“村两委+”“水管员+”“管护员+”等多种长效管护机制。配合国家公园内农牧民搬迁等工程实施,全州累计聘用管护员 5402 名。

14.3 坚持整体推进,打造流域水生态环境保护新样板

实践证明,整体推进、系统谋划是落实好“山水林田湖草生命共同体”理念的重要举措。针对试点项目系统性不够、关联性不足等突出问题,采取科学划定范围、流域整体推进、区域一体保护等措施,打造流域水生态环境保护新样板。一是科学划定保护修复范围。坚持问题导向、目标导向、生态经济社会复合效益导向,按照现状调查—功能评估—问题诊断—科学分区—工程治理的研究链条,将海北州祁连山区划分为黑河流域河源区、青海湖北岸汇水区、大通河流域 3 个流域分区,通过实施“连山、通水、育林、种草、肥田、保湖、统筹”等工程措施,有效解决祁连山区“山碎、林退、水减、田瘠、湿(湖)缩”等问题。二是以流域为单元整体推进。统筹流域水生态、水资源、水环境各方需求,把原设计方案从单纯的河道治理拓展到整个流域保护修复,依据流域突出生态环境问题、主导生态功能、产业生态化转型需要等,设计和实施了从河道到河岸、从河岸到山麓、从山麓到山脊的全流域系统修复,开展河道整治、生态护岸、湿地保护、道路绿化、村庄整治、面源治理、矿山修复等系列工程;同时,采用拟自然的手法,注重生态理念对工程全过程的融入,在保障流域防洪安全的前提下,减少不必要的堤坝等硬性工程措施,探索生态优先、人水和谐、综合示范的流域生态保护修复新模式。如门源县寺沟地区、祁连县辽班台沟和赛什图河等废弃砂金矿生态修复工程,按照全流域整体谋划的思路,采取覆坑平整、疏浚河道、植被修复、围栏封育等措施,对砂金矿及周边地区

进行了系统修复和综合治理。三是推动国家公园内外一体保护。试点项目设计之初，已充分对接了祁连山国家公园(海北片区)历史遗留矿山恢复、生态移民搬迁等工程需求，如祁连县将涉及国家公园内的5处历史遗留废弃矿山一并纳入了试点项目，系统开展廊道联通与受损栖息地修复，将生态移民作为国家公园的管护员，强化国家公园范围内的生态管护，加强生物多样性保护。近年来，通过野外红外相机布设，先后多次监测到雪豹、沙漠猫、豺等多种珍稀野生动物栖息活动，进一步表明了祁连山国家公园海北片区生态系统健康，食物链完整。

14.4 坚持生态理念，探析生态修复工程设计新路径

工程设计是落实生态理念的首要环节。针对以往生态修复人为干预措施过多等问题，坚持“用生态的办法来解决生态的问题，用环保的思维来解决环保问题”，优化矿山修复、地灾防治、垃圾处理、造林绿化等工程设计方案，全面落实“山水林田湖草生命共同体”的生态理念。一是因地制宜推进矿山生态修复。聚焦全州矿山海拔高、气候寒冷、干旱少雨、植被脆弱、土层较薄、客土不便等的实际问题，坚持节约优先、保护优先、自然恢复为主的方针，遵循生态系统演替规律和内在机理，按照保证生态安全、突出生态功能、兼顾生态景观的次序，因地制宜地采取了本土绿化苗种、削坡植草、地形平整、雨水引流等措施，解决了原有设计工程填充量过大、投资过高的问题。如刚察县2.8矿坑(西)废弃矿山地质环境恢复治理项目采坑边坡开挖工程量为56万 m^3，经项目前期优化调整，该项目最终批复的渣堆削坡量调减至42.78万 m^3，减少23.6%。二是科学推进地质灾害防治。坚持预防为主、避让与治理相结合的原则，根据实际地貌地形及周边植被种类，“宜乔则乔、宜灌则灌、宜草则草”，优化施工设计方案；通过对不稳定斜坡按照削坡复绿、疏通连通自然泄洪渠道、围栏封育林草植被等措施，稳定其现状，核减挡土墙、护坡工程建设，使地质灾害地段与周边地质环境、自然原貌相和谐；对城乡居民区等具有严重威胁的地质灾害段，严格按照地质灾害防治工程标准要求，有效防范地质灾害。如经过优化的祁连县多什多新村滑坡地质灾害生态修复工程，设计削坡量由17万 m^3 调减到4.7万 m^3。三是开展农牧区生活垃圾分类试点。以建设门源县生活垃圾减量化、资源化、无害化处置和高温热解处理装置示范区为契机，开展农牧区生活垃圾分类收集处理试点，加快从“户集、村收、乡镇运、县处理”的传统处理模式向“分类投放、分类收集、分类运输、分类处理”的有效处理模式转变，建立农村垃圾分类收集处置体系。四是采取拟自然手法造林绿化。一方面，在树种和草种选择上，依据当地气候、资源条件，优先选取了适宜当地的红柳、黑

刺、青海云杉、祁连圆柏，以及披碱草、冷地早熟禾等树草种，适度增加了八宝景天等树种，提升了林草系统生物多样性。另一方面，按照“边施工、边设计”的思路，打破现行成行成排的造林绿化设计范式，在确定绿化范围、单位面积苗圃数量的基础上，采取拟自然的手法，随机种植树苗，模拟自然生态系统的结构和组分，增强了生态系统的稳定性和多样性。

14.5 坚持综合示范，培育绿色高质量发展新动能

提升生态福祉是试点项目综合示范的核心要义。加快推动发展方式绿色低碳转型，坚持把绿色低碳发展作为解决生态环境问题的治本之策，加快形成绿色生产方式和生活方式，厚植高质量发展的绿色底色。依托生态、旅游、农牧等资源优势，将生态保护修复试点与旅游发展、脱贫攻坚、乡村振兴、新旧动能转化等重点工作深度融合，让这项具有历史性意义的伟大工程逐渐成为以多要素构成的生态系统服务功能提升工程，优化供给、焕发生机，绘就出绿色发展新画卷。一是助力全域旅游取得实效。祁连县以拉洞台村、冰沟村等为重点，实施了农牧区环境整治提升和河道整治工程，探索建立了“生态修复＋生态旅游”脱贫新模式，带动当地农牧民群众脱贫致富，初步建立了黑河流域生态功能提升与旅游协调发展示范区，已成功创建为青海省首个国家全域旅游示范县。刚察县以湟鱼家园旅游区周边为重点，通过实施沙柳河河道生态整治、河滨湿地建设、历史遗留矿山整治等措施，显著改善景区周边生态环境，提升了生态旅游品质，初步建立了鱼鸟水草、人与自然和谐共生的示范区。据统计，2019 年全州接待游客 1164.56 万人次，比 2017 年增长 34.99％；实现旅游总收入 42.41 亿元，比 2017 年增长 59.32％，高于全省旅游总收入增长率 10 个百分点。二是促进农牧业生态化转型。祁连县针对畜牧业基础设施薄弱、草场退化严重、草畜矛盾突出等问题，通过将祁连和甘肃河西走廊优势整合运用，探索了“祁繁甘育”模式，积极发展“飞地经济”补齐短板，拓展了经济增长与生态保护双赢的新空间、新趋势。门源县按照生态循环农业设计思路，围绕国家现代农业示范区、现代高效畜牧业示范基地建设，以实施流域水环境综合治理、“环保＋农业”循环农牧业示范等工程为重点，推动大通河流域农业面源污染防治，提升农产品品质和效益，擦亮“花海门源”生态旅游的金字招牌，初步建立了水生态保护与农业协调发展示范区。三是建设了一批高原美丽乡村。试点项目以实施农村环境综合整治提升工程为重点，协同推进乡村清洁行动、农村厕所“革命”、村庄绿化、高原美丽乡村创建等工作，全面改善农牧区人居环境状况，稳步推进高原美丽乡村建设。“十三五”期间，全州共建设高原美丽乡村 76

个，其中，门源县 44 个、祁连县 12 个、海晏县 16 个、刚察县 4 个。四是实现生态保护与脱贫攻坚的双赢。借助国家山水林田湖草试点项目和祁连山国家公园体制改革试点战略机遇，不断完善生态补偿机制，持续加大生态脱贫攻坚力度。“十三五”期间，全州 602 万亩国家级公益林和 454 万亩的天然林全部得到了有效管护，选聘生态公益性扶贫管护岗位 2898 名，落实管护员工资及工伤保险 18631.67 万元，受益户数达 3378 户，受益人数达 10134 人。据统计，2018 年底全州四县全部实现脱贫摘帽，2020 年全州脱贫人口人均可支配收入达到 13922 元。

第 15 章　山水工程试点建议

统筹山水林田湖草系统治理是一项复杂的系统工程，不仅需要基本理念的创新，还需要管理模式和技术体系的创新，必须遵循生态学原理和系统论方法，提升生态系统多样性、稳定性、持续性，加大生态系统保护力度，切实加强生态保护修复监管，拓宽绿水青山转化金山银山的路径，构建全新的生态治理体系。作为全国首批山水林田湖草生态保护修复试点，针对生态治理中存在的山水林田湖草生命共同体内在机理和规律认识不够，生态保护修复的系统性、整体性和科学性不足，技术标准规范欠缺，政策体系供给滞后等突出问题，提出了国家“十四五”山水林田湖草沙冰一体化保护和修复工程深入实施的有关建议。

15.1　科学诊断突出生态问题，明确工程修复对象目标

生态受损与退化问题的识别和诊断是生态修复模式选择与工程部署的前提。针对我国山水工程试点过程中“伪生态、真破坏”等突出问题，建议山水林田湖草沙冰一体化保护和修复时，必须建立健全生态系统健康诊断技术体系，全面推行生态系统健康诊断制度。要综合运用物种法、结构功能指标法、生态系统失调综合征诊断法、生态系统健康风险评估法、生态脆弱性和稳定性评价法、生态功能评价法等生态系统健康诊断方法，构建包括活力、组织、恢复力和服务功能在内的评价指标体系，全面开展生态系统健康诊断，以问题为导向实施生态治理，确定系统治理方案和措施，真正做到缺什么补什么，有什么问题解决什么问题，哪里问题突出就重点治理哪里，找准症结，对症下药，提升山水林田湖草沙冰系统治理的针对性和有效性。

15.2　全面遵循自然生态规律，配置工程修复技术路径

我国地域辽阔，各地自然条件和经济社会发展状况都存在很大差异，必然要

求生态治理根据区域差异实行差别化治理措施。因此，必须遵循生态系统内在的机理和规律，科学规划、因地制宜、分类施策，打造与区域特征相适应的多样化的生态系统。针对我国山水工程试点过程中“重修复、轻保护”等突出问题，建议山水林田湖草沙冰一体化保护和修复时，要充分考虑地理气候等自然条件、资源禀赋和生态区位等特点，坚持保护优先、自然恢复为主的方针，科学把握自然恢复和人工修复的关系，因地因时制宜、分区分类施策，科学布局重要生态系统保护和修复重大工程，严格落实工程方案科学论证和影响评价制度，优化要素配置和工程措施，宜封则封、宜造则造，宜保则保、宜用则用，宜乔则乔、宜灌则灌、宜草则草、宜田则田，增强生态治理的科学性、系统性和长效性。要坚持以水定绿、量水而行，以多样化乡土树种草种为主，科学造林种草，合理配置林草植被，着力提高生态系统自我修复能力，增强生态系统稳定性，促进自然生态系统质量的整体改善和生态产品供给能力的全面提升。

15.3 系统谋划保护修复单元，推动工程修复一体实施

试点经验表明，科学划定生态保护修复分区和保护修复单元，以保护修复单元为基本单元，整体推进单元内各类生态要素的保护修复，是确保一体化实施、系统修复、综合治理的关键举措。针对我国山水工程试点过程中各类工程条块分割、治山治水各自为战的突出问题，建议山水林田湖草沙冰一体化保护和修复时，要以生态功能区划图为底图，结合县级行政区划和小流域边界图件资料，确定生态保护修复分区范围；分别绘制主导生态功能图和生态敏感性分布图，综合形成生态保护重要区；将各类问题细化到生态保护修复分区内，明确各区资源环境问题空间分布特征；综合考虑各分区的生态保护重要区、资源环境问题分布区面积因素，明确分区生态保护修复方向；在明确分区范围、主导功能、突出问题和保护修复方向的前提下，形成生态保护修复分区方案。

15.4 深入推进技术标准生态化，完善工程修复治理体系

现行工程建设标准规范对“生态修复”系统性要求考虑不足，国家现有的生态保护与修复技术标准规范，与山水林田湖草生命共同体理念的要求还存在一些不相适应的问题，还未形成针对性的技术标准与规范，传统工程设计理念难以适应

“生态化”新需求，在很大程度上还不能满足指导实施山水林田湖草整体系统保护修复的设计、管理，亟待在国家层面上研究出台统一的标准规范。建议国家水利部、自然资源部、生态环境部、住建部等部门，以河道生态整治、地质灾害防治、重要生态系统保护修复、流域水环境综合治理等为重点领域，围绕“山水林田湖草沙冰生命共同体”理念生根落地，按照各自职能分工，尽快制修订相关工程建设技术标准、技术规范等。

15.5 建立健全工作协调机制，形成工程修复工作合力

针对我国山水工程试点过程中“九龙治水”、各自为战的突出问题，建议山水林田湖草沙冰一体化保护和修复时，必须打破条块分割的管理模式，有效克服生态治理碎片化问题，建立多部门、多层次、跨区域协同推进的工作机制，以国土空间用途管制为基础，统筹各类规划、资金、项目，对山水林田湖草沙冰进行一体化保护、一体化修复，变“各炒各的菜、各吃各的饭”为“各炒拿手菜、共摆一桌席”。要强化各部门之间、各地区之间的协同和信息共享，做到目标统一、任务衔接、纵向贯通、横向融合，提高山水林田湖草沙冰一体化保护修复的效率。

15.6 着力提升群众生态福祉，构建人与自然和谐共生新格局

习近平总书记强调，生态环境问题归根结底是发展方式和生活方式问题，要从根本上解决生态环境问题，必须加快形成节约资源和保护环境的空间格局、产业结构、生产方式、生活方式，把经济活动、人的行为限制在自然资源和生态环境能够承受的限度内，给自然生态留下休养生息的时间和空间。建议山水林田湖草沙冰一体化保护和修复时，必须牢固树立和自觉践行“绿水青山就是金山银山”理念，以高质量发展为根本要求，以供给侧结构性改革为主线，正确处理保护与利用、生态与经济的关系，既要绿水青山、也要金山银山，建立生态产品价值顺利实现机制，让绿水青山有效转变为金山银山，实现生态效益、经济效益和社会效益的有机统一。要建立起适宜自然资本禀赋和良性循环的生态经济发展模式，在发展中保护、在保护中发展，在加强生态保护修复的同时推进资源可持续利用、带动农民增收致富、支撑区域经济发展，走出一条生产、生活、生态“三生”共赢的绿色发展之路。

参考文献

白中科,2021. 国土空间生态修复若干重大问题研究[J]. 地学前缘,28(4):1-13.

曹宇,王嘉怡,李国煜,2019. 国土空间生态修复:概念思辨与理论认知[J]. 中国土地科学,33(7):1-10.

陈妍,周妍,包岩峰,等,2023. 山水林田湖草沙一体化保护和修复工程综合成效评估技术框架[J]. 生态学报,43(21):8894-8902.

成金华,尤喆,2019."山水林田湖草是生命共同体"原则的科学内涵与实践路径[J]. 中国人口·资源与环境,29(2):1-6.

董哲仁,刘蒨,曾向辉,2002. 受污染水体的生物-生态修复技术[J]. 水利水电技术 (2):1-4.

樊杰,2018."人地关系地域系统"是综合研究地理格局形成与演变规律的理论基石[J]. 地理学报,73(4):597-607.

方创琳,2004. 中国人地关系研究的新进展与展望[J]. 地理学报,59(S1):21-32.

傅伯杰,2021. 国土空间生态修复亟待把握的几个要点[J]. 中国科学院院刊,36(1):64-69.

傅伯杰,张立伟,2014. 土地利用变化与生态系统服务:概念、方法与进展[J]. 地理科学进展,33(4):441-446.

付战勇,马一丁,罗明,等,2019. 生态保护与修复理论和技术国外研究进展[J]. 生态学报,39(23):9008-9021.

戈峰,欧阳志云,2015. 整体、协调、循环、自生——马世骏学术思想和贡献[J]. 生态学报,35(24):7926-7930.

韩林桅,张淼,石龙宇,2019. 生态基础设施的定义、内涵及其服务能力研究进展[J]. 生态学报,39(19):7311-7321.

李培军,刘宛,孙铁珩,等,2006. 我国污染土壤修复研究现状与展望[J]. 生态学杂志 (12):1544-1548.

李小云,杨宇,刘毅,2018. 中国人地关系的历史演变过程及影响机制[J]. 地理研究,37(8):1495-1514.

李扬,汤青,2018. 中国人地关系及人地关系地域系统研究方法述评[J]. 地理研究,37(8):1655-1670.

刘彦随,刘亚群,欧聪,2024. 现代人地系统科学认知与探测方法[J]. 科学通报,69(3):447-463.

彭建,胡晓旭,赵明月,等,2017a. 生态系统服务权衡研究进展:从认知到决策[J]. 地理学报,72(6):960-973.

彭建,赵会娟,刘焱序,等,2017b. 区域生态安全格局构建研究进展与展望[J]. 地理研究,36(3):407-419.

彭建,吕丹娜,张甜,等,2019. 山水林田湖草生态保护修复的系统性认知[J]. 生态学报,39(23):78-85.

彭建,李冰,董建权,等,2020. 论国土空间生态修复基本逻辑[J]. 中国土地科学,34(5):18-26.

彭羽,米凯,卿凤婷,等,2015. 影响植被退化生态因子的多尺度分析——以和林县为例[J]. 应用基础与工程科学学报,23(S1):11-19.

任海，彭少麟，陆宏芳，2004. 退化生态系统恢复与恢复生态学[J]. 生态学报，24(8)：1760-1768.

任海，王俊，陆宏芳，2014. 恢复生态学的理论与研究进展[J]. 生态学报，34(15)：4117-4124.

任芝军，杨桐飒，白莹，等，2022. 受污染河湖的物理化学及生物修复技术研究进展[J]. 河北工业大学学报，51(2)：47-55.

萨娜，赵金羽，寇旭阳，等，2023."山水林田湖草沙生命共同体"耦合框架、模型与展望[J]. 生态学报，43(11)：4333-4343.

苏维词，杨吉，2020. 山水林(草)田湖人生命共同体健康评价及治理对策——以长江三峡水库重庆库区为例[J]. 水土保持通报，40(5)：209-217.

屠越，刘敏，高婵婵，等，2022. 大都市区生态源地识别体系构建及国土空间生态修复关键区诊断[J]. 生态学报，42(17)：7056-7067.

王波，2021. 以系统观念谋划山水林田湖草沙治理工程[N]. 中国环境报，2021-03-11.

王波，王夏晖，张笑千，2018."山水林田湖草生命共同体"的内涵、特征与实践路径——以承德市为例[J]. 环境保护，46(7)：60-63.

王柯，张建军，邢哲，等，2022. 我国生态问题鉴定与国土空间生态保护修复方向[J]. 生态学报，42(18)：7685-7696.

王祺，蒙吉军，齐杨，等，2015. 基于承载力动态变化的生态系统适应性管理：以鄂尔多斯乌审旗为例[J]. 地域研究与开发，34(4)：154-159.

王思凯，张婷婷，高宇，等，2018. 莱茵河流域综合管理和生态修复模式及其启示[J]. 长江流域资源与环境，27(1)：215-224.

王思义，2013. 基于生态系统服务价值理论的土地整治生态效益评价[D]. 武汉：华中师范大学：22-23.

王夏晖，何军，饶胜，等，2018. 山水林田湖草生态保护修复思路与实践[J]. 环境保护，46(Z1)：17-20.

王夏晖，何军，牟雪洁，等，2021. 中国生态保护修复 20 年：回顾与展望[J]. 中国环境管理，13(5)：85-92.

王夏晖，王金南，王波，等，2022. 生态工程：回顾与展望[J]. 工程管理科技前沿，41(4)：1-8.

魏远，顾红波，薛亮，等，2012. 矿山废弃地土地复垦与生态恢复研究进展[J]. 中国水土保持科学，10(2)：107-114.

邬建国，2000. 景观生态学——概念与理论[J]. 生态学杂志 (1)：42-52.

吴传钧，1991. 论地理学的研究核心——人地关系地域系统[J]. 经济地理 (3)：1-6.

向爱盟，岳启发，赵筱青，等，2023. 国土空间生态修复关键区识别及修复分区——以西南喀斯特山区开远市为例[J]. 中国环境科学，43(12)：6571-6582.

谢高地，肖玉，鲁春霞，2006. 生态系统服务研究：进展、局限和基本范式[J]. 植物生态学报 (2)：191-199.

应凌霄，孔令桥，肖燚，等，2022. 生态安全及其评价方法研究进展[J]. 生态学报，42(5)：1679-1692.

于恩逸，齐麟，代力民，等，2019."山水林田湖草生命共同体"要素关联性分析——以长白山地区为例[J]. 生态学报，39 (23)：8837-8845.

于贵瑞，于秀波，2014. 近年来生态学研究热点透视——基于"中国生态大讲堂"100 期主题演讲的总结[J]. 地理科学进展，33(7)：925-930.

于贵瑞，任小丽，杨萌，等，2021. 宏观生态系统科学整合研究的多学科知识融合及其技术途径[J]. 应用生态学报，32(9)：3031-3044.

于贵瑞，郝天象，杨萌，2023a. 中国区域生态恢复和环境治理的生态系统原理及若干学术问题[J]. 应用生态学报，34(2)：289-304.

于贵瑞，王永生，杨萌，2023b. 提升生态系统质量和稳定性的生态学原理及技术途径之探讨[J]. 应用生态学报，34(1)：1-10.

曾卫，夏菲阳，2023. 基于生态安全格局的国土空间生态修复关键区识别与修复策略研究——以汉源县为例[J]. 城乡规划 (1)：1-12.

章家恩，徐琪，1999. 恢复生态学研究的一些基本问题探讨[J]. 应用生态学报，10(1)：111-115.

张笑千，王波，王夏晖，2018. 基于"山水林田湖草"系统治理理念的牧区生态保护与修复——以御道口牧场管理区为例[J]. 环境保护，46(8)：56-59.

张杨，杨洋，江平，等，2022. 山水林田湖草生命共同体的科学认知、路径及制度体系保障[J]. 自然资源学报，37(11)：3005-3018.

郑华，李屹峰，欧阳志云，等，2013. 生态系统服务功能管理研究进展[J]. 生态学报，33(3)：702-710.

周立华，刘洋，2021. 中国生态建设回顾与展望[J]. 生态学报，41(8)：3306-3314.

周旭，彭建，翟紫含，2021. 国土空间生态修复关键技术初探[J]. 中国土地 (8)：30-33.

周妍，陈妍，应凌霄，等，2021. 山水林田湖草生态保护修复技术框架研究[J]. 地学前缘，28(4)：14-24.

CAO S X, MA H, YUAN W P, et al, 2014. Interaction of ecological and social factors affects vegetation recovery in China[J]. Biol Conserv, 180: 270-277.

GANN G D, MCDONALD T, WALDER B, et al, 2019. International principles and standards for the practice of ecological restoration[J]. Restor Ecol, 27 (S1): 1-46.

HALLETT L M, DIVER S, EITZEL M V, et al, 2013. Do we practice what we preach? Goal setting for ecological restoration[J]. Restor Ecol, 21(3): 312-319.

LENGEFELD E, METTERNICHT G, NEDUNGADI P, 2020. Behavior change and sustainability of ecological restoration projects[J]. Restor Ecol, 28(4): 724-729.

LIU J, MOONEY H, HULL V, et al, 2015. Systems integration for global sustainability[J]. Science, 347 (6225): 1258832.

WANG X H, WANG J N, WANG B, et al, 2022. The nature-based ecological engineering paradigm: symbiosis, coupling, and coordination[J]. Engineering, 19: 14-21.

WU J, 2013. Landscape sustainability science: ecosystem services and human well-being in changing landscapes[J]. Landsc Ecol, 28(6): 999-1023.

XU S, LIU Y, WANG X, et al, 2017. Scale effect on spatial patterns of ecosystem services and associations among them in semi-arid area: a case study in Ningxia Hui Autonomous Region, China[J]. Sci Total Environ, 598: 297-306.

ZHANG Y, DONG S, GAO Q, et al, 2016. Climate change and human activities altered the diversity and composition of soil microbial community in alpine grasslands of the Qinghai-Tibetan Plateau[J]. Sci Total Environ, 562: 353-363.

附　录

附录1　海北州山水工程项目明细表

类型	重点项目	工程名称	子工程名称	所属县
一、生态安全格局构建类	(一)黑河流域河源区生态安全格局构建项目	1. 黑河流域河源区生态保护修复工程	托勒河流域综合整治工程	祁连
			野牛沟乡污水处理工程	祁连
		2. 祁连县八宝河污染防治与生态修复工程	冰沟流域综合整治工程	祁连
			拉洞沟流域综合治理工程	祁连
			八宝河流域(小八宝河段)综合整治工程	祁连
			八宝河流域(账房台至草达坂段)综合整治工程	祁连
			小东索河流域综合整治工程	祁连
			扎麻什流域综合整治工程	祁连
			黑河流域(夏塘桥至棉沙湾段)综合整治工程	祁连
			祁连县污水处理厂提标扩能工程	祁连
			县城周边污水管网配套工程	祁连
			阿柔乡污水处理工程	祁连
			峨堡镇污水处理工程	祁连
			阿柔乡生活垃圾减量化、无害化、资源化高温热解处理工程	祁连
			白杨沟村污水管网工程(优化资金810万元)	祁连
			祁连县污水站(厂)在线监测系统建设项目	祁连
			小八宝河入河口湿地修复与保护治理工程	祁连
			阿柔乡草大坂生态林灌溉配套工程	祁连
			扎麻什至小八宝生态护岸林工程	祁连
		3. 祁连县重点村镇饮用水源地保护及规范化建设工程	祁连县重点村镇饮用水源地保护及规范化建设工程	祁连
		4. 黑河河源区矿山生态恢复治理项目	阿柔乡小八宝大东沟废弃石棉生态修复工程	祁连
			阿柔乡小八宝小东沟废弃石棉矿生态修复工程	祁连

续表

类型	重点项目	工程名称	子工程名称	所属县
一、生态安全格局构建类	(一)黑河流域河源区生态安全格局构建项目	4. 黑河河源区矿山生态恢复治理项目	阿柔乡小八宝西沟台矿废弃石棉矿生态修复工程	祁连
			阿柔乡小八宝废弃石棉尾矿库生态修复工程	祁连
			峨堡镇羊胸子废弃煤矿生态修复工程	祁连
			野牛沟乡油葫芦沟废弃煤矿生态修复工程	祁连
			野牛沟乡洪水坝废弃砂金矿生态修复工程	祁连
			野牛沟乡黑土槽废弃煤矿生态修复工程	祁连
			野牛沟乡红土沟废弃煤矿生态修复工程	祁连
			柯柯里乡那孕日当废弃煤矿生态修复工程	祁连
			野牛沟乡川刺沟砂金矿生态修复工程	祁连
			央隆乡陇孔沟砂金矿生态修复工程	祁连
			野牛沟乡辽班台沟废弃砂金矿生态修复工程	祁连
			野牛沟乡辽班台沟废弃砂金矿生态修复工程(二期)	祁连
			祁连县冬库煤矿生态修复工程	祁连
			祁连县玉石沟煤矿生态修复工程	祁连
		5. 地质灾害防治工程	东村后湾不稳定斜坡地质灾害修复工程	祁连
			冰沟二尕滑坡群地质灾害修复工程	祁连
			牛心山北侧刺疙瘩泥石流地质灾害修复工程	祁连
			营盘台牛心山泥石流地质灾害修复工程	祁连
			小东索滑坡修复工程	祁连
			鸽子洞村滑坡地质灾害生态修复工程	祁连
			多什多新村滑坡地质灾害生态修复工程	祁连
			红沟滑坡地质灾害生态修复工程	祁连
			照壁山滑坡地质灾害生态修复工程	祁连
	(二)青海湖北岸汇水区生态安全格局构建项目	6. 沙柳河永丰水坝至刚察大寺段生态保护修复工程	刚察县退化草地恢复治理工程	刚察
			沙柳河河道生态治理及湖滨湿地恢复工程	刚察
			沙柳河河道生态治理及湖滨湿地恢复项目配套工程	刚察
			沙柳河镇潘保村污水管网建设工程	刚察
		7. 刚察县重点乡镇生态保护与修复工程	刚察县集中式饮用水源地保护区划区及规范化建设工程	刚察
		8. 海晏县农牧业和生活污染源综合治理工程	海晏县农牧业和生活污染源综合治理工程	海晏

续表

类型	重点项目	工程名称	子工程名称	所属县
一、生态安全格局构建类	(二)青海湖北岸汇水区生态安全格局构建项目	9. 青海湖北岸废弃矿山治理与生态修复项目	海晏县青海湖北岸历史遗留废弃矿山生态恢复治理工程托德公路沿线	海晏
			海晏县青海湖北岸历史遗留废弃矿山生态恢复治理工程兰花湖公路沿线	海晏
			海晏县青海湖北岸历史遗留废弃矿山生态恢复治理工程二尕线及茶默路沿线	海晏
			海晏县青海湖北岸历史遗留废弃矿山生态恢复治理工程省道204沿线	海晏
			海晏县青海湖北岸历史遗留废弃矿山生态恢复治理工程青藏铁路沿线	海晏
			海晏县青海湖北岸历史遗留废弃矿山生态恢复治理工程青藏铁路沿线弃土场	海晏
			海晏县青海湖北岸历史遗留废弃矿山生态恢复治理工程国道315沿线	海晏
			海晏县青海湖北岸历史遗留废弃矿山生态恢复治理工程旧国道315沿线	海晏
			海晏县青海湖北岸历史遗留废弃矿山生态恢复治理工程热水泉路沿线	海晏
			青藏铁路沿线料坑地质环境恢复治理工程	刚察
			315国道及204省道料坑地质环境恢复治理工程	刚察
			国道315(甘子河经刚察—鸟岛)及省道204(海塔尔—热水)料坑地质环境治理工程	刚察
			县乡公路建设遗留料坑地质环境恢复治理工程	刚察
			环湖保护区料坑地质环境恢复治理工程	刚察
			刚察县青雅虎废弃煤矿地质环境恢复治理工程	刚察
		10. 泉吉河黄玉水坝至角什科寺院生态保护修复工程(2020—2025)	行业部门已实施	
		11. 甘子河及其支流擦拉河小流域环境治理与生态修复工程(2020—2025)	海晏县甘子河生态护岸工程	海晏
			海晏县鼠害防治项目(财评及优化资金309.38万元)	海晏
			海晏县饮用水源地环境整治和规范化建设项目	海晏

续表

类型	重点项目	工程名称	子工程名称	所属县
二、水源涵养功能提升类	(三)大通河流域河源区综合治理与生态修复试点项目	12. 大通河流域祁连县默勒镇段生态修复工程	默勒镇污水处理工程	祁连
		13. 大通河河源区废弃矿山生态恢复治理与矿山生态环境监测工程	刚察县江仓一井田东侧废弃煤矿地质环境恢复治理工程	刚察
			刚察县 2.8 矿坑(东)废弃煤矿地质环境恢复治理工程	刚察
			刚察县 2.8 矿坑(西)废弃煤矿地质环境恢复治理工程	刚察
			刚察县 2.8 西矿山修复遗漏渣山治理工程	刚察
			柴木铁路沿线料坑地质环境恢复治理工程	刚察
			热江公路料坑地质环境恢复治理工程	刚察
			刚油公路料坑地质环境恢复治理工程	刚察
			默勒镇海塔尔垭口废弃煤矿生态修复工程	祁连
			默勒镇赛什图河废弃砂金矿生态修复工程	祁连
			默勒镇赛什图河废弃砂金矿生态修复工程二期	祁连
	(四)大通河流域中下游水资源控制区综合治理试点项目	14. 大通河门源河段水环境治理与水生态修复工程	大通河流域干流段环境整治与生态功能提升工程 大通河流域支流段环境整治与生态功能提升工程(含白水河水环境治理及水生态修复工程)	门源
		15. 门源县祁连山水环境治理与水生态修改工程(二期)(2020—2025)		
		16. 大通河流域门源段水污染防治与污染源防控工程	门源县浩门镇污水处理厂原位提标改造和截污纳管项目	门源
			大通河流域门源县农村环境综合整治提升工程项目	门源
			大通河流域浩门镇等 12 个乡镇农村人居环境提升工程	门源
			门源县农村牧区生活污水治理示范县建设项目(头塘村、下金巴台 2 个村)	门源
			大通河流域门源县东川镇污水处理厂及配套污水管网建设项目	门源
		17. 门源县南北山水源涵养功能提升工程	门源县"县—乡(镇)—村"三级饮用水水源地保护区划分与规范化建设项目	门源

续表

类型	重点项目	工程名称	子工程名称	所属县
二、水源涵养功能提升类	(四)大通河流域中下游水资源控制区综合治理试点项目	18. 大通河中下游废弃矿山治理与生态修复项目	门源县寺沟地区砂金矿区治理生态修复工程	门源
			门源县黑驿北沟砂金矿区治理修复工程	门源
			门源县中多拉地区砂金矿治理生态修复工程	门源
			门源县直河地区无主废弃矿山综合治理修复工程	门源
			门源县卡哇掌地区、宁缠地区无主废弃矿山综合治理与修复工程	门源
			门源县青分岭(红腰线)地区无主废弃矿山综合治理与修复工程	门源
			门源县甘沟地区无主废弃矿山综合治理与修复工程	门源
			门源县一棵树地区无主废弃矿山综合治理与修复工程	门源
			门源县铁迈煤矿外围地区无主废弃矿山综合治理与修复工程	门源
			门源县原万桌煤矿地区无主废弃矿山综合治理与修复工程	门源
			门源县大梁地区砂金矿治理修复工程	门源
			门源县铜厂沟地区砂金矿区治理修复工程	门源
			门源县浩门河两岸无主砂石料场治理修复工程	门源
			门源县狮子口地区砂金矿区治理修复工程	门源
			门源县扎麻图地区砂金矿区治理生态修复工程	门源
			门源县马営沟地区无主砂石料场治理修复工程	门源
		19. 大通河中下游地质灾害治理工程	3个村地质灾害治理项目	门源
三、生物多样性保护类试点项目	(五)生态廊道修复工程	20. 祁连山区生物多样性保护科普教育基地建设	祁连县祁连山区生物多样性宣教体验生态中心	祁连
四、生态监管与基础支撑工程	(六)生态修复治理技术集成示范项目	21. 祁连县“旅游+生态环保”模式示范项目	祁连县八宝镇冰沟村旅游民俗村建设项目	祁连
			祁连县“山水林田湖草”拉洞台村、麻拉河村旅游观光示范村建设项目	祁连
		22. 门源县农业面源污染防治技术集成与循环农业示范项目	门源县“环保+农业”循环农牧业示范试点项目	门源
			刚察县农业面源污染建设项目	刚察

附录 2　山水工程有关重要政策文件目录

序号	年份	名称
国家层面		
1	2015	《生态文明体制改革总体方案》
2	2016	《关于推进山水林田湖生态保护修复工作的通知》(财建〔2016〕725 号)
3	2016	《重点生态保护修复治理专项资金管理办法》(财建〔2016〕876 号)
4	2017	《财政部 国土资源部 环境保护部关于修订〈重点生态保护修复治理专项资金管理办法〉的通知》(财建〔2017〕735 号)
5	2019	《重点生态保护修复治理专项资金管理办法》(财建〔2019〕735 号)
6	2020	《全国重要生态系统保护和修复重大工程总体规划(2021—2035 年)》(发改农经〔2020〕837 号)
7	2020	《山水林田湖草生态保护修复工程指南(试行)》(自然资办发〔2020〕38 号)
8	2021	《重点生态保护修复治理资金管理办法》(财资环〔2021〕100 号)
9	2021	《国务院办公厅关于鼓励和支持社会资本参与生态保护修复的意见》(国办发〔2021〕40 号)
10	2022	《生态保护修复成效评估技术指南(试行)》(HJ 1272—2022)
11	2024	《重点生态保护修复治理资金管理办法》(财资环〔2024〕6 号)
青海省层面		
12	2017	《青海省人民政府关于青海省祁连山区山水林田湖生态保护修复试点项目实施方案的批复》(青政函〔2017〕64 号)
13	2017	《青海省财政厅关于下达"山水林田湖"综合治理试点项目资金的通知》(青财建资〔2017〕1477 号)
14	2019	《青海省祁连山区山水林田湖草生态保护修复试点项目管理办法》
15	2019	《青海省祁连山区山水林田湖草生态保护修复试点项目资金管理办法》
16	2019	《青海省祁连山区山水林田湖草生态保护修复试点项目档案管理办法》
17	2019	《青海省祁连山区山水林田湖草生态保护修复试点项目验收管理办法》
18	2019	《青海省祁连山区山水林田湖草生态保护修复试点项目绩效管理办法》
19	2019	《中共青海省委 青海省人民政府关于全面实施预算绩效管理的实施意见》(青发〔2019〕11 号)
20	2019	《青海省财政厅关于印发〈青海省省级部门预算绩效管理办法〉的通知》(青财绩字〔2019〕1297 号)
21	2019	《青海省财政厅关于印发〈青海省省级预算支出第三方机构绩效评价工作规程〉的通知》(青财绩字〔2019〕2096 号)
22	2020	《青海省财政厅关于印发〈第三方机构参与省级财政评价工作质量考核暂行办法〉的通知》(青财绩字〔2020〕2075 号)
海北藏族自治州层面		
23	2017	《海北藏族自治州山水林田湖生态保护修复项目管理办法》(北政办〔2017〕201 号)
24	2017	《海北藏族自治州山水林田湖生态保护修复项目专项资金管理办法》(北政办〔2017〕201 号)
25	2017	《海北藏族自治州山水林田湖建设工程招标投标管理办法》(北政办〔2017〕201 号)
26	2017	《海北藏族自治州山水林田湖建设工程监理管理办法》(北政办〔2017〕201 号)
27	2017	《海北藏族自治州山水林田湖生态保护修复项目验收管理办法》(北政办〔2017〕201 号)
28	2017	《海北藏族自治州"山水林田湖"生态保护修复项目档案管理办法》(北政办〔2017〕201 号)

续表

序号	年份	名称
29	2017	《海北藏族自治州山水林田湖生态保护修复项目公示制管理办法》(北政办〔2017〕201号)
30	2017	《海北藏族自治州“山水林田湖”生态产业建设项目安全生产管理办法》(北政办〔2017〕201号)
31	2017	《海北藏族自治州建设领域农民工工资支付保证金管理办法》(北政办〔2017〕80号)
32	2018	海北藏族自治州人民政府办公室《关于印发海北藏族自治州山水林田湖项目评审审批办法的通知》(北政办〔2018〕39号)
33	2018	《关于海北藏族自治州祁连山区山水林田湖生态保护与修复试点项目严格实行项目法人责任制及对各部门主要职责进行授权的通知》(北山〔2018〕25号)
34	2018	《海北藏族自治州财政局关于山水林田湖项目二类费用相关事宜的函》(北财〔2018〕1321号文)
35	2020	《关于尽快落实试点项目监理费用的通知》(北山〔2020〕12号)

附录3 海北州山水工程绩效评价指标体系

一级指标	二级指标	三级指标	四级指标	分值	评分细则
项目设计(20)	项目前期准备(6)	项目策划(2)	项目设计是否符合国家、青海省、海北州生态环境保护政策和规划，是否与祁连山山水林田湖草生态保护修复工作密切相关并有不可或缺的支持作用	2	2分：是 1分：一般 0分：不相关
		项目立项规范性(4)	本项目总体/州项目整体绩效目标、实施方案等立项文件报批备案手续是否规范齐全	2	2分：手续规范齐全 1分：部分手续不够规范齐全 0分：无审批手续
			是否对项目区内省本级、各州、各县项目的绩效目标、实施方案、设计方案等进行了及时规范的审查和批复	2	2分：审查批复及时规范 1分：有少部分项目审查批复不够及时规范 0分：大部分项目审查批复不及时规范
	项目方案合理性(14)	实施方案合理性(4)	协调机制、管理机构、管理制度、保障措施等设计是否全面合理	2	2分：全面合理 1分：部分安排不够全面合理 0分：有明显欠缺
			项目技术路线、工程手段是否合理可行	2	2分：合理可行 1分：局部不够合理 0分：整体不可行
		绩效指标明确性(4)	绩效指标设计是否明确，本项目总体绩效目标、州项目整体绩效目标、各子项目绩效目标之间是否紧密相关并构成逻辑上的一致性和整体性	2	2分：明确且逻辑性、整体性强 1分：明确性或逻辑性、整体性一般 0分：不明确或缺乏逻辑性和整体性
			绩效指标设计是否具体、量化、可衡量	2	2分：指标具体、量化、可衡量 1分：部分指标不具体或难以衡量 0分：大部分指标不具体且难以衡量

续表

一级指标	二级指标	三级指标	四级指标	分值	评分细则
项目设计（20）	项目方案合理性（14）	资金分配合理性（6）	资金分配是否具有针对性，包括：①紧密结合祁连山区山水林田湖草生态保护修复试点工作特点；②针对项目重点区域、重点工作、突出问题等	2	2分：针对性强 1分：针对性一般 0分：针对性较差
			与以往同类项目相比，资金分配方案与项目内容和规模是否匹配	2	2分：基本匹配 1分：匹配性不足 0分：明显不匹配（过多或过少）
			资金是否按规定时间及时拨付项目实施单位	2	2分：及时拨付 1分：有所延迟 0分：严重滞后
项目管理（30）	资金管理（14）	资金管理制度健全性（1）	是否建立了健全的项目资金管理制度并严格落实执行	1	1分：管理制度健全且严格落实 0分：管理制度不健全或未严格落实
		资金监控有效性（2）	是否严格执行项目财务与事项报告、信息公开等制度	1	1分：是 0分：否
			是否及时有效地开展了项目监督检查等工作	1	1分：是 0分：否
		资金使用合规性（11）	各项目实施单位会计核算规范性，包括：①项目资金是否专账核算；②记账凭证是否规范有效；③会计信息资料是否真实、完整、准确等	2	2分：规范性良好 1分：少部分项目实施单位不够规范 0分：有多个项目实施单位不规范
			各项目实施单位资金使用的合法合规程度	9	9分：资金使用完全合法合规 存在以下情况时，在9分基础上，酌情进行扣分： 一 有虚列（套取）情况，视情节扣4～9分 一 有截留、挤占、挪用资金情况，视情节扣3～6分 一 有超标准、超范围支出或预算项超支等情况，视情节扣2～5分 一 有不符合项目管理规定或未按合同条款规定等违规支出情况，视情节扣1～2分 存在上述多种情况时，扣分累计，最高扣9分。
	业务管理（16）	项目管理制度健全性（1）	是否建立了健全的项目管理制度并严格落实执行，包括：项目管理、档案管理、采购管理、验收管理、成果管理等方面的管理规定	1	1分：管理制度健全且严格落实 0分：管理制度不健全或未严格落实

续表

一级指标	二级指标	三级指标	四级指标	分值	评分细则
项目管理（30）	业务管理（16）	项目组织有效性（6）	是否设立合理可行的项目实施管理体制，包括：①领导小组及办公室设立情况；②成员组成及牵头部门设置情况；③主要领导参与和重视程度等	2	2分：合理可行 1分：一般 0分：不够合理，或未设立管理体制
			项目工作是否能够及时有效地落实	2	2分：及时有效 1分：大部分工作及时有效 0分：工作落实不及时
			是否开展了有效的媒体宣传工作	2	2分：好 1分：一般 0分：较差
		项目进度及内容控制（3）	是否按计划如期启动和完成了项目实施方案中规定的各项工作	2	2分：是 1分：有拖延，但不足50% 0分：严重拖延，达到或超过50%
			项目工作内容是否达到项目实施方案及设计方案中规定的技术要求	1	1分：是 0分：否
		项目管理规范性（6）	项目招投标及合同管理工作是否规范	2	2分：严格按项目管理办法及相关法规执行 1分：个别项目不够规范 0分：有明显不规范行为
			项目进展报告、监督检查等制度执行是否严格有效	2	2分：严格有效 1分：一般 0分：未执行
			项目调整报批备案工作是否及时规范	1	1分：及时规范，或无调整 0分：不够及时或不够规范
			项目验收组织工作是否及时规范	1	1分：及时规范 0分：不够及时或不够规范
项目产出（30）	项目产出（30）	数量指标完成情况（10）	按批复的《项目绩效目标申报表》中的绩效指标设置。评价专家组可视情况为每一绩效指标设定满分分值	10	产出数量全部完成或超额完成：满分 产出数量未全部完成： 得分＝实际完成数量/产出数量指标×满分分值
		质量指标完成情况（10）	按批复的《项目绩效目标申报表》中的绩效指标设置。评价专家组可视情况为每一绩效指标设定满分分值	10	产出质量达标或优良：满分 产出质量未达标或较差：评价专家组可视情况经集体评议确定得分
		时效指标完成情况（5）	按批复的《项目绩效目标申报表》中的绩效指标设置。评价专家组可视情况为每一绩效指标设定满分分值	5	产出按时或提前完成：满分 产出有拖延，但超时不足50%：评价专家组可视情况经集体评议确定得分 产出超期达50%或以上：0分

续表

一级指标	二级指标	三级指标	四级指标	分值	评分细则
项目产出（30）	项目产出（30）	成本指标完成情况（5）	按批复的《项目绩效目标申报表》中的绩效指标设置。评价专家组可视情况为每一绩效指标设定满分分值	5	产出成本指标完成：满分 产出成本指标未完成：评价专家组可视情况经集体评议确定得分
项目效果（20）	项目效果（20）	生态、社会和经济效益（12）	按批复的《项目绩效目标申报表》中的生态效益、社会效益和经济效益绩效指标设置。评价专家组可视情况为每一绩效指标设定满分分值，可重点评估项目实施后区域内生态功能提升情况，公共产品供应和绿色生产力提升能力，项目构建与资金整合带来的资金撬动效益	12	效益指标完成：满分 效益指标未完成：评价专家组可视情况经集体评议确定得分
		可持续性（4）	是否为保证项目成果持续发挥作用而建立了长效机制，包括机构人员、政策制度等方面	2	2 分：建立了完善的长效机制 1 分：建立了长效机制但不够完善 0 分：未建立长效机制
			是否为项目形成的设备设施采取了长期运行管理和维护措施，包括人员、资金、技术等方面	2	2 分：采取了全面的措施 1 分：采取了措施但不够全面 0 分：无相关措施
		服务对象满意度（4）	按批复的《项目绩效目标申报表》中的绩效指标设置。评价专家组可视情况为每一绩效指标设定满分分值	4	满意度指标达到：满分 满意度指标未达到：评价专家组可视情况经集体评议确定得分

附录 4　海北州山水工程配套管理制度研究成果清单

序号	年份	文件名称
1	2018	《关于〈海北藏族自治州试点项目专项督查有关优化建议〉的通知》（北山〔2018〕40 号）
2	2018	《关于“海北藏族自治州祁连山区山水林田湖草生态保护与修复试点项目 EPC 总承包”联合体牵头单位内蒙古金威路桥有限公司变更的批复》（北山〔2018〕26 号）
3	2018	《关于〈金威物产集团有限公司为联合体牵头单位的补充协议备案〉的通知》（北山〔2018〕28 号）
4	2018	海北藏族自治州祁连山区山水林田湖生态保护与修复试点项目联合体补充协议
5	2018	《关于建议开展山水林田湖草生态保护与修复地方立法的报告》（北山〔2018〕38 号）
6	2018	《关于组织专家组参与山水林田湖草大通河流域（门源段）环境整治与生态功能提升工程指导设计优化调整工作的报告》（门项办字〔2018〕第 39 号）
7	2018	《关于门源县“山水林田湖草”大通河流域（门源段）环境整治与生态功能提升工程优化调整方案专家评审意见》
8	2018	《关于门源县“山水林田湖草”大通河流域（门源段）环境整治与生态功能提升工程优化调整方案专家评审意见的专报》

续表

序号	年份	文件名称
9	2018	刚察县山水林田湖草生态保护与修复项目领导小组召开项目推进会(2018年10月17日)
10	2018	海北藏族自治州督查组一行赴刚察县专项检查山水林田湖草生态保护与修复试点项目进展情况(2018年10月24日)
11	2018	《海晏县环境保护和林业水利局关于海晏山水林田湖项目优化调整的请示》(晏环林水〔2018〕418号)
12	2018	海北藏族自治州山水林田湖草生态保护与修复试点项目工作领导小组(扩大)会议(2018年10月16日)
13	2018	《尼玛卓玛、阿更登同志在州山水林田湖草生态保护与修复试点项目工作领导小组(扩大)会议上的讲话》(2018年10月16日)(北办通报〔2018〕第28期)
14	2018	《州山水林田湖草项目工作领导小组办公室 关于〈省委书记和省长调研海北工作时讲话精神的责任分工方案〉具体工作措施的报告》(北山〔2018〕36号)
15	2019	《关于山水林田湖草生态保护与修复试点项目合同延期的批复》(北山〔2019〕4号)
16	2019	2017年度祁连山区大通河流域(门源段)“山水林田湖草”生态保护与修复试点工程延期补充合同
17	2019	重点生态保护修复治理资金(第一批山水林田湖草生态保护修复工程试点资金)重点绩效评价工作实施方案
18	2019	《关于征求〈青海省重点生态保护修复治理资金绩效自评价报告〉的意见的函》(青祁山水办〔2019〕5号)
19	2019	海北藏族自治州委办公室下发通知(2019年4月12日)(围绕海北经验,报送一期高质量信息)
20	2019	海北藏族自治州山水林田湖草项目工作会议纪要(2019年7月15日)
21	2019	海北新闻网《378个建设项目,投资43亿元!海北藏族自治州项目开复工建设全面启动》
22	2020	《关于山水林田湖草生态保护与修复试点项目结存资金拟定使用方向及相关事项的请示》(北山〔2020〕6号)
23	2020	《关于做好山水林田湖草生态保护与修复试点项目总承包合同续签工作的通知》(北山〔2020〕11号)
24	2020	《关于请求审批〈海北藏族自治州祁连山区山水林田湖草生态保护修复试点项目绩效目标分解方案〉的请示》(北山〔2020〕4号)
25	2020	《尼玛卓玛同志在州“山水林田湖草”项目工作领导小组会议上的讲话》(2020年5月21日)(北办通报〔2020〕第19期)
26	2020	用生态的措施落实“山水林田湖草是一个生命共同体”理念(工作简报第1期)
27	2021	《海北藏族自治州人民政府 关于申请验收海北藏族自治州祁连山区山水林田湖草生态保护与修复试点项目的请示》(北政〔2021〕92号)
28	2021	《关于〈关于山水林田湖项目工程建设共管账户使用管理权限的请示〉的回复建议》(北山〔2021〕第01号)
29	2022	《关于上报〈海北藏族自治州祁连山区山水林田湖草生态保护修复试点项目实施情况的总结〉的报告》(北山〔2022〕3号)
30	2022	《海北藏族自治州人民政府办公室 关于做好海北藏族自治州祁连山区山水林田湖草生态保护与修复试点项目省级验收准备工作有关事宜的通知》(北政办函〔2022〕24号)

续表

序号	年份	文件名称
31	2023	《关于印发〈海北藏族自治州祁连山区山水林田湖草生态保护修复试点项目验收工作方案〉的通知》(北山〔2023〕4号)
32	2023	《关于〈海北藏族自治州祁连山区山水林田湖草试点项目咨询费审核意见〉的有关说明》(北山办〔2023〕2号)
33	2023	《关于下发各县打造项目示范区基本思路和编制提纲的通知》(北山办)〔2023〕4号)
34	2023	《海北藏族自治州山水林田湖草生态保护与修复试点项目办公室关于召开试点项目验收培训会的通知》(2023年4月6日)
35	2023	《关于海北藏族自治州祁连山区山水林田湖草生态保护与修复试点项目暂时无法退还履约保函的情况复函》(北山办〔2023〕9号)

附录5　海北州山水工程示范区打造的基本思路和编制提纲

附录5-1

祁连县打造黑河流域生态功能提升与旅游协调发展示范区基本思路和编制提纲

一、基本思路

以习近平生态文明思想为指导，牢固树立“绿水青山就是金山银山”的发展观，牢固树立“山水林田湖草是一个生命共同体”的系统观，按照“以点带面、示范引领、整体推进”的工作思路，以提升黑河流域河源区生态功能为目标，以祁连山区山水林田湖草生态保护修复试点项目为抓手，以体制机制改革创新为核心，持续改善县域生态环境质量，统筹推进祁连县国家全域旅游示范区、乡村振兴战略、农牧民脱贫攻坚战等重点工作，协同推进经济高质量发展和生态环境高水平保护，建立“生态修复＋全域旅游”发展新模式，探索祁连山地区生态产品价值实现路径，打造黑河流域生态功能提升与旅游协调发展示范区，争创全省生态文明建设高地先行区。

二、总结方向

(一)试点项目经验总结

包括硬性措施和软性措施两方面。(1)硬性措施。主要总结黑河流域河源区生态保护修复工程、八宝河污染防治与生态修复工程、重点村镇饮用水水源地保护及规范化建设工程、黑河流域河源区矿山生态恢复治理项目、地质灾害防治工程等的做法和成效。(2)软性措施。主要包括组织领导、制度建设、审批流程、EPC模式、生态化设计理念、整合资金、台账管理、竣工验收、“水管员＋”模式等方面;围绕试点项目实施,所制定的有关法律法规、技术政策、标准规范、长效运维机制等软性管理措施。(3)有关重点。要突出祁连山国家公园内外整体性保护、黑河源区保护、小八宝河一体化保护修复等有特点的主要做法和经验。系统梳理和总结祁连山南麓祁连县片区生态环境综合整治、中央生态环境保护督察反馈意见整改等方面的主要经验做法和成效。

(二)祁连山国家公园(祁连片区)经验总结

总结祁连山国家公园(祁连片区)内外一体保护的经验做法,包括开展国家公园内的5处历史遗留废弃矿山修复、廊道联通与受损栖息地修复、生态移民工程、生态环保综合执法专项行动等。总结祁连山国家公园(祁连片区)生物多样性成效,包括监测雪豹、沙漠猫、豺等多种珍稀野生动物情况。

(三)全域旅游发展经验总结

总结试点项目助推国家全域旅游示范县的经验。依托牛心山、卓尔山、黑河大峡谷等旅游资源优势,围绕拉洞台村、冰沟村和麻拉河村、小八宝、扎麻什、峨堡、阿柔等地区生态保护修复试点项目实施,分别从改善农牧区人居环境、增加农牧民收入、接待游客人次、提升"天境祁连"旅游品牌等方面进行深入总结。

(四)全国草地生态畜牧业试验区经验总结

分别从发展"祁繁甘育""飞地经济"模式等方面,总结祁连县畜牧业生态化转型的成功经验。

(五)生态脱贫攻坚经验总结

总结整合试点项目、脱贫攻坚、旅游开发等方面资金,建立"生态修复+全域旅游"发展新模式的经验做法;旅游发展和生态畜牧业发展带动农牧民增收致富。

三、示范区编制提纲

(一)背景情况

1. 县情介绍。包括地理区位、经济社会、行政区划与人口、生态环境等方面。

2. 存在问题。试点项目实施前存在的生态环境问题。

3. 试点项目实施的必要性和意义,以及试点项目介绍。

(二)主要做法

围绕试点项目推进,在体制机制方面的创新举措和工作亮点。

1. 工作机制方面。包括领导小组、目标责任、部门协作等。

2. 制度建设方面。围绕试点推进所制定的有关制度(不限于试点项目,可包括试点项目之外,有关生态保护与修复、环境治理等方面的制度建设)。

3. 生态理念融入方面。包括黑河流域全域生态治理、小八宝流域治理、地质灾害防治、农村集中式水源地保护等方面的项目优化经验。

4. 监督管理方面。包括项目前期、项目建设过程、后期运行维护等环节的监督管理做法。

5. 资金整合方面。包括省级以上发改委、水利、生态环境、自然资源、林业草原、农业农村等部门下达的各类专项资金。

6. 整体推进方面。将祁连山国家公园内外一体化保护修复,在建设好国家公园的同时,也有效解决了国家公园内突出生态问题、生态移民搬迁等内容。

(三)取得成效

1. 试点项目取得成效。重点介绍“三个全覆盖”完成情况,助力中央和省级环保督查完成情况等。

2. 国家公园建设情况。介绍国家公园建设取得成效,尤其是特有野生动物种群增加情况等。

3. 助力全域旅游发展情况。通过试点项目实施,在改善县域生态环境质量的同时,助力全域旅游发展情况,如旅游收入、接待旅游人口等方面内容。

4. 生态脱贫攻坚情况。通过试点项目实施,在发展草地生态畜牧业、改善城乡人居环境、提升黑河源区生态功能的同时,助力脱贫攻坚方面取得成效。

四、资料需求

1. 祁连县山水林田湖草生态保护修复试点项目的实际成效(县项目办);

2. 高原美丽城镇、美丽乡村、美丽牧场等总结材料,包括城镇环境综合整治、农牧区人居环境整治等(县住建、农业农村等部门);

3. 国家全域旅游示范县和全国草地生态畜牧业试验区创建总结性材料(县旅游发展和农业农村部门);

4. 2018—2020 年祁连县旅游业发展情况,包括接待游客数量提升、旅游收入增加、带动当地经济发展等方面(县旅游部门);

5. 2018—2020 年祁连县农牧民脱贫增收情况,包括游牧民定居工程、草原奖补、环境整治、农牧民增收情况等(县扶贫开发部门);

6. 2018—2020 年祁连山地区生物多样性保护情况,包括物种增加、数量增加等方面,尤其是雪豹、沙漠猫、豺等野生动物(县林草部门等);

7. 2018—2020 年祁连县生态文明和生态环境保护工作进展与成效(县生态环境部门);

8. 祁连山南麓祁连县片区生态环境综合整治和中央生态环境保护督察反馈意见整改的经验做法、成效;

9. “十四五”相关规划材料。包括县国民经济与社会发展纲要、生态环境保护、水利发展、农业农村现代化等方面。

附录 5-2

门源县打造水生态保护与农业协调发展示范区基本思路和编制提纲

一、基本思路

以习近平生态文明思想为指导，牢固树立“绿水青山就是金山银山”的发展观，牢固树立“山水林田湖草是一个生命共同体”的系统观，按照“以点带面、示范引领、整体推进”的工作思路，立足大通河(门源段)流域在祁连山区的特殊地位和生态功能，统筹考虑水环境、水生态、水资源、水安全、水文化和岸线等多方面的有机联系，以提升大通河流域水源涵养生态功能为目标，以祁连山区山水林田湖草生态保护修复试点项目为抓手，以农业面源治理协同推进流域水生态保护为突破口，统筹推进现代农业示范区、草地生态畜牧业试验区、乡村清洁行动、农牧民脱贫攻坚战等重点工作，从源头上系统整体解决农业绿色发展瓶颈问题，建设大通河流域(门源段)山水林田湖草生命共同体样板，争创全省绿色有机农畜产品示范县。

二、总结方向

(一)试点项目经验总结

包括硬性措施和软性措施两方面。(1)硬性措施。主要总结大通河门源段水环境治理与水生态修复工程、大通河流域门源段水污染防治与污染源控制工程、门源县南北山水源涵养提升工程、废弃矿山治理与生态修复项目、地质灾害治理工程等的做法和成效。(2)软性措施。主要包括组织领导、制度建设、审批流程、EPC模式、生态化设计理念、整合资金、台账管理、“村两委＋”、“垃圾热解”模式等方面；围绕试点项目实施，所制定的有关法律法规、技术政策、标准规范、长效运维机制等软性管理措施。(3)有关重点。要突出大通河上下游、左右岸、干支流的一体化保护修复，5万人国土绿化大会战，历史遗留矿山整体生态修复，农业面源污染防治与循环农业建设，农牧区生活垃圾减量化、资源化、无害化处置等有特点的主要做法和经验。

(二)全县生态环境质量改善经验总结

站在全县视角，总结“十三五”时期全县生态环境质量改善等的做法和成效，包括矿山环境综合整治、国土绿化工程、祁连山国家公园门源片区试点建设等方面。

（三）农业绿色发展经验总结

梳理青稞油菜化肥农药减量增效、有机肥全替代化肥、农业残膜回收、秸秆综合利用、牛羊粪污资源化利用等农业绿色发展行动，进行经验总结。

（四）生态旅游发展经验总结

总结试点项目助推全国休闲农业与乡村旅游示范县的经验。依托祁连山金牧场、岗什卡雪峰、百里油菜花海景区、仙米国家森林公园等旅游资源优势，通过试点项目有关城乡人居环境整治、农业面源污染防治等工程实施，助推“花海门源”旅游品牌提升等方面进行深入总结。

（五）绿色惠农经验总结

通过试点项目的实施，在有效解决农业面源污染、改善城乡人居环境的同时，梳理和总结有关提升农畜产品附加值、减少农资投入、提高农田土壤肥力、增加农牧民收入等方面的经验做法。

三、示范区编制提纲

（一）背景情况

1. 县情介绍。包括地理区位、经济社会、行政区划与人口、生态环境、农牧业生产等方面。

2. 存在问题。试点项目实施前存在的水生态环境和农业面源污染问题。

3. 试点项目实施的必要性和意义，以及试点项目介绍。

（二）主要做法

围绕试点项目推进，在体制机制方面的创新举措和工作亮点：

1. 工作机制方面。包括领导小组、目标责任、部门协作等。

2. 制度建设方面。围绕试点推进所制定的有关制度（不限于试点项目，可包括试点项目之外，有关生态保护与修复、农业面源治理等方面的制度建设）。

3. 生态理念融入方面。包括大通河流域全域生态治理、历史遗留矿山生态化整治、地质灾害防治、农村集中式水源地保护等方面的项目优化经验。

4. 监督管理方面。包括项目前期、项目建设过程、后期运行维护等环节的监督管理做法。

5. 资金整合方面。包括省级以上发改委、水利、生态环境、自然资源、林业草原、农业农村等部门下达的各类专项资金。

6. 绿色农业方面。围绕全省绿色有机农畜产品示范省和国家农业绿色五大行动，梳理化肥农药减量增效、牛羊粪污资源利用、秸秆和农膜回收利用等方面的主要做法。

（三）取得成效

1. 试点项目取得成效。重点介绍“三个全覆盖”完成情况，助力中央和省级环保督查完成情况，提升大通河流域水源涵养生态功能等。

2. 水生态环境质量改善情况。结合“十四五”生态环境保护规划编制，提出自试点项目实施以来全县生态环境质量改善情况，尤其是大通河水质和水量提升、水生特有物种保护、自然岸线保护等方面。

3. 助力生态旅游发展情况。通过试点项目实施，在改善县域生态环境质量的同时，助力全域旅游发展情况，如旅游收入、接待旅游人口等方面内容。

4. 绿色惠农情况。通过试点项目实施，统筹推进水生态保护与农业绿色发展，在提升农畜产品附加值、减少农资投入、增加有机肥使用、改善耕地肥力、增加农牧民收入等方面取得的成效。

四、资料需求

1. 门源县山水林田湖草生态保护修复试点项目的实际成效（县项目办）；

2. 高原美丽城镇、美丽乡村、美丽牧场等总结材料，包括城镇环境综合整治、农牧区人居环境整治等（县住建、农业农村等部门）；

3. 全国休闲农业与乡村旅游示范县、国家现代农业示范区、全国草地生态畜牧业试验区创建总结性材料（县农业农村部门）；

4. 2018—2020 年门源县旅游业发展情况，包括接待游客数量提升、旅游收入增加、带动当地经济发展等方面（县旅游部门）；

5. 2018—2020 年全县农牧民脱贫增收情况。包括国家实施定居工程、草原奖补、环境整治、农牧民增收情况等（县扶贫开发部门）；

6. 2018—2020 年祁连山地区生物多样性保护情况，包括物种增加、数量增加等方面（县林草部门等）；

7. 2018—2020 年门源县生态文明和生态环境保护工作进展与成效（县生态环境部门）；

8. 祁连山南麓门源县片区生态环境综合整治和中央生态环境保护督察反馈意见整改的经验做法、成效；

9.“十四五”相关规划材料。包括县国民经济与社会发展纲要、生态环境保护、水利发展、农业农村现代化等方面。

附录 5-3

刚察县构建沙柳河"水鱼鸟草"共生生态系统示范区的基本思路和编制提纲

一、基本思路

以习近平生态文明思想为指导，牢固树立"绿水青山就是金山银山"的发展观，牢固树立"山水林田湖草是一个生命共同体"的系统观，贯彻落实省委"一优两高"战略部署，按照"以点带面、示范引领、整体推进"的工作思路，坚持人与自然和谐共生，坚持节约优先、保护优先、自然恢复为主的方针，统筹考虑青海湖北岸沙柳河流域生态系统的整体性、系统性及其内在规律，以沙柳河流域突出水生态环境问题为导向，以祁连山区山水林田湖草生态保护修复试点项目为抓手，协同推进沙柳河水生态环境保护、青海湖生物多样性保护、高原草场保护与修复、生态旅游发展、牧民增收致富等重点工作，全面提升青海湖北岸沙柳河流域生态系统的稳定性和生态服务功能，重塑沙柳河流域生命共同体，构建"水鱼鸟草"共生生态系统示范区。

二、总结方向

(一)试点项目经验总结

包括硬性措施和软性措施两方面。(1)硬性措施。主要总结沙柳河生态保护修复及湖滨湿地恢复工程、农村集中式饮用水水源地保护区划区及规范化建设工程、沙柳河镇潘保村污水管网建设工程、退化草地恢复治理工程、主要道路沿线料坑生态治理工程、历史遗留矿山生态治理工程等的做法和成效。(2)软性措施。主要包括组织领导、制度建设、审批流程、EPC模式、生态化设计理念、整合资金、台账管理、"垃圾热解"模式，以及围绕生态保护修复相关长效机制建立等方面。(3)有关重点。要突出沙柳河流域—青海湖一体化保护修复、湟鱼家园打造、青海湖北岸退化草场保护与修复、主要道路两侧料坑生态治理、江仓煤矿生态保护与修复等有特点的主要做法和经验。

(二)全县生态环境质量改善经验总结

站在全县视角，总结"十三五"时期全县生态环境质量改善等的做法和成效，包括祁连山南麓废弃矿山生态修复、祁连山自然保护区矿业权退出、美丽草原建设、草原生态保护补助奖励、河湖流域生态自然修复和生物多样性保护工程等方面。

（三）青海湖生态保护修复经验总结

分别从青海湖（刚察）国家级自然保护区建设、青海湖特有水生物种保护、青海湖鸟岛自然保护区、青海湖裸鲤人工增殖放流、青海湖周边湿地生态效益补偿、普氏原羚迁徙生态廊道建设等方面，进行经验总结。

（四）全域生态旅游发展经验总结

总结试点项目助推环湖旅游知名景区和高原生态特色旅游县的经验。依托"高原海滨藏城4A级景区"、湟鱼洄游、青海湖仙女湾、普氏原羚科普教育基地等旅游资源优势，通过沙柳河水生态保护与修复、湖滨湿地保护与恢复、牧区人居环境整治、主要道路两侧砂石料坑生态治理等试点项目实施，进一步提升沙柳河流域生态环境质量，擦亮"鱼鸟天堂、藏城刚察"旅游品牌等方面进行深入总结。

（五）"人湖和谐"建设经验总结

通过退化草场治理、草原生态奖补、退牧还草还湿、农牧区环境综合整治等试点项目的实施，提供更好优质生态产品供给，创新生态保护修复体制机制，探索建立生态产品价值实现路径，推进生态产业化和产业生态化，改善农牧民人居环境和生活品质等方面的经验做法。

三、示范区编制提纲

（一）背景情况

1. 县情介绍。包括地理区位、经济社会、行政区划与人口、生态环境等方面。

2. 存在问题。试点项目实施前沙柳河和青海湖存在的突出环境问题。

3. 试点项目实施的必要性和意义，以及试点项目介绍。

（二）主要做法

围绕试点项目推进，在体制机制方面的创新举措和工作亮点。

1. 工作机制方面。包括领导小组、目标责任、部门协作等。

2. 制度建设方面。围绕试点推进所制定的有关制度（不限于试点项目，可包括试点项目之外，有关生态保护与修复、农牧区人居环境改善等方面的制度建设）。

3. 生态理念融入方面。包括沙柳河流域河道生态治理、湖滨湿地保护与恢复、江仓等煤矿生态化整治、地质灾害防治、农村集中式水源地保护等方面的项目优化经验。

4. 监督管理方面。包括项目前期、项目建设过程、后期运行维护等环节的监督管理做法。

5. 资金整合方面。包括省级以上发改委、水利、生态环境、自然资源、林业草原、农业农村等部门下达的各类专项资金。

6. 生物多样性保护方面。围绕青海湖湟鱼和普氏原羚特有野生动物保护、滨湖湿地保护与恢复、青海湖鸟岛保护等方面，总结刚察县生物多样性保护的经验做法。

(三)取得成效

1. 试点项目取得成效。重点介绍“三个全覆盖”完成情况，助力中央和省级环保督查完成情况，提升沙柳河流域水源涵养生态功能、保护青海湖生物多样性等。

2. 水生态环境质量改善情况。结合“十四五”生态环境保护规划编制，提出自试点项目实施以来全县生态环境质量改善情况，尤其是沙柳河和青海湖(刚察部分)水质和水量提升、水生特有物种保护、自然岸线保护等方面。

3. 助力生态旅游发展情况。通过试点项目实施，在改善县域生态环境质量的同时，助力全域旅游发展情况，如旅游收入、接待旅游人口等方面内容。

4. 绿色惠农情况。通过试点项目实施，统筹推进水生态保护与生物多样性保护，总结其在改善牧民人居环境和生活品质、实现草畜平衡、绿色有机农畜产品供给、牧民增收等方面的取得成效。

四、资料需求

1. 刚察县山水林田湖草生态保护修复试点项目的实际成效(县项目办)；

2. 高原美丽城镇、高原美丽乡村、美丽牧场等总结材料，包括城镇环境综合整治、牧区人居环境整治等(县住建、农业农村等部门)；

3. 国家全域旅游示范区、国家生态文明示范县等创建总结性材料(县文体旅游广电部门、县生态环境部门)；

4. 2018—2020年刚察县旅游业发展情况，包括接待游客数量提升、旅游收入增加、带动当地经济发展等方面(县文体旅游广电部门)；

5. 2018—2020年刚察县农牧民脱贫增收情况。包括游牧民定居工程、草原奖补、人居环境整治、农牧民增收情况、脱贫人口等(县扶贫开发部门)；

6. 2018—2020年刚察县生物多样性保护情况，包括物种增加、数量增加等方面(县林草部门等)；

7. 2018—2020年刚察县生态文明和生态环境保护工作进展与成效(县生态环境部门)；

8. 中央生态环境保护督察反馈意见整改的经验做法、成效；

9. “十四五”相关规划材料。包括县国民经济与社会发展纲要、生态环境保护、水利发展、农业农村现代化等方面。

附录 5-4

门源县打造生活垃圾减量化、资源化、无害化处置和高温热解处理装置建设示范区基本思路和编制提纲

一、基本思路

以习近平生态文明思想为指导，贯彻落实习近平总书记有关垃圾分类工作重要指示精神，以整合实施农村环境综合整治提升项目为契机，普遍实行生活垃圾分类和资源化利用制度，坚持源头减量，建立分类投放、分类收集、分类运输、分类处理系统，形成绿色发展方式和生活方式，完善生活垃圾分类相关法律法规和制度标准，建立长效运维机制，提高生活垃圾减量化、资源化、无害化水平，为青藏高原地区生活垃圾减量化、资源化、无害化处置提供可学习、可借鉴、可复制的宝贵经验，努力争创全国村庄清洁行动先进县。

二、总结方向

（一）农村环境整治提升项目建设经验总结

围绕以农牧区生活垃圾治理为主的农村环境整治提升项目实施，开展多轮次城乡环境卫生整治行动，构建覆盖乡镇村庄和社区，以及主要交通道路和铁路沿线的垃圾分类收集、转运处置体系等方面的经验做法。

（二）广泛动员群众参与经验总结

围绕垃圾分类习惯形成，在明确分类类别、加强分类宣传、普及分类知识、明确责任义务等方面的经验做法。

（三）垃圾热解焚烧炉引进经验总结

针对高海拔地区高寒缺氧的不利条件、原有填埋处理取土覆土困难和破坏草场、填埋渗滤液处理难的问题，率先在全国层面成功引进小型生活垃圾高温热解处理成套装置等有关经验做法，以及该处置装置在减小转运距离、避免二次污染、资源回收等方面的优点。

（四）长效运维机制经验总结

围绕城乡生活垃圾分类收集处置体系的长期稳定运行，门源县在加强资金保障、强化队伍建设、建立长效机制、强化监督检查等方面的经验做法。

三、示范区编制提纲

（一）背景情况

1. 县情介绍。包括地理区位、经济社会、行政区划与人口、城乡环境整治等方面。

2. 存在问题。城乡生活垃圾分类收运处置存在的问题，包括城镇和农牧区环境卫生、旅游景区、主要道路和铁路沿线等垃圾污染问题。

3. 示范区建设的必要性和意义，以及农村环境整治提升项目介绍。

（二）主要做法

1. 工作机制方面。包括领导小组、目标责任、部门协作等。

2. 制度建设方面。在农村环境整治项目实施中制定的项目、资金、绩效考核等管理办法；设施建成后，有关生活垃圾分类收运处置的管理、监管、清运等制度建设。

3. 资金保障方面。门源县在保障全县生活垃圾治理方面，设立的县级财政专项资金等，吸引社会资本投入的工作举措。

4. 垃圾分类方面。在分类类别制定、分类投放收集系统建设、分类处理产品资源化利用等方面做法。

（三）取得成效

1. 设施全覆盖情况。全县生活垃圾分类、收集、转运、处理设施建设等。

2. 长效机制建立情况。分别从资金投入、队伍建设、管护制度、监督检查、调动公众积极性等方面，构建保障城乡生活垃圾治理系统稳定运行的长效机制。

3. 高温热解工艺优势。与传统生活垃圾填埋处置相比较，高温热解处理生活垃圾工艺在经济、环境、社会方面所产生的效益。

4. 垃圾分类收集处置环境成效。推动生活垃圾减量化、资源化、无害化，对减少垃圾填埋、提升资源利用水平等方面的环境成效。

四、资料需求

1. 门源县农村环境综合整治提升项目实施的总结报告（县生态环境部门）；

2. 城乡生活垃圾分类收集转运设施建设和运维管理制度（县住建、农业农村等部门）；

3. 门源县城镇管理局城乡生活垃圾收集处置年度工作总结（县住建部门）；

4. 门源县小型生活垃圾高温热解处理成套装置运行情况说明（县住建部门）；

5. 门源县全域旅游示范县创建工作总结（县文体旅游广电部门）。

附录 5-5

海晏县构建“人·湖”和谐绿色发展示范区 基本思路和编制提纲

一、基本思路

以习近平生态文明思想为指导，牢固树立“绿水青山就是金山银山”的发展观，牢固树立“山水林田湖草是一个生命共同体”的系统观，按照“以点带面、示范引领、整体推进”的工作思路，以推动经济社会全面绿色转型、促进人与自然和谐共生为目标，以实施祁连山区山水林田湖草生态保护修复试点项目为抓手，以生态保护修复体制机制创新为核心，加强青海湖北岸（海晏片区）生态保护与修复，同步推进新型城镇化建设、现代生态畜牧业、全域旅游等重点工作，推动全县产业生态化、生态产业化，实现百姓富、生态美的有机相统一，探索构建高原地区“人·湖”和谐绿色发展示范县。

二、总结方向

（一）试点项目经验总结

包括硬性措施和软性措施两方面。(1)硬性措施。主要总结甘子河河道整治、水源地保护、历史遗留矿山恢复、草原鼠害防治、沙岛野生动物救护中心等项目的实际成效；(2)软性措施。主要包括组织领导、制度建设、审批流程、EPC模式、生态化设计理念、整合资金等方面；围绕试点项目实施，所制定的有关法律法规、技术政策、标准规范、长效运维机制等软性管理措施。(3)有关重点。要突出青海湖和湟水河源头保护的措施，包括试点项目以外的工程措施，如青海湖流域生态环境保护与综合治理工程、草原生态奖补、退牧还草、退耕还湿、沙化土地治理等。

（二）新型城镇建设经验总结

以西海镇、三角镇为重点，围绕高原美丽城镇建设取得的主要经验做法和成效。

（三）现代生态畜牧业经验总结

以生态绿色为导向，梳理总结国家现代农业示范区、国家级一二三产融合发展试点县、国家畜牧业绿色发展示范县取得经验做法和成效。

（四）全域旅游发展经验总结

依托环青海湖国际公路自行车赛的重要赛段、全国核武器研制基地——原子城等旅游资源优势,全面总结旅游发展经验做法和成效。

(五)生态脱贫攻坚经验总结

围绕全县重大生态保护修复工程项目实施,总结带动当地农牧区增收致富的经验做法。

三、示范区编制提纲

(一)背景情况

1. 县情介绍。包括地理区位、经济社会、行政区划与人口、生态环境等方面。

2. 存在问题。试点项目实施前存在的生态环境问题。

3. 试点项目实施的必要性和意义,以及试点项目介绍。

(二)主要做法

围绕试点项目推进,在体制机制方面的创新举措和工作亮点。

1. 工作机制方面。包括领导小组、目标责任、部门协作等。

2. 制度建设方面。围绕试点推进所制定的有关制度(不限于试点项目,可包括试点项目之外,有关生态保护与修复、环境治理等方面的制度建设)。

3. 生态理念融入方面。包括甘子河河道生态整治、历史遗留矿山生态恢复、草原鼠害防治、农村集中式水源地保护等方面的项目优化经验。

4. 监督管理方面。包括项目前期、项目建设过程、后期运行维护等环节的监督管理做法。

5. 资金整合方面。包括省级以上发改委、水利、生态环境、自然资源、林业草原、农业农村等部门下达的各类专项资金。

6. 统筹推进方面。贯彻落实省委"一优两高"战略部署,将全县生态保护修复一体谋划、一体布局、一体实施、一体考核,统筹推进经济社会发展与青海湖保护,实现"人·湖"和谐绿色发展。

(三)取得成效

1. 试点项目取得成效。重点介绍"三个全覆盖"完成情况,助力中央和省级环保督查完成情况等。

2. 青海湖生多保护情况。介绍青海湖北岸(海晏片区)生物多样性保护成效,尤其是普氏原羚等特有野生动物种群增加情况等。

3. 生态畜牧业发展情况。落实有机绿色农畜产品示范省部署,有关生态畜牧业发展、农业面源污染防治、牛羊粪污资源化利用情况。

4. 助力全域旅游发展情况。通过试点项目实施,在改善县域生态环境质量的同时,助力全域旅游发展情况,如旅游收入、接待旅游人口等方面内容。

5. 工业绿色转型发展情况。工业产业结构和布局优化、生态循环工业园区建设、淘汰落后产能、发展新产业新业态等。

6. 生态脱贫攻坚情况。通过试点项目实施，在发展草地生态畜牧业、改善城乡人居环境、保护青海湖的同时，助力脱贫攻坚方面取得成效。

四、资料需求

1. 海晏县山水林田湖草生态保护修复试点项目的实际成效（县项目办）；

2. 高原美丽城镇、美丽乡村、美丽牧场等总结材料，包括城镇环境综合整治、农牧区人居环境整治等（县住建、农业农村等部门）；

3. 国家现代农业示范区、国家级一二三产融合发展试点县、国家畜牧业绿色发展示范县创建总结性材料（县农业农村部门）；

4. 2018—2020 年海晏县旅游业发展情况，包括接待游客数量提升、旅游收入增加、带动当地经济发展等方面（县旅游部门）；

5. 2018—2020 年海晏县农牧民脱贫增收情况。包括国家实施定居工程、草原奖补、环境整治、农牧民增收情况等（县扶贫开发部门）；

6. 2018—2020 年青海湖生物多样性保护情况，包括物种增加、数量增加等方面，尤其是湟鱼、普氏原羚等（县林草部门等）；

7. 2018—2020 年海晏县生态文明和生态环境保护工作进展与成效（县生态环境部门）；

8. "十四五"相关规划材料。包括县国民经济与社会发展纲要、生态环境保护、水利发展、农业农村现代化等方面。